建筑工程结构与施工管理

郭丽　孙帅　范印　著

吉林科学技术出版社

图书在版编目（CIP）数据

建筑工程结构与施工管理 / 郭丽 , 孙帅 , 范印著 . 长春 : 吉林科学技术出版社 , 2024. 5. -- ISBN 978-7-5744-1384-9

Ⅰ . TU3；TU74

中国国家版本馆 CIP 数据核字第 20249XJ102 号

建筑工程结构与施工管理

著　　郭　丽　孙　帅　范　印
出 版 人　宛　霞
责任编辑　郭建齐
封面设计　刘梦杳
制　　版　刘梦杳
幅面尺寸　185mm × 260mm
开　　本　16
字　　数　354 千字
印　　张　17.875
印　　数　1~1500 册
版　　次　2024 年 5 月第 1 版
印　　次　2024 年10月第 1 次印刷

出　　版　吉林科学技术出版社
发　　行　吉林科学技术出版社
地　　址　长春市福祉大路5788 号出版大厦A 座
邮　　编　130118
发行部电话/传真　0431-81629529 81629530 81629531
81629532 81629533 81629534
储运部电话　0431-86059116
编辑部电话　0431-81629510
印　　刷　廊坊市印艺阁数字科技有限公司

书　　号　ISBN 978-7-5744-1384-9
定　　价　98.00元

前言

PREFACE

在当前的建筑工程中，建筑结构设计对建筑工程有着重要的作用，是建筑过程中复杂而又不可缺少的部分，对建筑物的安全、性能、经济、外观等有着直接影响。工程造价是业主、承包商、监理、咨询单位最关注的核心，其合理性、严肃性，将直接影响着建筑工程的质量、进度和费用，准确合理的工程造价对政府和业主的决策有着至关重要的作用。工程结构设计是决定工程可行性的首要因素，决定了整个工程的骨骼。工程结构设计和工程造价是统一整体，相互配合，相互促进。

随着我国市场经济的飞速发展和城市化进程的日益加快，人们对居住环境的要求不断提高，这在一定程度上提高了施工的难度，并且形成了现代建筑行业的激烈竞争。在我国的建筑工程中还存在很多问题，所以我们应该加强对建筑工程管理的投资和研究。

随着建筑市场经济发展，过去市场的竞争已经转化为工程质量的竞争。整个建筑施工过程，是通过技术要求及合同精确地定义过程中下一个公司将做的工作，这种施工过程可以使建设者承担的风险降低到最低程度，而业主的利益来自选择新的设计队伍、新的承包商及新的材料商。这导致项目管理系统庞大，包括组织指挥系统、技术信息系统、经营管理系统、设备管理系统等多个系统，进而导致组织指挥协调难度大。为了加强建筑工程质量，要求项目管理系统既精干、高效，又灵活、畅达。

本书围绕"建筑工程结构与施工管理"这一主题，以建筑结构设计概论为切入点，由浅入深地阐述了基本建设程序、结构设计的程序、结构概念设计、建筑结构的作用等，并系统地论述了建筑工程项目组织管理与控制、建筑工程项目质量管理，包括建筑工程项目的组织管理、建筑工程项目的施工成本、建筑工程项目质量统计方法等内容。此外，本书对民用建筑施工测量、基础施工测量、主体施工测量等进行了探索。本书内容翔实、条理清晰、逻辑合理，兼具理论性与实践性，适用于从事相关工作与研究的专业人员。

由于水平有限，加之时间仓促，书中难免存在一些错误和疏漏，敬请广大读者和专家批评指正。

目录

CONTENTS

第一章　建筑结构设计概论

第一节　基本建设程序

一、建设项目的建设程序

建设项目的建设程序，是指建设项目建设全过程中各项工作必须遵循的先后顺序。建设程序是指建设项目从设想选择、评估、决策、设计、施工到竣工验收、投入生产整个建设过程中，各项工作必须遵循的先后次序的法则。按照建设项目发展的内在联系和发展过程，建设程序分成若干阶段，这些发展阶段有严格的先后次序，不能任意颠倒，违反其发展规律。

在我国按现行规定，建设项目从建设前期工作到建设、投产一般要经历以下几个阶段的工作程序：

（1）根据国民经济和社会发展长远规划，结合行业和地区发展规划的要求，提出项目建议书；

（2）在勘察、试验、调查研究及详细技术经济论证的基础上编制可行性研究报告；

（3）根据项目的咨询评估情况，对建设项目进行决策；

（4）根据可行性研究报告编制设计文件；

（5）初步设计经批准后，做好施工前的各项准备工作；

（6）组织施工，并根据工程进度，做好生产准备；

（7）项目按批准的设计内容建成并经竣工验收合格后，正式投产，交付生产使用；

（8）生产运营一段时间后（一般为两年），进行项目后评价。

以上程序可由项目审批主管部门视项目建设条件、投资规模做适当合并。目前，我国基本建设程序的内容和步骤主要有：前期工作阶段，主要包括项目建议书、可行性研究、设计工作；建设实施阶段，主要包括施工准备、建设实施；竣工验收阶段和后评价阶段。这几个大的阶段中每一小阶段都包含许多环节和内容。

（一）前期工作阶段

（1）项目建议书。项目建议书是要求建设某一具体项目的建议文件，是基本建设程序中最初阶段的工作，是投资决策前对拟建项目的轮廓设想。项目建议书的主要作用是推荐一个拟进行建设项目的初步说明，论述其建设的必要性、条件的可行性和获得的可能性，供基本建设管理部门选择并确定是否进行下一步工作。

项目建议书经有审批权限的部门批准后，可以进行可行性研究工作，但并不表明项目非上不可，项目建议书不是项目的最终决策。

项目建议书的审批程序：项目建议书首先由项目建设单位通过其主管部门报行业归口主管部门和当地发展计划部门（其中工业技改项目报经贸部门），由行业归口主管部门提出项目审查意见（着重从资金来源建设布局、资源合理利用经济合理性、技术可行性等方面进行初审），发展计划部门参考行业归口主管部门的意见，并根据国家规定的分级审批权限负责审批、报批。凡行业归口主管部门初审未通过的项目，发展计划部门不予审批、报批。

（2）可行性研究。

①可行性研究的必要性。项目建议书一经批准，即可着手进行可行性研究。可行性研究是指在项目决策前，通过对项目有关的工程技术、经济等各方面条件和情况进行调查、研究、分析，对各种可能的建设方案和技术方案进行比较论证，并对项目建成后的经济效益进行预测和评价的一种科学分析方法，由此考察项目技术上的先进性和适用性，经济上的营利性和合理性，建设的可能性和可行性。可行性研究是项目前期工作的最重要内容，它从项目建设和生产经营的全过程考察分析项目的可行性，其目的是回答项目是否有必要建设，是否可能建设和如何进行建设的问题，其结论为投资者的最终决策提供直接的依据。因此，凡大中型项目及国家有要求的项目，都要进行可行性研究，其他项目有条件的也要进行可行性研究。

②可行性研究报告的编制。可行性研究报告是确定建设项目、编制设计文件和项目最终决策的重要依据，要求必须有相当的深度和准确性。承担可行性研究工作的单位必须是经过资格审定的规划、设计和工程咨询单位，要有承担相应项目的资质。

③可行性研究报告的审批。可行性研究报告经评估后按项目审批权限由各级审批部门进行审批。其中大中型和限额以上项目的可行性研究报告要逐级报送国家发展和改革委员会审批，同时要委托有资质的工程咨询公司进行评估。小型项目和限额以下项目，一般由省级发展计划部门、行业归口管理部门审批。受省级发展计划部门、行业主管部门的授权或委托，地区发展计划部门可以对授权或委托权限内的项目进行审批。可行性研究报告批准即国家同意该项目进行建设后，一般先列入预备项目计划。列入预备项目计划并不等于

列入年度计划，何时列入年度计划，要根据其前期工作进展情况、国家宏观经济政策和对财力、物力等因素进行综合平衡后决定。

（3）设计工作。一般建设项目（包括工业、民用建筑城市基础设施、水利工程道路工程等），设计过程划分为初步设计和施工图设计两个阶段。对技术复杂而又缺乏经验的项目，可根据不同行业的特点和需要，增加技术设计阶段。对一些水利枢纽、农业综合开发、林区综合开发项目，为解决总体部署和开发问题，还需进行规划设计或编制总体规划，规划审批后编制具有符合规定深度要求的实施方案。

①初步设计（基础设计）。初步设计的内容依项目的类型不同而有所变化，一般来说，它是项目的宏观设计，即项目的总体设计、布局设计，主要的工艺流程、设备的选型和安装设计，土建工程量及费用的估算等。初步设计文件应当满足编制施工招标文件、主要设备材料订货和编制施工图设计文件的需要，是下一阶段施工图设计的基础。

初步设计（包括项目概算）根据审批权限，由发展计划部门委托投资项目评审中心组织专家审查通过后，按照项目实际情况，由发展计划部门或会同其他有关行业主管部门审批。

②施工图设计（详细设计）。施工图设计的主要内容是根据批准的初步设计，绘制出正确、完整和尽可能详细的建筑安装图纸。施工图设计完成后，必须由施工图设计审查单位审查并加盖审查专用章后使用。审查单位必须是取得审查资格，且具有审查权限要求的设计咨询单位。经审查的施工图设计还必须经由审批权限的部门进行审批。

（二）建设实施阶段

（1）施工准备。

①建设开工前的准备。主要内容包括：征地、拆迁和场地平整；完成施工用水、电、路等工程；组织设备、材料订货；准备必要的施工图纸；组织招标投标（包括监理、施工、设备采购、设备安装等方面的招标投标）并择优选择施工单位，签订施工合同。

②项目开工审批。建设单位在工程建设项目可行性研究报告经批准，建设资金已经落实，各项准备工作就绪后，应当向当地建设行政主管部门或项目主管部门及其授权机构申请项目开工审批。

（2）建设实施。

①项目开工建设时间。开工许可审批之后即进入项目建设施工阶段。开工之日按统计部门规定是指建设项目设计文件中规定的任何一项永久性工程（无论生产性或非生产性）第一次正式破土开槽开始施工的日期。公路、水库等需要进行大量土石方工程的，以开始进行土石方工程作为正式开工日期。

②年度基本建设投资额。国家基本建设计划使用的投资额指标，是以货币形式表现的

基本建设工作，是反映一定时期内基本建设规模的综合性指标。年度基本建设投资额是指建设项目当年实际完成的工作量，包括用当年资金完成的工作量和动用库存的材料、设备等内部资源完成的工作量；而财务拨款是指当年基本建设项目实际货币支出。投资额以构成工程实体为准，财务拨款以资金拨付为准。

③生产或使用准备。生产准备是生产性施工项目投产前所要进行的一项重要工作。它是基本建设程序中的重要环节，是衔接基本建设和生产的桥梁，是建设阶段转入生产经营的必要条件。使用准备是非生产性施工项目正式投入运营使用所要进行的工作。

（三）竣工验收阶段

（1）竣工验收的范围。根据国家规定，所有建设项目按照上级批准的设计文件所规定的内容和施工图纸的要求全部建成，工业项目经负荷试运转和试生产考核能够生产合格产品，非工业项目符合设计要求并能正常使用，都要及时组织验收。

（2）竣工验收的依据。按国家现行规定，竣工验收的依据是经上级审批机关批准的可行性研究报告、初步设计或扩大初步设计（技术设计）、施工图纸和说明、设备技术说明书、招标投标文件和工程承包合同、施工过程中的设计修改签证、现行的施工技术验收标准及规范，以及主管部门有关审批修改、调整文件等。

（3）竣工验收的准备。竣工验收主要有三方面的准备工作：一是整理技术资料。各有关单位（包括设计、施工单位）应将技术资料进行系统整理，由建设单位分类立卷，交生产单位或使用单位统一保管。技术资料主要包括土建方面、安装方面、各种有关的文件、合同和试生产的情况报告等。二是绘制竣工图纸。竣工图必须准确、完整，符合归档要求。三是编制竣工决算。建设单位必须及时清理所有财产、物资和未花完或应收回的资金，编制工程竣工决算，分析预（概）算执行情况，考核投资效益，报规定的财政部门审查。

竣工验收必须提供的资料文件。一般非生产项目的验收要提供以下文件资料：项目的审批文件竣工验收申请报告、工程决算报告、工程质量检查报告、工程质量评估报告、工程质量监督报告、工程竣工财务决算批复、工程竣工审计报告、其他需要提供的资料。

（4）竣工验收的程序和组织。按国家现行规定，建设项目的验收根据项目的规模大小和复杂程度可分为初步验收和竣工验收两个阶段进行。规模较大、较复杂的建设项目应先进行初步验收，然后进行全部建设项目的竣工验收；规模较小较简单的项目，可以一次进行全部项目的竣工验收。建设项目全部完成，经过各单项工程的验收，符合设计要求，并具备竣工图表、竣工决算、工程总结等必要文件资料，由项目主管部门或建设单位向负责验收的单位提出竣工验收申请报告。竣工验收的组织要根据建设项目的重要性、规模大小和隶属关系而定，大中型和限额以上基本建设和技术改造项目，由国家发展和改革委员会，或由国家发展和改革委员会委托项目主管部门、地方政府部门组织验收，小型项目和限额以下基本建设和技术改造项目由项目主管部门和地方政府部门组织验收。竣工验收要根据工程的规模大小和复杂程度组成验收委员会或验收组。验收委员会或验收组负责审查工程建设的各个环节，听取各有关单位的工作总结汇报，审阅工程档案并实地查验建筑工程和设备安装，并对工程设计、施工和设备质量等方面做出全面评价。不合格的工程不予验收；对遗留问题提出具体解决意见，限期落实完成。最后经验收委员会或验收组一致通过，形成验收鉴定意见书。验收鉴定意见书由验收会议的组织单位印发，各有关单位执行。

生产性项目的验收根据行业不同有不同的规定。工业、农业、林业、水利及其他特殊行业，要按照国家相关的法律法规及规定执行。上述程序只是反映项目建设共同的规律性程序，不能反映各行业的差异性。因此，在建设实践中，还要结合行业项目的特点和条件，有效地去贯彻执行基本建设程序。

（四）后评价阶段

建设项目后评价是工程项目竣工投产、生产运营一段时间后再对项目的立项决策、设计施工、竣工投产、生产运营等全过程进行系统评价的一种技术经济活动。通过建设项目后评价以达到肯定成绩、总结经验、研究问题、吸取教训、提出建议、改进工作、不断提高项目决策水平和投资效果的目的。

我国目前开展的建设项目后评价一般都按三个层次组织实施，即项目单位的自我评价、项目所在行业的评价和各级发展计划部门（或主要投资方）的评价。

二、建筑工程项目及施工程序

建设项目是为完成依法立项的新建、改建、扩建的各类工程（土木工程、建筑工程及安装工程等）而进行的、有起止日期的、达到规定要求的一组相互关联的受控活动组成的特定过程，包括策划、勘察设计、采购、施工、试运行竣工验收和移交等。有时也简称为项目。建筑工程项目是建设项目中的主要组成内容，也称建筑产品，建筑产品的最终形式为建筑物和构筑物。建筑工程施工项目是建筑施工企业自建筑工程施工投标开始到保修期满为止的全过程中完成的项目。

建筑施工程序，是指项目承包人从承接工程业务到工程竣工验收一系列工作必须遵循的先后顺序，是建设项目建设程序中的一个阶段。它可以分为承接业务签订合同、施工准备、正式施工和竣工验收四个阶段。

（一）承接业务签订合同

项目承包人承接业务的方式有三种：国家或上级主管部门直接下达；受项目发包人委托而承接；通过投标中标而承接。不论采用哪种方式承接业务，项目承包人都要检查项目的合法性。

承接施工任务后，项目发包人与项目承包人应根据《中华人民共和国合同法》和《中华人民共和国招标投标法》的有关规定及要求签订施工合同。施工合同应规定承包的内容、要求、工期、质量、造价及材料供应等，明确合同双方应承担的义务和职责以及应完成的施工准备工作（土地征购，申请施工用地施工许可证，拆除障碍物，接通场外水源、电源、道路等内容）。施工合同经双方负责人签字后具有法律效力，必须共同履行。

（二）施工准备

施工合同签订以后，项目承包人应全面了解工程性质、规模特点及工期要求等，进行场址勘察、技术经济和社会调查，收集有关资料，编制施工组织总设计。施工组织总设计经批准后，项目承包人应组织先遣人员进入施工现场，与项目发包人密切配合，共同做好各项开工前的准备工作，为顺利开工创造条件。根据施工组织总设计的规划，对首批施工的各单位工程，应抓紧落实各项施工准备工作。如图纸会审，编制单位工程施工组织设计，落实劳动力、材料构件施工机具及现场“七通一平”等。具备开工条件后，提出开工报告并经审查批准，即可正式开工。

（三）正式施工

施工过程是施工程序中的主要阶段，应从整个施工现场的全局出发，按照施工组织设计，精心组织施工，加强各单位、各部门的配合与协作，协调解决各方面问题，使施工活动顺利开展。

在施工过程中，应加强技术、材料、质量安全、进度等各项管理工作，落实项目承包人项目经理负责制及经济责任制，全面做好各项经济核算与管理工作，严格执行各项技术、质量检验制度，抓紧工程收尾和竣工工作。

（四）竣工验收

这是施工的最后阶段。在交工验收前，项目承包人内部应先进行预验收，检查各分部分项工程的施工质量，整理各项交工验收的技术经济资料。在此基础上，由项目发包人组织竣工验收，经相关部门验收合格后，到主管部门备案，办理验收签证书，并交付使用。

第二节　结构设计的程序

建筑物的设计可以分为方案设计、技术设计和施工图设计三个设计阶段，涵盖建筑、结构和设备（水暖电）三大部分，包括建筑设计、结构设计、给排水设计、电气设计和采暖与通风设计等分项。设计人员在进行每项设计时，都应围绕建筑物功能、美观、经济和环保等方面来进行。功能上必须满足使用要求，美观上必须满足人们的审美情趣，经济上应具有最佳的技术经济指标，环保上要求符合可持续发展的低碳建筑。而建筑物功能美观、经济和环保之间有时可能是相互矛盾的，比如将建筑物的安全性定得越高，功能要求越复杂，建筑物的造价可能会越高，设计的重要任务之一就是保证满足这些要求的最佳取舍。

结构设计是建筑物设计的重要组成部分，是建筑物发挥使用功能的基础。结构设计的主要任务就是根据建筑、给排水、电气和采暖通风的要求，主要是建筑上的要求，合理地选择建筑物的结构类型和结构构件，采用合理的简化力学模型进行结构计算，然后依据计算结果和国家现行结构设计规范完成结构构件的设计计算，设计者应对计算结果做出正确的判断和评估，最后依据计算结果绘制结构施工图。结构设计施工图纸是结构设计的主要成果表现。因此，结构设计可以分为方案设计、结构分析、构件设计和施工图绘制四个步骤。

一、方案设计

方案设计又称初步设计。结构方案设计主要是指结构选型、结构布置和主要构件的截面尺寸估算以及结构的初步分析等内容。

（一）结构类型的选择

结构选型包括上部结构的选型和基础结构的选型，主要依据建筑物的功能要求、现行结构设计规范的有关要求、场地土的工程地质条件、施工技术、建设工期和环境要求，经过方案比较、技术经济分析，加以确定。其方案的选择应当体现科学性、先进性、经济性和可实施性。科学性就是要求结构传力途径明确、受力合理；先进性就是要尽量采用新技术、新材料、新结构和新工艺；经济性就是要降低材料的消耗、减少劳动力的使用量和建筑物的维护费用等；可实施性就是施工方便，按照现有的施工技术可以建造。

结构类型的选择，应经过方案比较后综合确定，主要取决于拟建建筑物的高度、用途、施工条件和经济指标等。一般是遵循砌体结构、框架结构、框架—剪力墙结构、剪力墙结构和筒体结构的顺序来选择，如果该序列靠前的结构类型不能满足建筑功能、结构承载力及变形能力的要求，再采用后面的结构类型。比如，对于多层住宅结构，一般情况下，砌体结构就可以满足要求，尽量不采用框结构或其他的结构形式。当然，从保护土地资源的角度出发，还要尽可能不要用黏土砖砌体。

（二）结构布置

结构布置包括定位轴线的标定、构件的布置及变形缝的设置。

定位轴线用来确定所有结构构件的水平位置，一般只设横向定位轴线和纵向定位轴线，当建筑平面形状复杂时，还要设斜向定位轴线。横向定位轴线习惯上从左到右用①②③……表示；纵向定位轴线从下至上用A、B、C……表示。定位轴线与竖向承重构件的关系一般有三种：①砌体结构定位轴线与承重墙体的距离是半砖或半砖的倍数；②单层工业厂房排架结构纵向定位轴线与边柱重合，或之间加一个连系尺寸；③其余结构的定位与竖向构件在高度方向较小截面尺寸的截面形心重合。

构件的布置就是确定构件的平面位置和竖向位置，平面位置通过与定位轴线的关系来确定，而竖向位置通过标高确定。一般在建筑物的底层地面、各层楼面、屋面以及基础底面等位置都应给出标高值、标高值的单位采用m（注：结构施工图中，除标高外其余尺寸的单位采用mm）。建筑物的标高有建筑标高和结构标高两种。所谓建筑标高，就是建筑物建造完成后的标高，是结构标高加上建筑层（如找平层、装饰层等）厚度的标高。结构标高是结构构件顶面的标高，是建筑标高扣除建筑层厚度的标高。一般情况下，建筑施工图中的标高是建筑标高，而结构施工图中的标高是结构标高。当然，结构施工图中也可以采用建筑标高，但应特别说明，施工时由施工单位自行换算为结构标高。建筑标高以底层地面为±0.000，往上用正值表示，往下用负值表示。

结构中变形缝有伸缩缝、沉降缝和防震缝三种。设置伸缩缝的目的是减小房屋因过长或过宽而在结构中产生的温度应力，避免引起结构构件和非结构构件的损坏。设置沉降缝是为了避免因建筑物不同部位的结构类型、层数、荷载或地质情况不同导致结构或非结构构件的损坏。设置防震缝是为了避免建筑物不同部位因质量或刚度的不同，在地震发生时具有不同的振动频率而相互碰撞导致损坏。

沉降缝必须从基础分开，而伸缩缝和防震缝的基础可以连在一起。在抗震设防区，伸缩缝和沉降缝的宽度均应满足防震缝的宽度要求。由于变形缝的设置会给使用和建筑平、立面处理带来一定的麻烦，因此应尽量通过平面布置、结构构造和施工措施（如采用后浇带等）不设缝或少设缝。

（三）截面尺寸估算

结构分析计算要用到构件的几何尺寸，结构布置完成后需要估算构件的截面尺寸。构件截面尺寸一般先根据变形条件和稳定条件，由经验公式确定，截面设计发现不满足要求时再进行调整。水平构件根据挠度的限值和整体稳定条件可以得到截面高度与跨度的近似关系。竖向构件的截面尺寸根据结构的水平侧移限制条件估算，在抗震设防区的混凝土构件还应满足轴压比限值的要求。

（四）结构的初步分析

建筑物的方案设计是建筑、结构、水、电、暖各专业设计互动的过程，各专业之间相互合作、相互影响，直至最后达成一致并形成初步设计文件，才能进入施工图设计阶段。在方案设计阶段，建筑师往往需要结构师预估楼板的厚度、梁柱的截面尺寸，以便确定层高、门窗洞口的尺寸等；同时，结构工程师也需要初步评估所选择的结构体系在预期的各种作用下的响应，以评价所选择的结构体系是否合理。这都要求对结构进行初步的分析。由于在方案阶段建筑物还有许多细节没有确定，所以结构的初步分析必须抓住结构的主要方面，忽略一些细节，计算模型可以相对粗糙一些，但得出的结果应具有参考意义。

二、结构分析

结构分析是要计算结构在各种作用下的效应，它是结构设计的重要内容。结构分析的正确与否直接关系到所设计结构的安全性、适用性和耐久性能否满足要求。结构分析的核心问题是计算模型的确定，可以分为计算简图、计算理论和数学方法三个方面。

（一）计算简图

计算简图是对实际结构的简化假定，也是结构分析中最为困难的一个方面，简化的基本原则就是分析的结果必须能够解释和评估真实结构在预设作用下的效应，尽可能反映结构的实际受力特性，偏于安全且简单。要使计算简图完全精确地描述真实结构是不现实的，也是不必要的，因为任何分析都只能是实际结构一定程度上的近似。因此，在确定计算简图时应遵循以下基本假定：

（1）假定结构材料是均质连续的。虽然一切材料都是非均质连续的，但组成材料颗粒的间隙比结构的尺寸小很多，这种假设对结构的宏观力学性能不会产生显著的误差。

（2）只有主要结构构件参与整体性能的效应，即忽略次要构件和非结构构件对结构性能的影响。例如，在建立框架结构分析模型时，可将填充墙作为荷载施加在结构上，忽略其刚度对结构的贡献，从而导致结构的侧向刚度偏小。

（3）可忽略的刚度，即忽略结构中作用较小的刚度。例如，楼板的横向抗弯刚度、剪力墙平面外刚度等。该假定的采用需要根据构件在结构整体性能中应发挥的作用来进行确定。例如，一个由梁柱组成的框架结构，在进行结构整体分析时，可以忽略楼板的抗弯刚度、梁的抗扭刚度等。但在进行楼板、梁等构件的分析时，就不能忽略上述刚度。

（4）相对较小的和影响较小的变形可以忽略。包括楼板的平面内弯曲和剪切变形、多层结构柱的轴向变形等。

（二）计算理论

结构分析所采用的计算理论可以是线弹性理论、塑性理论和非线性理论。

线性理论最为成熟，是目前普遍采用的一种计算理论，适用于常用结构的承载力极限状态和正常使用极限状态的结构分析。根据线弹性理论计算时，作用效应与作用成正比，结构分析也相对容易得多。

塑性理论可以考虑材料的塑性性能，比较符合结构在极限状态下的受力状态。塑性理论的实用分析方法主要有塑性内力重分布和塑性极限法。

非线性包括材料非线性和几何非线性。材料非线性是指材料、截面或构件的本构关系，如应力—应变关系、弯矩—曲率关系或荷载—位移关系等是非线性的。几何非线性是指由于结构变形对其内力的二阶效应使荷载效应与荷载之间呈现出非线性关系。结构的非线性分析比结构的线性分析复杂得多，需要采用迭代法或增量法计算，叠加原理也不再适用。在一般的结构设计中，线性分析已经足够。但是，对于大跨度结构、超高层结构，由于结构变形的二阶效应比较大，非线性分析是必需的。

（三）数学方法

结构分析中采用的数学方法有解析法和数值法两种。解析法又称理论解，但由于结构的复杂性，大多数结构都难以抽象成一个可以用连续函数表达的数学模型，其边界条件也难以用连续函数表达，因此，解析法只适用于比较简单的结构模型。

数值法可解决大型、复杂工程问题求解，计算机程序采用的就是数值解。常用的数值法有有限单元法、有限差分法、有限条法等。其中，应用最广泛的是有限单元法。这种方法将结构离散为一个有限单元的组合体，这样的组合体能够解析地模拟或逼近真实结构。由于单元能够按不同的连接方式组合在一起，并且单元本身又可以有不同的几何形状，因此可以模拟几何形状复杂的结构解域。目前，国内外最常用的有限单元结构分析软件有PKPM、SAP2000、ETABS、MIDAS、ANSYS及ADINA等。

尽管目前工程设计的结构分析基本上都是通过计算机程序完成的，一些程序甚至还可以自动生成施工图，但应用解析方法或者说是手算方法来进行结构计算，对于土木工程专业的学生来说，仍然十分重要。但基于手算的解析解是结构设计的重要基础，解析解的概念清晰，有助于人们对结构受力特点的把握，掌握基本概念。作为一个优秀的结构工程师，不仅要求掌握精确的结构分析方法，还要求能对结构问题做出快速的判断，这在方案设计阶段和处理各种工程事故、分析事故原因时显得尤为重要。而近似分析方法可以训练人的这种能力、培养概念设计能力。

三、构件设计

构件设计包括截面设计和节点设计两个部分。对于混凝土结构，截面设计有时也称配筋计算，因为截面尺寸在方案设计阶段已初步确定，构件设计阶段所做的工作是确定钢筋的类型、放置位置和数量。节点设计也称为连接设计。

构件设计有两项工作内容：计算和构造。在结构设计中，一部分内容是由计算确定的，而另一部分内容则是根据构造规定确定的。构造是计算的重要补充，两者是同等重要的，在各本设计规范中对构造都有明确的规定。千万不能重计算、轻构造。

四、施工图绘制

结构设计的最后一个步骤是施工图绘制工作，结构设计人员提交的最终成果就是结构设计图纸。图是工程师的语言，工程师的设计意图是通过图纸来表达的。如同人的语言表达，图面的表达应该做到正确、规范、简洁和美观。

第三节　结构概念设计

概念设计就是在结构初步设计过程中，应用已有的经验，进行结构体系的选择、结构布置，并从总体上把握结构的特性，使结构在预设的各种作用下的反应控制在预期的范围内。概念设计的主要内容有结构体系的选择、建筑形体及构件布置、变形缝的设置和构造等。

一、结构体系的选择

所谓结构体系的选择，就是选择合理的结构体系，应根据建筑物的平面布置、抗震设防类别、抗震设防烈度、建筑高度、场地条件、地基、结构材料和施工因素等，经技术、经济和使用条件综合比较后再确定。结构体系应符合以下各项要求：

（1）有明确的计算简图和合理的地震作用传递途径。

（2）应避免因部分结构或构件破坏而导致丧失抗震能力或对重力荷载的承载能力。这就要求结构应设计成超静定体系，即使在某些部位遭到破坏时也不会导致整个结构的失效。

（3）应具备必要的抗震承载力、良好的变形能力和消耗地震能量的能力。

（4）对可能出现的薄弱部位，应采取措施提高抗震能力。结构的薄弱部位一般出现在刚度突变，如转换层、竖向有过大的内收或外突、材料强度发生突变等部位，对这些部位都要采取措施进行加强。

建筑的高度是决定结构体系的又一重要因素。一般情况下，多层住宅建筑或其他横墙较多、开间较小的多层建筑，可采用砌体结构，而大开间建筑、高层建筑等，多采用框架结构、板柱结构（或板柱—剪力墙结构）、剪力墙结构、框架—剪力墙结构以及筒体结构等。《高层建筑混凝土结构技术规程》（JGJ 3—2010）将高层建筑按常规高度和超限高度分为A级高度和B级高度两个等级，并给出了各类结构的最大适用高度。

二、建筑形体及构件布置

在建筑结构设计中，除了选择合理的结构体系外，还要恰当地设计和选择建筑物的平立面形状和形体。尤其是在高层结构的设计中，保证结构安全性及经济合理性的要求比一般多层建筑更为突出，因此，结构布置、选型是否合理，应更加受到重视。结构的总体布置要考虑结构的受力特点和经济合理性，主要有三点：①控制结构的侧向变形；②合理的平面布置；③合理的竖向布置。

（一）控制结构的侧向变形

结构要同时承受竖向荷载和水平荷载，还要具有抵抗地震作用。结构所承受的轴向力、总倾覆弯矩，以及侧移和高度的关系分别为$N \propto H$、$N \propto H^2$和$N \propto H^4$。可见，在水平荷载作用下，侧移随结构的高度增加最快。当高度增加到一定值时，水平荷载就会成为控制因素而使结构产生过大的侧移和层间相对位移，从而使居住者有不适的感觉，甚至破坏非结构构件。因此，必须将结构的侧移限制在一个合理的范围内。另外，随着高度的增加，倾覆力矩也将迅速增大。因此，高层建筑中控制侧向位移常常成为结构设计的主要矛盾。限制结构的侧移，除了限制结构的高度外，还要限制结构的高宽比。一般应将结构的高宽比H/B控制在5～6以下，这里H是指从室外地面到建筑物檐口的高度，B是指建筑物平面的短方向的有效结构宽度。有效结构宽度一般是指建筑物的总宽度减去外伸部分的宽度。当建筑物为变宽度时，一般偏于保守地取较小宽度。我国《高层建筑混凝土结构技术规程》（JGJ 3—2010）和《建筑抗震设计规范》（GB 50011—2010）对各种结构的高宽比给出了限值。

（二）合理的平面布置

在一个独立的结构单元内，宜使结构平面形状简单、规则，刚度和承载力分布均匀。不应采用严重不规则的平面布置，高层建筑宜选用风作用效应较小的平面形状，如圆形、正多边形等。有抗震设防要求的高层建筑，一个结构单元的长度（相对其宽度）不宜过长，否则在地震作用时，结构的两端可能会出现反相位的振动，这将会导致建筑被过早地破坏。《高层建筑混凝土结构技术规程》（JGJ 3—2010）对高层结构的长度、突出部分的长度也都有一定的要求：抗震设计的A级高度钢筋混凝土高层建筑其平面长度L、突出部分长度Ⅰ宜满足要求；抗震设计的B级高度钢筋混凝土高层建筑、混合结构高层建筑以及复杂高层建筑结构，其平面布置应简单、规则，减少偏心对结构的影响，结构平面布置应减少扭转的影响。在考虑偶然偏心影响的地震作用下，楼层竖向构件的最大水平位移和层间位移，A级高度的高层建筑最大水平位移不宜大于该楼层平均值的1.2倍，层间位移不应大于该楼层平均值的1.5倍；B级高度的高层建筑、混合结构高层建筑以及复杂高层建筑，最大水平位移不宜大于该楼层平均值的1.2倍，层间位移不应大于该楼层平均值的1.4倍。第一个以扭转为主的振型周期与该结构的第一振型周期之比，A级高度的高层建筑不大于0.9，B级高度的高层建筑、混合结构高层建筑及复杂高层建筑不大于0.85。

偶然偏心是指由于施工、使用或地面运动的扭转分量等因素所引起的偏心。采用底部剪力法或仅计算单向地震作用时应考虑的偶然偏心的影响。可以将每层的质心沿主轴的同一方向偏移0.5L（L为建筑物垂直于地震作用方向的总长度），来考虑偶然偏心。当计算双向地震作用时，可不考虑偶然偏心的影响。

（三）合理的竖向布置

结构的竖向布置应力求形体规则、刚度和强度沿高度均匀分布，避免过大的外挑和内收，避免错层和局部夹层，同一层的楼面应尽量设在同一标高处。高层建筑结构设计中，经常会遇到结构刚度和强度发生变化的情形，对于这种情况，应逐渐变化。对于框架结构，楼层侧向刚度不宜小于相邻上部楼层刚度的70%以及其相邻上部三层侧向平均刚度的80%。A级高度高层建筑楼层抗侧力结构的层间受剪承载力不宜小于其相邻上一层受剪承载力的80%，不应小于其上一层受剪承载力的65%；B级高度高层建筑楼层抗侧力结构的层间受剪承载力不应小于其相邻上一层受剪承载力的75%。这里，楼层层间抗侧力结构受剪承载能力是指在所考虑的水平作用方向上，该楼层全部柱、剪力墙斜撑的受剪承载能力之和。抗震设计时，结构竖向抗侧力构件宜上、下连续贯通，当结构上部楼层收进部位到室外地画的高度H与房屋高度H之比大于0.2时，上部楼层收进后的水平尺寸B不宜小于下部楼层水平尺寸B的75%；当上部结构楼层相对于下部楼层外挑时，下部楼层的水平尺寸B不宜小于上部楼层水平尺寸B的0.9倍，且水平外挑尺寸不宜大于4m。

三、变形缝的设置和构造

在进行建筑结构的总体布置时，应考虑沉降、温度收缩和形体复杂对结构受力的不利影响，常用沉降缝、伸缩缝或防震缝将结构分成若干个独立单元，以减少沉降差、温度应力和形体复杂对结构的不利影响。但有时从建筑使用要求、立面效果及防水处理困难等方面考虑，希望尽量不设缝。特别是在地震区，由于缝将房屋分成几个独立的部分，地震中可能会因为互相碰撞而造成震害。因此，目前的总趋势是避免设缝，并从总体布置上或构造上采取一些措施来减少沉降、温度收缩和形体复杂引起的问题。

（一）沉降缝

一般情况下，多层建筑不同的结构单元高度相差不大，除非地基情况差别较大，一般不设沉降缝。在高层建筑中，常在主体结构周围设置1～3层高的裙房，它们与主体结构的高度差异悬殊，重量差异悬殊，会产生相当大的沉降差。过去常采用设置沉降缝的方法将结构从顶到基础整个断开，使各部分自由沉降，以避免由沉降差引起的附加应力对结构的危害。但是，高层建筑常常设置地下室，设置沉降缝会使地下室构造复杂，缝部位的防水构造也不容易做好；在地震区，沉降缝两侧上部结构容易碰撞造成危害。因此，目前在一些建筑中不设沉降缝，而是将高低部分的结构连成整体，同时采取相应措施以减少沉降差。这些措施是：

（1）采用压缩性小的地基，减小总沉降量及沉降差。当土质较好时，可加大埋深，利用天然地基，以减少沉降量。当地基不好时，可以用桩基将重量传到压缩性小的土层中，以减少沉降差。

（2）设置施工后浇带。把高低部分的结构及基础设计成整体，但在施工时将它们暂时断开，待主体结构施工完毕，已完成大部分沉降量（50%以上）以后，再浇灌连接部分的混凝土，将高低层连成整体。在设计时，基础应考虑两个阶段不同的受力状态，分别进行强度校核。连成整体后的计算应当考虑后期沉降差引起的附加内力。这种做法要求地基土较好，房屋的沉降能在施工期间内基本完成。

（3）将裙房做在悬挑基础上，这样裙房与高层部分沉降一致，不必用沉降缝分开。这种方法适用于地基土软弱、后期沉降较大的情况。由于悬挑部分不能太长，因此裙房的范围不宜过大。

（二）伸缩缝

新浇混凝土在凝结过程中会收缩，已建成的结构受热要膨胀受冷则收缩，当这种变形受到约束时，会在结构内部产生应力。混凝土凝结收缩的大部分将在施工后的前两个月内完成，而温度变化对结构的作用则是经常性的。由温度变化引起的结构内力称为温度应力，它在房屋的长度方向和高度方向都会产生影响。

房屋的长度越长，楼板沿长度方向的总收缩量和温度引起的长度变化就越大。如果楼板的变形受到其他构件（墙、柱和梁）约束，在楼板中就会产生拉应力或压应力。在约束构件中也会相应地受到推力或拉力，严重时会出现裂缝。多层建筑温度应力的危害一般在结构的顶层，而高层建筑温度应力的危害在房屋的底部数层和顶部数层都较为明显。

房屋基础埋在地下，它的收缩量受温度变化的影响比较小，因而底部数层的温度变形及收缩会受到基础的约束；在顶部，由于日照直接照射在屋盖上，相对于下部各层楼板，屋顶层的温度变化更为剧烈，可以认为屋顶层受到下部楼层的约束；中间各楼层，使用期间温度条件接近，变化也接近，温度应力影响较小。因此，在高层建筑中，温度裂缝常常出现在结构的底部或顶部。温度变化所引起的应力常在屋顶板的四角产生“八”字形裂缝或在楼板的中部产生“一”字形裂缝；墙体中产生裂缝会经常出现在房屋的顶层纵墙端部或横墙的两端、一般呈“八”字形，缝宽可达1～2mm，甚至更宽。

为了消除温度和收缩对结构造成的危害，可以用伸缩缝将上部结构从顶部到基础顶部断开，分成独立的温度区段。结构温度区段的适用长度或伸缩缝的最大间距与结构类型及其所处的环境条件有关。和沉降缝一样，这种伸缩缝也会造成多用材料、构造复杂和施工困难。

温度、收缩应力的理论计算比较困难，究竟温度区段允许多长还是一个需要探讨的问题。但是，收缩应力问题必须重视。近年来，国内外已经比较普遍地采取了不设伸缩缝而从施工或构造处理的角度来解决收缩应力问题的方法，房屋长度可达130m，取得了较好的效果，归纳起来有下面几种措施：

（1）设后浇带。混凝土早期收缩占总收缩的大部分，建筑物过长时，可在适当距离选择对结构无严重影响的位置设后浇带，通常每隔30～40m设置一道。后浇带保留时间一般不少于1个月，在此期间收缩变形可完成30%～40%。后浇带的浇筑时间宜选择气温较低时，因为此时主体混凝土处于收缩状态。带的宽度一般为800～1000mm，带内的钢筋采用搭接或直通加弯的做法。这样，带两边的混凝土在带浇灌以前能自由收缩。在受力较大部位留后浇带时，主筋可先搭接，浇灌前再进行焊接。后浇带混凝土宜用微膨胀水泥（如浇筑水泥）配制。

（2）局部设伸缩缝。由于结构顶部及底部受的温度应力较大，因此，在高层建筑中可采取在上面或下面的几层局部设缝的办法。

（3）从布置及构造方面采取措施减少温度应力的影响。由于屋顶受温度影响较大，通常应采取有效的保温隔热措施，例如可采取双层屋顶的做法。或者不使屋顶连成整片大面积平面，而做成高低错落的屋顶。当外墙为现浇混凝土墙体时，也要注意采取保温隔热措施。

（4）在结构中对温度应力比较敏感的部位应适当加强配筋，以抵消温度应力，防止出现温度裂缝，比如在屋面板就应设置温度筋。

（三）防震缝

有些建筑平面复杂、不对称，或各部分刚度、高度和重量相差悬殊时，在地震作用下，会造成过大的扭转或其他复杂的空间震动形态，容易造成连接部位的震害，这种情形可通过设置防震缝来避免。《高层建筑混凝土结构规程》（JGJ 3—2010）规定，高层建筑宜调整平面形状和结构布置，避免结构不规则，不设防震缝。当建筑物平面复杂而又无法调整其平面形状，或结构布置使之成为较规则的结构时，宜设置防震缝将其分为几个较简单的结构单元。

凡是设缝的位置应考虑相邻结构在地震作用下因结构变形、基础转动或平移引起的最大可能侧向位移。防震缝宽度要留够，要允许相邻房屋可能出现反向的震动，而不发生碰撞。防震缝的设置应符合下列规定：

（1）框架结构房屋，当高度不超过15m时，可采用100mm；当超过15m时，6度、7度、8度和9度时相应每增加高度5m、4m、3m和2m，宜加宽20mm。

（2）框架—抗震墙结构房屋的防震缝宽度可按上述第（1）项规定数值的70%采用，抗震墙房屋的防震缝宽度可按上述第（1）项规定数值的50%采用。但二者均不宜小于100mm。

（3）防震缝两侧结构体系不同时，防震缝宽度按不利的体系考虑，并按较低高度计算缝宽。

（4）防震缝应沿房屋全高设置，地下室、基础可不设防震缝，但在设置的防震缝处应加强构造和连接。

总的来说，要优先采用平面布置简单、长度不大的塔式楼；当体型复杂时，要优先采取加强结构整体性的措施，尽量不设缝。规则与不规则的区分是一个很复杂的问题，主要依赖于工程师的经验。一个具有良好素养的结构工程师，应当对所设计结构的抗震性能有正确的估计，要能够区分不规则、特别不规则和严重不规则的程度，避免采用抗震性能差的严重不规则的设计方案。我国《建筑抗震设计规范》（GB 50011—2010）对平面不规则和竖向不规则的主要类型给出了相应的定义和参考指标。存在某项不规则类型及类似的不规则类型应属于不规则建筑，当存在多项不规则，或某项不规则超过规定参考指标较多时，应属于特别不规则建筑。而特别不规则，指的是形体复杂，多项不规则指标超过上限值，或某一项大大超过规定值，具有现有技术和经济条件不能克服的严重的抗震薄弱环节，可能导致地震破坏的严重后果者。

第四节　概率极限状态设计方法

一、结构的功能要求

（一）设计基准期

设计基准期是为确定可变作用及与时间有关的材料性能取值而选用的时间参数，它不等同于建筑结构的设计使用年限。《建筑结构可靠度设计统一标准》（GB 50068—2018）所考虑的荷载统计参数，都是按设计基准期为50年确定的。如设计时需采用其他设计基准期，则必须另行确定在设计基准期内最大荷载的概率分布及相应的统计参数。

（二）设计使用年限

设计使用年限是指设计规定的结构或结构构件不需进行大修即可按其预定目的使用的时期，即房屋建筑在正常设计、正常施工、正常使用和维护下所应达到的使用年限，如达不到这个年限，则意味着在设计、施工、使用与维护的某一环节上出现了非正常情况。所谓“正常维护”，包括必要的检测、防护及维修。设计使用年限是房屋建筑的地基基础工程和主体结构工程“合理使用年限”的具体化。根据《建筑结构可靠度设计统一标准》（GB 50068—2018）的规定，若建设单位提出更高要求，也可按建设单位的要求确定。

（三）结构的功能要求

结构在规定的设计使用年限内应满足下列功能要求。

1.安全性

安全性是指在正常施工和正常使用时能承受可能出现的各种作用。在设计规定的偶然事件（如地震、爆炸）发生时及发生后，仍能保持必需的整体稳定性。所谓整体稳定性，是指在偶然事件发生时及发生后，建筑结构仅产生局部的损坏而不致发生连续倒塌。

2.适用性

适用性是指在正常使用时具有良好的工作性能。如不产生影响使用的过大的变形或振幅，不发生足以让使用者产生不安的过宽的裂缝。

3.耐久性

耐久性是指在正常维护下具有足够的耐久性能。所谓足够的耐久性能，是指结构在规定的工作环境中，在预定时期内，其材料性能的恶化不致导致结构出现不可接受的失效概率。从工程概念上讲，足够的耐久性能就是指在正常维护条件下结构能够正常使用到规定的设计使用年限。

（四）结构的可靠度

结构的安全性、适用性、耐久性即为结构的可靠性。结构可靠度是对结构可靠性的概率描述，即结构的可靠度指的是结构在规定的时间内，在规定的条件下，完成预定功能的概率。

结构可靠度与结构的使用年限长短有关，《建筑结构可靠度设计统一标准》（GB 50068—2018）所指的结构可靠度或结构失效概率，是相对结构的设计使用年限而言的，也就是说，规定的时间指的是设计使用年限；而规定的条件则是指正常设计、正常施工、正常使用，不考虑人为过失的影响，人为过失应通过其他措施予以避免。为保证建筑结构具有规定的可靠度，除应进行必要的设计计算外，还应对结构材料性能、施工质量、使用与维护进行相应的控制。对控制的具体要求，应符合有关勘察、设计、施工及维护等标准的专门规定。

（五）安全等级及结构重要性系数

根据结构破坏可能产生的后果（危及人的生命、造成经济损失、产生社会影响等）的严重性，《建筑结构可靠度设计统一标准》（GB 50068—2018）将建筑物划分为三个安全等级。建筑结构设计时，应采用不同的安全等级。

大量的一般建筑物列入中间等级，重要的建筑物提高一级，次要的建筑物降低一级。设计部门可根据工程实际情况和设计传统习惯选用。大多数建筑物的安全等级均属二级。同一建筑物内的各种结构构件宜与整个结构采用相同的安全等级，但允许对部分结构构件根据其重要程度和综合经济效果进行适当调整。如提高某一结构构件的安全等级所需额外费用很少，又能减轻整个结构的破坏，从而大大减少人员伤亡和财物损失，则可将该结构构件的安全等级比整个结构的安全等级提高一级；相反，如某一结构构件的破坏并不影响整个结构或其他结构构件，则可将其安全等级降低一级。

结构重要性系数y是建筑结构的安全等级不同而对目标可靠指标有不同要求，在极限状态设计表达式中的具体体现。安全等级为一级的结构构件，y不应小于1.1；安全等级为二级的结构构件，y不应小于1.0；安全等级为三级的结构构件，y不应小于0.9；基础的y不应小于1.0。

（六）地基基础设计等级

根据地基复杂程度、建筑物规模和功能特征，以及因地基问题可能造成建筑物破坏或影响正常使用的程度，地基基础的设计分为甲、乙、丙三个设计等级。对于甲级和乙级地基基础，应进行地基的承载力计算和变形计算；对于部分丙级地基基础可仅进行地基的承载力计算，不作变形计算。

二、结构功能的极限状态

整个结构或结构的一部分超过某一特定状态就不能满足设计规定的某一功能要求，这个特定状态称为该功能的极限状态。极限状态可分为下列两类。

（一）承载能力极限状态

这种极限状态对应于结构或结构构件达到最大承载能力或不适于继续承载的变形。当结构或结构构件出现下列状态之一时，应认为超过了承载能力极限状态：①整个结构或结构的一部分作为刚体失去平衡、倾覆等；②结构构件或连接因超过材料强度而破坏（包括疲劳破坏），或因过度变形而不适于继续承载；③结构转变为机动体系；④结构或结构构件丧失稳定、压屈等；⑤地基丧失承载能力而破坏、失稳等。超过承载能力极限状态后，结构或构件就不能满足安全性要求。

（二）正常使用极限状态

这种极限状态对应于结构或结构构件达到正常使用或耐久性能的某项规定限值。当结构或结构构件出现下列状态之一时，应认为超过了正常使用极限状态：①影响正常使用或外观的变形；②影响正常使用或耐久性能的局部损坏（包括裂缝）；③影响正常使用的振动；④影响正常使用的其他特定状态。结构或构件除了进行承载能力极限状态验算，还应进行正常使用极限状态验算。

第五节 建筑结构的作用

一、作用及作用效应

使结构产生内力或变形的原因称为“作用”，分为间接作用和直接作用两种。间接作用不仅与外界因素有关，还与结构本身的特性有关，如地震作用、温度变化、材料的收缩和徐变、地基不均匀沉降及焊接应力等。直接作用一般直接以力的形式作用于结构，如结构构件的自重、楼面上的人群和各种物品的重量、设备重量、风压及雪压等，习惯上称为荷载，我国现行《建筑结构荷载规范》（GB 50009—2012）规定，结构上的荷载可根据其时间上和空间上的变异性分为三类：永久荷载、可变荷载和偶然荷载。

永久荷载，也称恒载，在结构设计使用期间，其值不随时间而变化，或其变化与平均值相比可以忽略不计，或其变化是单调的并能趋于限值的荷载。如结构自重、外加永久性的承重、非承重结构构件和建筑装饰构件的重量、土压力、预应力等。因为恒载在整个使用期内总是持续地施加在结构上，所以设计结构时必须考虑其长期效应。结构自重，一般根据结构的几何尺寸和材料容重的标准值（也称名义值）确定。

可变荷载，也称活荷载，在结构设计基准期内，其值随时间变化，且变化值和平均值相比不可忽略的荷载。如工业建筑楼面活荷载、民用建筑楼面活荷载、屋面活荷载、屋面积灰荷载、车辆荷载、吊车荷载、风荷载、雪荷载、裹冰荷载、波浪荷载等。

偶然荷载，在结构设计基准期内不一定出现，一旦出现，其量值很大且作用时间很短。如罕遇的地震作用、爆炸、撞击等。

一般民用建筑结构最常见的作用包括构件和设备产生的重力荷载、楼面可变荷载（屋面还包括积灰荷载和雪荷载）、风荷载和地震作用。其中，重力荷载和楼面使用荷载都是竖向荷载，前者属于永久荷载，后者属于可变荷载。风荷载和地震作用一般仅考虑水平方向，前者属于可变荷载，后者属于间接作用。在设有吊车的厂房中，还有吊车荷载。吊车荷载属于可变荷载，包括吊车竖向荷载和吊车水平荷载。在地下建筑中还涉及土压力和水压力，在储水、料仓等构筑物中则分别有水的侧压力和物料侧压力。土压力、物料侧压力按永久荷载考虑；水位不变的水压力按永久荷载考虑；水位变化的水压力按可变荷载考虑。温度变化也会在结构中产生内力和变形。一般建筑物受温度变化的影响主要有三种：室内外温差、日照温差和季节温差。目前，建筑物在温度作用下的结构分析方法还不完善，对于单层和多层建筑一般采用构造措施，如屋面隔热层、设置伸缩缝、增加构造钢筋等，而在结构计算中不考虑温度的作用。但是，对于30层以上或高度超过100m以上的建筑，其竖向温度效应不可忽略。

结构上的作用，若在时间上或空间上相互独立时，则每一种作用均可按对结构单独作用考虑；当某些作用密切相关，且经常以最大值出现时，可以将这些作用按一种作用考虑。直接作用或间接作用在结构内产生的内力（如轴力、弯矩、剪力和扭矩）和变形（如挠度、转角和裂缝等）称为作用效应；仅由荷载产生的效应称为荷载效应。荷载与荷载效应之间通常按某种关系相互联系。

二、荷载代表值

不同荷载具有不同性质的变异性。在设计中，不可能直接引用反映荷载变异性的各种统计参数，通过复杂的概率运算进行具体设计。因此，在设计时，除了采用能便于设计者使用的设计表达式外，对荷载还应赋予一个规定的量值，称为荷载代表值。在极限状态设计表达式中荷载是以代表值的形式出现的，荷载可根据不同的设计要求，规定不同的代表值，以使之能更确切地反映它在设计中的特点。《建筑结构荷载规范》（GB 50009—2012）给出了荷载的四种代表值，即标准值、组合值、频遇值和准永久值，其中标准值是荷载的基本代表值，其他代表值是标准值乘以相应的系数后得出的。结构设计时，应根据各种极限状态的设计要求采用不同的荷载代表值。对永久荷载应采用标准值作为代表值。对可变荷载应采用标准值组合值、频遇值或准永久值作为代表值。对偶然荷载应按建筑结构使用特点确定其代表值。

（一）荷载标准值

荷载标准值是荷载的基本代表值，是指在结构使用期间可能出现的最大荷载值。由于荷载本身的随机性，使用期间的最大荷载实际上是一个随机变量。《建筑结构可靠度设计统一标准》（GB 50068—2018）以设计基准期最大荷载概率分布的某个分位置作为该荷载的标准值。

目前，并非对所有荷载都能取得充分的资料，为此，不得不从实际出发，根据已有的工程实践经验，通过分析判断后，协议一个公称值（nominal value）作为代表值。《建筑结构荷载规范》（GB 50009—2012）规定，对于结构自身重力可以根据结构的设计尺寸和材料的重力密度确定。可变荷载通常还与时间有关，是一个随机过程，如果缺乏大量的统计资料，也可以近似地按随机变量来考虑。按照ISO国际标准的建议，可变荷载标准值应由设计基准期内最大荷载统计分布，取其平均值减1.645倍标准差确定。考虑到我国的具体情况和规范的衔接，《建筑结构荷载规范》（GB 50009—2012）采用的基本上是经验值。其他的荷载代表值都可在标准值的基础上乘以相应的系数后得出。对某类荷载，当有足够资料而有可能对其统一分布做出合理估计时，则在其设计基准期最大荷载的分布上，可根据协议的百分位，取其分位值作为该荷载的代表值，原则上可取分布的特征值（如均值、众值或中值），国际上习惯称为荷载的特征值（characteristic value）。实际上，对于大部分自然荷载，包括风、雪荷载，习惯上都以其规定的平均重现期来定义标准值，也就是相当于以其重现期内最大荷载的分布的众值为标准值。需要说明的是，我国《建筑结构荷载规范》（GB 50009—2012）提供的荷载标准值属于强制性条款，在设计中必须作为荷载最小值采用；若不属于强制性条款，则应当由业主认可后采用，并在设计文件中注明。

（二）可变荷载组合值

当有两种或两种以上的可变荷载在结构上要求同时考虑时，由于所有可变荷载同时达到其单独出现时可能达到的最大值的概率极小，因此，除主导荷载（产生最大效应的荷载）仍可以其标准值为代表值之外，其他伴随荷载均应采用小于其标准值的组合值为荷载代表值，使组合后的荷载效应在设计基准期内的超越概率与该荷载单独出现时的概率趋于一致。原则上组合值可按相应时段最大荷载分布中的协议分位值来确定。但是考虑到目前实际荷载取样的局限性，《建筑结构荷载规范》（GB 50009—2012）并未明确荷载组合值的确定方法，主要还是在工程设计的经验范围内，偏保守地加以确定。

可变荷载组合值=荷载组合值系数×可变荷载标准值

（三）可变荷载频遇值和准永久值

可变荷载的标准值反映了最大荷载在设计基准期内的超越概率，但没有反映出超越的持续时间长短。当结构按正常使用极限状态的要求进行设计时，需要从不同要求出发，选择频遇值或准永久值作为可变荷载代表值。

在可变荷载的随机过程中，荷载超过某水平荷载x有两种形式：其一是在设计基准期T内，荷载超过x的次数n_x或平均跨阈率v_x（单位时间内超过x的平均次数）；其二是超过x的总持续时间$T_x=\Sigma t_i$或与设计基准期T的比率$u_x=T_x/T$。当考虑结构的局部损坏或疲劳破坏时，设计中应根据荷载可能出现的次数，也就是通过v_x来确定其频遇值；当考虑结构在使用中引起不舒适感时，就应根据较短的持续时间，也就是通过u_x来确定其频遇值，一般取u_x=0.1。频遇值相当于在结构上时而出现的较大荷载值。

可变荷载频遇值是正常使用极限状态按频遇组合设计所采用的一种可变荷载代表值。在设计基准期内，荷载达到和超过该值的总持续时间仅为设计基准期的一小部分。

可变荷载频遇值=荷载频遇值系数×可变荷载标准值

准永久值在设计基准期内具有较长的总持续时间T_x对结构的影响犹如永久荷载，一般取u_x=0.5。如果可变荷载被认为是各态历经的平稳随机过程，则准永久值相当于荷载分布中的中值；对于有可能划分为持久性荷载和临时性荷载的可变荷载，可以直接引用荷载的持久性部分，作为准永久荷载，并取其适当的分为值为准永久值。可变荷载准永久值是正常使用极限状态按准永久组合所采用的可变荷载代表值。在结构设计时，准永久值主要考虑荷载长期效应的影响。在设计基准期内，达到和超过该荷载值的总持续时间约为设计基准期的一半。

可变荷载准永久值=荷载准永久值系数×可变荷载标准值

三、荷载分项系数与荷载设计值

为使在不同设计情况下的结构可靠度能够趋于一致，荷载分项系数应根据荷载不同的变异系数和荷载的具体组合情况，以及与抗力有关的分项系数的取值水平等因素确定。但为了设计方便，《建筑结构可靠度设计统一标准》（GB 50068—2018）将荷载分成永久荷载和可变荷载两类，相应给出永久荷载分项系数和可变荷载分项系数。这两个分项系数是在荷载标准值已给定的前提下，使按极限状态设计表达式所得的各类结构构件的可靠指标，与规定的目标可靠指标之间，在总体上误差最小为原则，经优化后选定的。

《建筑结构荷载规范》（GB 50009—2012）对荷载设计值的定义为：

荷载设计值=荷载分项系数×荷载代表值

四、楼面均布活荷载

楼面均布活荷载按其随时间的变异特点，可分为持久性和临时性两部分。持久性活荷载是指楼面上在某个时段内基本保持不变的荷载，如住宅内的家具、物品，工业厂房内的机器、设备和堆料，还包括常住人员的自重，这些荷载，除非发生一次搬迁，一般变化不大。临时性活荷载是指楼面上偶尔出现的短期荷载，例如，聚会的人群、维修工具和材料堆积、室内扫除时家具的聚集等。对持久性活荷载的概率统计模型，《建筑结构荷载规范》（GB 50009—2012）根据调查给出荷载变动的平均时间间隔及荷载的统计分布，采用时段的二项平稳随机过程。临时性活荷载，由于持续时间很短，要通过调查确定荷载在单位时间内出现次数的平均率及其荷载值的统计分布是困难的。《建筑结构荷载规范》（GB 50009—2012）通过对用户的调查，了解最近若干年内一次最大的临时性荷载值，以此作为某个时段内的最大临时荷载，并作为荷载统计的基础，所采用的概率模型也是时段的二项平稳随机过程。

五、屋面均布活荷载

屋面均布活荷载包括屋面均布可变荷载、雪荷载和积灰荷载三种，均按屋面的水平投影面积计算。在荷载计算时，不上人的屋面均布活荷载，可不与雪荷载和风荷载同时组合。

屋面均布活荷载按《建筑结构荷载规范》（GB 50009—2012）的规定采用，当施工荷载较大时，则按实际情况采用。对于在生产中有大量排灰的厂房及其邻近建筑，在设计时应考虑其屋面的积灰荷载，具体按《建筑结构荷载规范》（GB 50009—2012）中规定采用。

不上人的屋面，当施工或维修荷载较大时，应按实际情况采用，对不同类型的结构应按有关设计规范的规定采用，但不得低于0.3kN/m²；当上人的屋面兼作其他用途时，应按相应楼面活荷载采用；对于因屋面排水不畅、堵塞等引起的积水荷载，应采取构造措施加以防止，必要时，应按积水的可能深度确定屋面活荷载；屋顶花园活荷载不应包括花圃土石等材料自重。

第六节　荷载组合

对于荷载效应与荷载为线性关系的情况，荷载组合常以$\gamma_0 S_d \geqslant R_d$荷载效应组合的形式表达。建筑结构设计应根据使用过程中在结构上可能同时出现的荷载，按承载能力极限状态和正常使用极限状态分别进行荷载组合，并应取各自的最不利的组合进行设计。

一、基本组合和偶然组合

对于承载能力极限状态，应按荷载的基本组合或偶然组合计算荷载组合的效应设计值，并应采用下列设计表达式进行设计：

$$\gamma_0 S_d \geqslant R_d \tag{1-1}$$

式中：γ_0——结构重要性系数；

S_d——荷载组合的效应设计值；

R_d——结构构件抗力的设计值，应按各有关建筑结构设计规范的规定确定。

（一）基本组合

对于基本组合，荷载效应组合的设计值S应取由可变荷载效应控制和由永久荷载效应控制的组合计算得到的效应设计值的不利值。

由可变荷载效应控制的组合，应按下式进行计算：

$$S_d=\sum_{j=1}^{m}\gamma_{Gj}S_{G_jk}+\gamma_{Qi}\gamma_{Li}S_{Q_jk}+\sum_{i=1}^{n}\gamma_{Qi}\gamma_{Li}\psi_{ci}S_{Q_ik} \qquad (1-2)$$

由永久荷载效应控制的组合，应按下式进行计算：

$$S_d=\sum_{j=1}^{m}\gamma_{G_j}S_{G_jk}+\sum_{i=1}^{n}\gamma_{Q_i}\gamma_{L_i}\psi_{c_i}S_{G_i}k \qquad (1-3)$$

式中：S_{G_jk}——第j个永久荷载标准值产生的荷载效应值；

S_{Q_jk}——第j个可变荷载标准值产生的荷载效应值；

γ_{G_j}——第j个永久荷载的分项系数：当其效应对结构不利时，对由可变荷载效应控制的组合取1.2，对永久荷载效应控制的组合取1.35，当其效应对结构有利时，一般情况下应取1.0；

γ_{Q_i}——第i个可变荷载的分项系数，其一般情况下取1.4，对标准值大于4kN/m^{2}的工业房屋楼面结构的活荷载应取1.3；

γ_{L_i}——第i个可变荷载考虑设计使用年限的调整系数：设计使用年限为5年、50年、100年时，分别取0.9、1.0和1.1，当采用100年重现期的风压和雪压为标准值时，设计使用年限大于50年时风、雪荷载的y取1.0；

ψ_{c_i}——第i个可变荷载的组合值系数；

n——参与组合的可变荷载数；

m——参与组合的永久荷载数。

当S_{G_ik}无法明显判断时，应轮次以各可变荷载作为S_{G_ik}，并选取其中最不利的荷载组合的效应设计值。

（二）偶然组合

用于承载能力极限状态计算的效应设计值S_d，应按下式进行计算：

$$S_d=\sum_{j=1}^{m}S_{G_j}+S_{A_d}+\psi_{f_i}S_{G_ik}+\sum_{i=2}^{n}\psi_{q_i}S_{Q_ik} \qquad (1-4)$$

用于偶然事件发生后受损结构整体稳固性验算的效应设计值S_d，应按下式进行计算：

$$S_d=\sum_{j=1}^{m} S_{G_jk}+\psi_{f_i}S_{Q_1k}+\sum_{i=2}^{n}\psi_{q_i}S_{Q_ik} \quad (1\text{-}5)$$

式中：S_{Ad}——按偶然荷载标准值A_d计算的荷载效应值；

ψ_{f_i}——第i个可变荷载的频遇值系数；

ψ_{q_i}——第i个可变荷载的准永久值系数。

二、标准组合、频遇组合和准永久组合

对于正常使用极限状态，应根据不同的设计要求，采用荷载的标准组合、频遇组合或准永久组合，并应按下列设计表达式进行设计：

$$S_d \leqslant C \quad (1\text{-}6)$$

式中：C——结构或结构构件达到正常使用要求的规定限值，例如变形、裂缝、振幅、加速度、应力等的限值，应按各有关建筑结构设计规范的规定采用。

（一）标准组合

标准组合主要用于当一个极限状态被超越时将产生严重的永久性损害的情况，荷载效应组合的设计值S_d应按下式进行计算：

$$S_d=\sum_{j=1}^{m} S_{G_jk}+S_{G_ik}+\sum_{i=2}^{n}\psi_{q_i}S_{Q_ik} \quad (1\text{-}7)$$

（二）频遇组合

频遇组合用于当一个极限状态被超越时将产生局部损害、较大变形或短暂振动等情况，荷载频遇组合的效应设计值S_d应按下式进行计算：

$$S_d=\sum_{j=1}^{m} S_{G_jk}+\psi_{f_i}S_{G_ik}+\sum_{i=2}^{n}\psi_{q_i}S_{Q_ik} \quad (1\text{-}8)$$

（三）准永久组合

准永久组合主要用在当长期效应是决定性因素时的一些情况，荷载准永久组合的效应设计值S_d应按下式进行计算：

$$S_d=\sum_{j=1}^{m} S_{G_jk}+\sum_{i=1}^{n}\psi_{q_i}S_{Q_ik} \quad (1\text{-}9)$$

第二章　建筑结构设计层级思维

第一节　建筑设计中的结构层级思维

一、平面结构系统中的层级化

结构的平面体系一般由楼盖或屋盖构成，楼盖是水平面构，而屋盖可以是多种形态的面构，其层级化组织方式要远多于楼盖结构。明确地拆分出平面系统的层级构成关系，是理解其传力方式和结构逻辑的关键。结构层级化既是解析平面构成、探究结构逻辑的一种角度，也作为一种建筑设计方法影响着建筑的界面秩序、空间形态和空间氛围。

（一）楼面结构系统楼面结构的层级构成

常规的楼面结构系统具有板、次梁、主梁等层次性构件，在竖向荷载下以平面外受力为主。各层楼面之间是互相独立的，受力上通常是非关联的，具有独立、完整的边界条件进行周边约束。

实现水平方向的跨越需要板具有一定的抗弯刚度以抵抗竖向荷载，跨度越大板中的内力越大，变形也越大，因而就需要增加板厚，无梁楼盖就是通过增加板厚实现跨越能力。然而板越厚，自重越大且造成材料浪费，于是便需要梁的出现来有效地减小板的应力负担和自重。梁板结构是常见的一种体现楼面结构系统层级化的形式。梁作为比板更高的层级，承担来自楼板的荷载并将它传递给柱子。梁板结构中通常包括主次梁楼板、井字楼板、密肋楼板等。

楼面结构系统按材料可以分为混凝土梁板结构、钢梁板结构、木梁板结构和钢—混凝土组合梁板结构、钢—木组合梁板结构。面构的表现形式与材料的选择密不可分，采用混凝土梁板时，按施工方法可分为现浇楼面、装配式楼面和装配整体式楼面，主次梁的顶界面通常是齐平的。钢楼板中主次梁的连接按相对位置不同，可以分为次梁搁置在主梁顶面的叠接和次梁与主梁上翼缘平齐的平接。木楼板的主次梁大多是叠接的形式，可以采用榫卯连接或榫卯结合销钉连接，而平接时需要钢板、螺栓辅助连接。木材和钢材以线构为主，分离、分层是最大的表现特征，而混凝土更倾向于塑造流动整合的不易区分层级的界面。

结构的层级化不仅是构成水平界面的物质组合方式，同样也对界面和空间有影响。结构常被认为只是为了实现跨越和围合的支撑手段，它们的存在常被认为对空间的视线和通透性造成了干扰，于是被吊顶遮挡起来。然而楼盖也可以具有建筑造型艺术上的潜力，如果能处理好结构的组织方式、结构和设备管线的关系，那么结构也可以成为一种界面造型的元素。适当的暴露，可以表达清晰的传力逻辑，同时使建筑的顶界面产生丰富的视觉形态和界面秩序。

基于楼盖本就具有的结构层级的形式，可以从改变梁板的位置关系、改变梁的组织关系等方面达到塑造界面秩序的目的。例如，奈尔维设计的罗马加蒂羊毛厂的楼板肋真实地反映了板的应力状态，通过改变梁在平面中的组织关系而形成具有韵律感的水平界面，并且有效地表现了屋面的应力状态和力流的汇聚过程，使结构的力学逻辑与建造逻辑和建筑的形式逻辑达成统一。

结构有自身固有的主次高低的层级关系，通过在空间位置关系上或尺度形态上对构件进行调整，可以更清晰地将层级关系展现出来，凸显明确清晰的传力路径和主次分明的构件组织关系，使构件各有明确的分工，并且在视觉上得到强化。由德国公司Huf Haus设计生产的预制房屋是以上漆的木构件为梁结构。承重梁主要负责承担来自楼板的荷载，连系梁用来维持各承重梁的稳定；承重梁和连系梁具有明显的空间位置差异及尺度差异，建筑以夸大构件差异的方式清晰地表达了各构件的不同作用。通过将原本可以置于同一平面的构件在竖向上拉开距离，在视觉上直接表明了构件层级的不同。虽然当两种构件置于同一平面形成空间结构体系时会更有利于受力，然而如此一来便失去了对结构作用的感知能力，同时削弱了分层的结构在空间中的视觉表现力。

（二）屋面结构系统

与楼面的不同之处在于，屋面形态是多种多样的，其形态不仅对城市的天际线有影响，也展现出建筑的性格和空间的特质，具有各自的象征意义。如果没有结构受力合理的内在规律支配，独特的建筑形象也只是徒有其表。可取的做法是在屋顶的建筑形态和结构形态之间建立一种和谐统一的关系，而不是为了生成某种屋顶形态而完全被动地接受建筑形态的支配。屋面系统的层级化组织方式需要与屋面的整体形态、界面秩序及采光、排水等围护功能协同考虑。

在中小型建筑中，形成屋面形态的方式之一是通过主结构形成支架，以次结构塑造屋顶形态。次结构本身的力学形态与屋顶形态相契合。层级之间的空间位置及层级自身的几何形态是塑造屋盖形式的关键。

常见的做法是以梁作为主结构，为不同受力方式及不同形态的面构提供支撑，共同形成屋面结构系统。此处的梁不单指受弯剪作用的直梁单元，而是泛指能够为其他面构和线构提供支撑作用并能实现跨越能力的刚性线构单元，其自身形态也可以随着屋面形态而变化为曲梁、折梁等，可以是经过材料削减的空腹梁、桁架梁或是拉力显现的张弦梁，可以是直梁或根据各点的内力大小采用变截面梁，根据支撑条件的不同，拱形梁也可能成为合理的梁的形式。屋盖的结构对屋面形态的塑造和对力的抵抗是并行发生的过程，屋盖的组合方式有很多，但总体来说其基本组合方式可以归结为三种：梁支撑受弯构件、梁支撑受压构件、梁支撑受拉构件。很多形式的屋面组合都可以在这几种基本原型的基础上通过各种变形获得。

二、层级化的建筑意义

（一）肌理生成、秩序建立

结构具有“承载与空间”的双重属性，结构在建筑创作中的作用不仅限于承载作用，也是塑造建筑造型的主要元素，形成建筑空间的物质基础，表达建筑思想的主要方式。

结构层级化的思维和设计方式影响着建筑秩序的生成。结构层面的秩序在于反映材料选择的合理性和结构组织方式的科学性。建筑层面的秩序有三层含义：其一是空间形态的秩序，可以表达为建筑空间与结构形式的匹配关系。其二是建筑界面的秩序，即通过有规律地组织排列结构构件，关注材料的运用和尺度的表达，结合虚实、明暗、粗细、轻重、色彩等对比手法，可以使建筑造型获得层次感与韵律感；妥善处理结构隐藏与暴露的关系，结构层级的显现、隐现、隐藏将对建筑造型造成不同的影响。其三是构件在空间中的秩序，构件的层级秩序有助于对空间特质的塑造。

（二）本体设计思维

建筑创作需要关注的基本问题是如何创造并实现符合建筑本体规律的物化形态，正是借由材料、结构、构造、设备、施工、建造等建筑赖以建立的基本要素方能获得建筑本体的表现性。其中结构对建筑本体设计的影响最为显著，结构以服从力学规律为前提，其整体形态、构件尺度、适用范围无不体现着建筑本体的内在规律。结构的物质实体及其组织关系共同构成了建筑实体的本体存在，设计结构的过程即为设计建筑的过程。结构层级化思维即为建筑本体设计思维的体现，并且可以作为建筑本体设计的一种创作思路，从结构层级化的角度发掘和释放结构的表现潜质，并创造性地呈现出来。

建筑设计要回归本体，关注建造问题，对于形式的创造基于合理的结构逻辑和建造规律之上，而不应当一味追求形式和表象。若执着于对表象的呈现或肤浅地表达建筑概念，最终很可能会难以达到预期的效果，造成材料浪费，甚至惹来争议。例如，上海世博会的中国馆，其形似鼎，屋顶似九宫格，层层出挑的构架如同斗拱铺作，这些无不是中国元素的形象再现。但偌大的建筑毕竟不是斗拱，中国古代建筑中的斗拱，既完成了柱与架之间力的转换，同时又与整个建筑结为一体，成为表达中国古建筑之美的不可或缺的一部分，是一种精美的构造。而中国馆尺度巨大的出挑构件虽状似斗拱，但与斗拱的本体意义又相去甚远。楼板实际上是由斜柱支撑，荷载传递到四个巨大的核心筒上，外露的类似斗拱的构件由钢桁架构成但不起支撑作用，毫无结构意义，仅仅是为了实现建筑的表象而存在。这类建筑呈现的不是本体的状态，而只是一个符号，材料意志和结构逻辑均被忽视。

同样是表达了斗拱的意向，由安藤忠雄设计的塞维利亚世博会日本馆则是建筑本体设计思维的表现。整个结构由两个斗拱式的结构单元组成，每个单元都是由小型胶合木构件在垂直的两个方向上层叠出挑。该项目需要在短时间内建造，采用规格化材料进行装配式生产，体现着建造过程的合理性。木质的纹理与柔和的光线让人感到柔和亲切，烘托出日式的空间氛围。安藤用现代技术诠释与演绎着日本传统古建的木构文化，巧妙地将装置性、临时性与对东方木结构的隐喻融合在一起。

（三）建造与建筑现象

建筑的建造过程是实现建筑本体的基础，建造使建筑得以真实存在，正是建造的过程赋予了建筑本体的生命力。建造是按照某种方式把各个要素及部分组成一个整体的过程，建造方式的确立、材料的选择、对建筑构件的处理和连接都是建造活动的重要内容，其目标是实现建筑的物理性能、空间围合及情感表达与体验。弗兰姆普敦在《建构文化研究：19世纪和20世纪的建造美学》一书中指出，“建筑的根本在于建造，在于建筑师应用材料并以之构筑成建筑物的创作过程和方法”。由此可见懂得建造是做好设计的基础，只有通过建筑师的理性思考将建筑的空间、结构与材料完美地组合在一起，才能创作出好的作品。建造的过程注重材料本身的意志和结构的逻辑性与真实性，影响着每一个使用空间的质量，通过合理的建造而形成的空间是一种有秩序的空间，只有这样才能打破建造方式与空间的对立，达到形式与建造的和谐，使之成为完整的统一体。

建造一边联系结构，另一边关联建筑现象。结构不仅是基于建造的形态呈现，更多的是通过技术逻辑的结构表达参与建筑与空间的营造之中。结构层级化的构成方式表达了建造的过程和痕迹，并且形成一种全新的建筑现象。

建筑学关注的空间需求、人的感知、场所精神等问题与结构学关注的力流的传递、形态的稳定、系统的效率等问题在交互触发的过程中需要以恰当的方式得以兼顾。结构层级化是使建筑设计及建造过程的逻辑相协同的一种思维方式和技术策略。

三、建筑空间中的层级表现

（一）层级组织的显性表达

1.隐喻的建构

隐喻的建构是借助于象征传达建筑主体和个人思想的方式，结构的主旨不仅在于物质的呈现，更是注入地域的文化隐喻和精神意义，形成引起人们情感共鸣的建构表达。结构不仅作为建筑物质的技术要素，也成了艺术的载体而被赋予精神价值。结构的形态可以取材于某种事物的具体形态而又具有超越其本身的内涵，在特定场所中，恰到好处的形象象征能带给观者心理暗示，使人们感知到建筑所表达的文化内涵和精神气质。

2.文脉与场所

建筑的目的应该是满足人们物质和精神的双重需要。基于自身对文化与传统的深刻理解，借鉴那些在历史中形成的、能包容这些意义的隐喻形象，使传统文化通过当代的处理手法和技术手段得以重生；通过最深刻的场所营造带给人知觉的碰撞。

3.结构消解

结构消解是指通过多个同种类型或不同类型的结构在空间上竖向叠置，是以小体量的构件形成大体量支撑或跨越的一种方式，外力分散到各个层级中，每个层级构件的体量得以削减，从而呈现出结构的“空间性”，结构实体与之间的空隙形成虚实相生的界面，增添了空间的丰富性。

（二）层级组织的隐性表达

结构艺术与建筑创作的互动关系不仅在于显性的视觉表达方式，而且会基于空间纯粹、形象表达等不同方面的考量，而对结构进行隐藏。结构已经超越了视觉层面的意义，而是以一种不露锋芒的姿态实现建筑空间的塑造。

（三）层级组织协同于空间

随着结构技术趋向成熟并成为模式得到推广，结构在建筑系统中的制约力越来越小，对建筑空间、形式所具有的积极意义逐渐退化。比如框架结构在应用初期对于建筑的更新具有革命性先导的意义。然而当同样的结构形式被反复地复制于各种类型的建筑时，模式化生产与设计的结果便使这种结构形式失去了艺术价值。最终可能会导致结构仅剩纯粹的技术作用，与建筑空间、形式没有必然联系，甚至相互矛盾。然而我们需要意识到结构的空间价值，通过实体结构可以直接定义空间，同时结构形态也源于内部空间的组织逻辑，空间布局和结构组织具有逻辑的一致性。

叠架作为一种结构层级化的方式，反映了空间组织与结构组织关系的相互推进、和谐统一。洛伊申巴赫学校通过桁架的堆叠创造了力流的传递路径，并形成了空间和界面。克雷兹认为结构具有丰富的意义及高度集成的能力，只有跳出固化的设计模式才能产生创新的设计思路，“如果设计的基础只是重复的平面，无论建筑物多么高，那你得到的永远是平坦的空间”。他在设计理念的引导下充分挖掘结构的拓展功能和表现潜力，并最终完成了融合建筑空间、形式和结构于一体的整合型设计。在克雷兹的设计过程中，空间操作和结构构思一般是通过模型试验同步展开的，从建成的形态中，也可以看出空间与结构的互动关系。建筑以功能分区在空间中的堆叠作为设计的指导思想，结构的组织方式与空间的形态相契合，最终形成从上至下逐渐内收、相互堆叠的三层桁架结构。桁架不仅是形成整体架构的受力构件，也是围合或分隔空间的界面。顶层的四个桁架在体育馆的外围，五层的桁架是分隔报告厅、阅览室与公共空间的界面，贯通二层至四层的桁架是分隔教室与活动空间的界面。底层的六个支座和U形玻璃分隔了中央区域较为私密的空间和外围的休闲活动空间。空间和结构都是以堆叠的形式组织的，空间界面与结构构件完美地一一对应着。

第二节 建筑结构设计中的对称美

一、对称结构的力学分析

对称在结构设计中以两种方式出现，一是对称的结构构件；二是对称的结构体型。

（一）对称的结构构件

1.斗栱

说到对称的结构构件，不能不提到斗栱。斗栱是最有代表性的对称结构支撑构件。斗栱是中国木架建筑特有的结构构件，一般斗栱由三个主要部分为组成，方形木块叫斗，弓形短木叫栱，斜置长木叫昂，总称斗栱。其中，方形木块分两种：斗和升。位于上下昂翘之间，立方块上开十字口的叫斗；位于栱之上，立方块上开横向口的叫升。弓形短木也分为两种：翘和横。与桁平行的叫栱。这五个部件纵横交错，形成层层叠叠小的托座。与桁垂直的叫翘。总称斗栱，如逐层向外挑出，形成一个上大下小的斗的形状。

斗栱位于柱与梁之间，将由屋面和上层构架传下来的大面积荷载传给柱子，是柱子与屋顶之间的过渡部分。此外，斗栱又可兼作挑梁的作用，在柱子上伸出悬臂承托出檐部分的重量，使建筑物檐口更加出挑，造型优美。古代的殿堂出檐可达3m左右，如果没有斗栱的支撑，屋檐将难以保持稳定。檐下斗栱因其位置不同，在结构中所承受的力也不一样。柱头上的斗栱称为柱头铺作（清称柱头科），是承托屋檐重量的主体；在两柱之间置于额枋（宋称阑额）上的斗栱，称为补间铺作（清称平身科），起辅助支撑作用；在角柱上的斗栱称为转角铺作（清称角科），起承托角梁及屋角的作用，也是主要结构部件。室内斗栱通常只支撑天花板的重量或作为梁头节点的联系构件，其结构作用不及檐下斗栱明显。

当建筑物非常高大而屋檐伸出相应加大时，斗栱挑出距离也必须增加，其方法是增加栱和昂的叠加层数（即出跳数），每增加一层华栱或昂，斗栱即多出一跳，最多可加至五跳。因为是层层相互叠在一起，斗栱在宋代也称“铺作”；在清代称“斗科”或“斗栱”，江南一带则称“牌科”。明清以后，斗栱的装饰作用加强，排列丛密，用料变小，远看檐下斗栱犹如密布一排雕饰品，相对唐宋以前的仅作结构作用的布置疏朗，用料硕大的斗栱要艺术化得多。现代很多仿古建筑也用到了斗栱，虽然有的做了修饰，但其制作工艺、艺术手法已远不如以前精细了。

2.拱

轴线为曲线、仅在竖向荷载下能产生水平反力（推力）的结构称为拱。拱结构与梁结构最根本的区别在于在竖向荷载作用下是否产生水平推力。由于水平推力的存在，拱中各截面的弯矩将比相应的曲梁或简支梁的弯矩要小，这就会使整个拱体主要作用是承受压力。因此，拱结构可用抗压强度较高而抗拉强度较低的砖、石、混凝土等建筑材料来砌筑。

（二）对称的结构体型

无论是简单的还是复杂的形体，如果以形体的垂直线或水平线为轴，当它的形态呈现上下、左右或多面均齐就称为对称体型。

古代的那些建筑平面与立面在可能的情况下几乎都可以归纳为对称的体型，而且从对称轴上我们可以看出同样的规律性，以及有一种引导人们的活动趋于有序性的作用。

除了在抵抗地震力的作用时较非对称的结构体型有利外，对称的结构体型自身重力也较非对称的结构体型要均衡，在相同的地基承载力的条件下，不会由于建筑物的沉降不均匀而产生裂缝。因此，建筑设计时，结构体型采用对称布置是十分重要的。

对称的结构体型很多，不少公共建筑、行政办公楼及古建筑等，多采用对称的布局，在外观形式上，能彰显其庄重性；在受力上，又有利于实现力的均衡。

二、对称美法则在结构设计中的运用

结构的类型是多种多样的，就几何观点来分，有实体结构、杆件结构、薄壁结构三类，这三种分类之间并不互相独立，常见的是几种类型组合在一起的形式。

（一）对称美法则在实体结构中的运用

实体结构是指长、宽、高三个方向的尺寸大约为同一量级的结构，主要包括墙体、拱体和坝体等。

位于尼罗河西岸的埃及金字塔是著名的古代建筑，从外部来看，底座呈方形，越上越窄，聚于塔顶形成一个对称的方锥体型。内部除墓室和通道外都是实心。金字塔是一座陵墓建筑，规模宏伟，结构精密，全部采用方形石块来建造。石块与石块之间紧密相接，接缝处严密精确，一块石头直接叠在另一块石头上，完全靠自身的重量堆砌在一起，连一个薄刀片都插不进去。

金字塔这种对称的棱锥体型不仅外形庄严、雄伟、朴素、稳重，与周围无垠的高地、沙漠浑然一体，和谐一致，而且在结构中的安全系数也是最高的。金字塔历经数千年沧桑，多次地震摇撼都岿然不动，不倒塌，不变形，完好无损，正是这种有利的对称结构的优势体现。

提到水塔，大家都不自觉地联想到字母“T”。由于要提高水头的压力，水箱必须要高出建筑物，因此把水箱用支撑支起来，远远看去，就是一个“T”字形了，“T”字的构造是一根竖线支在一条横线的中点上，横线两端的距离相等，左右对称，给人一种天平的感觉。例如，科威特民用水塔坐落在市中心的一个公园内，它由九个水塔组成，像九顶大伞矗立在那里，造型别致，既能储存淡水，又是公园的一景。我们可以看到每个水塔都是一个辐射对称的倒锥体。如果说棱锥体是所有结构中安全系数最高的，那么倒锥体则是安全系数最低的建筑了。因此倒锥体建筑尤其要讲求对称。试想水塔不是呈对称的结构，那么水箱的重心势必和下面的圆柱体基座的重心不在同一条轴线上，从而产生一个偏心弯矩。水箱越重，偏心距越大，产生的偏心弯矩则越大，构件除了承受水箱及其自重所产生的压力外，还要额外承受一个由偏心弯矩所产生的拉力。为了保证不对称结构的水塔不至于失稳，结构上则相应地要做许多加固处理。

（二）对称美法则在杆件结构中的运用

杆件结构指由各种杆件所组成的支撑体系，如桁架、框架和网架等。依照空间观点，杆件结构可以分为平面杆件结构和空间杆件结构两类。无论是平面杆件还是空间杆件，我们都可见到它们对称的形式。平面杆件结构通常是左右对称的形式，而空间杆件结构则是辐射对称用得比较多。

1.平面杆件结构

凡组成结构的所有杆件的轴线都位于某一平面内，并且荷载也作用于该平面内的结构，称为平面杆件结构。

桁架是一种类似骨架的平面杆件结构，由众多杆件构成，各杆均在两端与其他杆件连接，连接的方式有焊接、铆接或螺接等。桁架结构在土木工程中应用很广泛，特别是在大跨度结构中，析架更是一种重要的结构形式。

组成桁架的杆件，依其所在位置不同，分为弦杆和腹杆两类。弦杆是桁架上、下外围的杆件，上边的杆件称为上弦杆，下边的杆件称为下弦杆。桁架上弦杆和下弦杆之间的杆件称为腹杆。在轴向受拉或者轴向受压的杆件中，为使材料得到充分的利用，桁架上的杆件排列应对称，这样使得杆件截面上的应力分布均匀。

我国古建筑多为木结构，因此木桁架是建造房屋必不可少的构件，如古建筑中的屋面横梁的支撑就采用了对称形式的木桁架。屋面板的荷载传到板下的横梁上，然后由每三米一榻的桁架支撑着。桁架的样式左右对称，古朴美观，受力均匀，每根木料都得到了充分的运用。

木桁架在现代建筑中也有运用，大凡卷材屋面都是采用木桁架支撑着。在农村某些地方还可以看到用木桁架搭建的简易凉棚。这些凉棚构造简单，多采用对称桁架，用马钉与木柱连接在一起，拆卸也很方便。在炎热的夏日里，坐在凉棚下，吹着微风，闻着稻香，手里端着大碗的茶水，好一幅乡村休闲图。

牌坊是我国的传统建筑。它往往建在一条道路或者建筑入口之处，营造一种“过”而不忘的意境。牌坊的支撑立柱在同一个平面上，左右完全对称，以实现力的均衡，并沿轴线有人流引导作用。

2.空间杆件结构

凡组成结构的所有杆件的轴线不在同一平面内的结构称为空间杆件结构。

香港汇丰银行坐落在香港中环中心，它最独特的地方在于充分暴露钢柱和桁架，底部完全敞开，八组参差的组合柱贯穿始终，33个使用层分成五组从组合柱上由斜向悬吊结构悬挂下来，从底部到顶部，每组由八个结构层递减到四个结构层，而斜向悬吊结构的高度为两个结构层。每一个细部、桁架、斜撑和杆件都负载着巨大的荷载，渲染出力的传递感和走向，呈现出对称的格局，使它显得庄重典雅，具有古典主义的色彩。设计中完美结合了建筑设计的实用性和人性化因素，其手法使得这栋建筑在技术、功能与空间各方面都有惊人的协调。合理利用材料，顺应结构规律并兼顾到建筑的人性和美感，是汇丰银行大厦的鲜活特色。大厦的外立面没有另加装饰，在“装饰就是罪恶”这一经典建筑评论面前，汇丰银行绝对可以昂首挺胸。

同样地，我国台湾高雄国巨电子二厂也是利用空间杆件的结构语言进行设计。大楼的水平力用两侧大型钢管桁架结构来承受，垂直力则由分布其中的浅梁与少数柱子来承担。桁架格局呈对称形式，力得到了均匀地传递。

（三）对称美法则在薄壁结构中的运用

近几十年来，各种类型的大跨度空间结构在美国、日本、欧洲、澳大利亚等发达国家和地区发展很快，建筑物的跨度和规模越来越大，采用了许多新材料和新技术，创造了丰富的空间结构形式，其中就包括薄壁结构。薄壁结构是指厚度尺寸远小于其长度和宽度的结构，主要包括壳体、薄膜、索网及充气结构。

自然界有许许多多令人惊叹的薄壁结构，如蛋壳、海螺等属于薄壳结构，肥皂泡是充气膜结构，蜘蛛网是索网结构，棕榈树叶是折板结构，等等。从某种意义上来说，薄壁结构是一种仿生结构，它具有荷载，传递路线短，受力均匀等特点，用材经济，造型美观多样，能覆盖较大空间，比实体结构更美观、经济和高效。薄壁结构是一种发展前景广阔的空间结构形式。许多宏伟而富有特色的大跨度建筑已经成为一些地方的象征性或标志性的人文景观。

网壳的发展与钢结构建造技术和计算机分析技术的发展紧密相连，其趋势是跨度越来越大，厚度相对越来越薄。跨度大、厚度薄、重量轻可以看作结构优化的成果，但与此同时，结构稳定性问题也变得突出起来。网壳设计的关键是稳定性分析，而对称的结构体型恰巧是各种形式中相对最稳定的形式，因此，不论是壳体结构还是薄膜结构，用得最多的还是以下几种对称的几何形式。

1.壳体结构

壳体属于面结构，具有曲面外形的薄壁，可单向、双向弯曲，或成双曲抛物面的形式。壳体通过对称中心轴可以分为同向弯曲曲面和反向弯曲曲面。应用到建筑上有双曲抛物面壳体、圆柱形壳体、椭圆弯顶、圆屋顶、伞形壳体和鞍形壳体等。

世界上著名的壳体建筑有很多，1960年由奈尔维设计的罗马小体育馆，属于钢筋混凝土薄壳结构。它的屋顶是网格弯隆形薄壳，采用棱形槽板拼接而成，其用去了大大小小厚度只有25mm的菱形槽板1620块。在槽板与槽板之间的空隙放上钢筋，再浇上混凝土，形成拱柱。槽板上面再浇上一层40mm的钢筋混凝土，加强弯拱的整体性，同时作为防水层。圆屋顶最外圈108块槽板，用36个斜撑，有力地把巨大的装配整体式钢筋硅网肋型扁圆球壳托起。斜柱呈叉形，顺着拱的力线把拱的推力传到埋在地下的环形基础上去。弯顶的外缘皱褶成波形，防止产生不利的弯矩，同时又加大了窗子的高度，结构清晰、欢快，呈辐射对称，极富结构力度，取得了优美的视觉效果。结构与建筑紧密地融为一体，给人以全新的艺术感受，充分展示了技术美学的巨大魅力。

利用钢筋混凝土薄壳结构来覆盖大空间的做法已越来越多，屋顶形式也多种多样。如意大利都灵展览馆是波形装配式薄壳屋顶，美国圣路易斯的航空站候机楼则是交叉拱形的薄壳顶，法国巴黎的国家工业与技术中心陈列大厅是分段预制的双曲双层薄壳……近半个世纪以来，大跨度建筑在试用各种新结构屋顶的过程中，薄壳屋顶已经积累了不少经验。

2.薄膜结构

薄膜结构是20世纪中期发展起来的一种新型建筑结构形式，是由多种高强薄膜材料及加强构件（钢架、钢柱或钢索）通过一定方式使其内部产生一定的预张应力以形成某种空间形状，作为覆盖结构，并能承受一定的外荷载作用的一种空间结构形式。膜结构可分为充气膜结构和张拉膜结构两大类。

充气膜结构是靠室内不断充气，使室内外产生一定压力差（一般在10～30mm水柱），室内外的压力差使屋盖膜布受到一定的向上的浮力，用空气来支撑薄膜体，从而实现较大的跨度。由于依靠压缩空气注入气囊将薄膜鼓胀成型，因此其建筑形体主要由向外凸出的双曲面构成。如法国巴黎东部充气体育馆、日本大阪世界博览会美国馆、美国密歇根州庞提亚克体育馆及美国洛杉矶市克拉拉大学等，其平面均为辐射对称的圆形。这种结构可以达到很大的跨度，安装、充气、拆卸、搬运均比较方便。

国家游泳中心，被人们称为“水立方”，是一个天蓝色的六方体充气膜结构，外壳采用可作为填充物的气垫膜，使屋顶达到完全防水的要求，阳光可以穿过透明的屋顶满足室内草坪的生长需要。虽然水立方是一个立方形体，但是组成水立方墙体的水分子贴膜近似于蜂窝的六边形造型，彼此相互咬合，每一块贴膜受到气体的压力都呈现出弧状。镶嵌在“水立方”墙体上的水分子贴膜具有热学性能和透光性，可以调节室内温度，冬天保温，夏天散热，而且还会避免建筑结构受到游泳中心内部环境的侵蚀。

张拉膜结构则通过柱及钢架支撑或钢索张拉成型，其造型非常优美灵活，轻巧自由，具有施工简易、速度快的优点，适用于急需的建筑。由于张拉膜结构是通过边界条件给膜材施加一定的预张应力，以抵抗外部荷载的作用，来自薄膜的荷载可以通过其周边与锚固索连接的受拉柱，或者通过其他高耸结构形式传到地面，膜既是受力构件，又是覆面材料，质轻而薄，局部刚度很小，应力集中一般出现在边界处，因此常常用曲线索来消除这种现象。例如，桅杆顶部采用水滴状或锯齿形状，边缘采用周边索。膜表面必须保持双曲面（鞍形面），否则在风荷载作用下局部膜单元的速度和加速响应较大，可能对周围流场产生影响，产生较明显的气弹反应和可能的动力失稳现象，从而致使结构破坏。张拉膜的例子很多，如1967年蒙特利尔世界博览会上由古德伯罗（Rolf Gutbrod）和奥托（Frei Otto）设计的西德馆就是采用钢索网状的张力结构，屋面用特种柔性化学材料敷贴，呈半透明状。1972年慕尼黑运动会比赛场的看台顶棚也是应用此种结构，它可以任意伸展与扩大，连绵不断。

悬索结构主要是受悬索桥的启示而建，结构构件主要承受拉力。由于这种结构在强风引力作用下容易丧失稳定性，因此体型的对称性显得尤其重要。美国罗利市牲畜展赛馆（Arena Raleigh）是这类建筑早期实例之一，该馆容纳观众5500人，为枣核形平面。屋顶采用鞍形悬索结构，索网锚固在两个倾斜交叉拱上，沿展赛馆纵向布置向下弯曲的承重索，横向布置向上弯曲的稳定索。其基础有拉杆相连以平衡拱的推力。外墙支柱只在不对称荷载下才受力，在对称荷载下，斜拱和悬索保持平衡，柱子不受力。该馆结构受力明确合理，自重轻，造型简洁、新颖，是悬索结构的典型代表作。

悬索结构的实例有很多，比如斯通（E.D.Stone）设计的比利时布鲁塞尔世界博览会中的美国馆，其屋盖是对称的圆形双层悬索结构，中间留有一空间，形如自行车车轮；法国馆的屋盖则是两个拼贴的菱形双曲抛物线面的悬索结构，平面形状如同飞蝶。全张拉结构是指由连续的受拉杆件和局部的受压杆件组成的结构体系，目前在工程上的唯一实现形式是由预应力双层空间索系和薄膜屋面组成的所谓“索穹顶”结构。

第三节　建筑与结构的整合设计

一、建筑的整合设计：思维、平台和操作

（一）整合设计思维

建筑学和城市规划学引入系统思想的时间尚未考证，但现代学者接受和运用系统思想却是显而易见的。除了系统思想外，自然观、共生论、结构主义、宇宙源建筑等思潮都对建筑整合思想有一定影响。

自然的观念、机体论的概念是系统思想、整合思想的雏形和源泉，也是现代建筑理论中的基本概念。现代自然观认为，“自然界中的所有事物都努力保持其存在，事物的‘存在’即是它的‘流变’。”结构是功能的先决条件，具有明确的哲学意义，构成了“最优法则”问题。机体论则认为“整体不能分解为孤立的要素的行为”。亚历山大认为，“完整的建筑也必然总是具有自然的特征；模式的重复以及各部件的独特性，导致了有生气的建筑在其几何形上是流动和松弛的”“一个自然的建筑，需要每个窗台以及每个柱子都必须由容许它正确适应整体的自主的过程形成”。自主形成，即包含了要素的自性整合、个性整合，反对妥协与强加，反对简化与标准。基于对自然的观察和描述，要素的对立面才

是整合的动力，必须得以保留。

“新陈代谢（Metabolism）是不同时间和空间的共生。部分与整体共生，内部与外部共生，建筑与环境共生，不同文化共生，历史与现在共生，技术与人类共生。”共生论强调了要素的差异性与多样性，反对绝对和唯一的标准，不应表达单一的价值体系，共生的目标是要素的自我表现。从这些方面看，共生论和前述的“个性整合”“自性整合”的意义初衷一致。但是，建筑作为系统，其最终目标是达到综合，实现最优，共生应当理解为要素和系统的阶段性关系。

结构主义（Structuralism）的特征在于强调对对象的整体性研究。“变化、生长与共存是结构主义理论核心；结构主义是对功能理性的取代。”结构主义认为，“结构是一个包容着各种关系的总体，这些关系由可以变化的元素构成。元素的改变需要依赖于整体结构，但可以保持自身的意义。元素的互换，不改变整体结构，而元素间的关系更改则会使结构系统发生变化；任何领域中问题的解决关键在于它们内部的组织关系，这种关系可用数学模式来描述”。功能理性主义强化了要素的功能独立性，而忽视了要素间关联性，类似于模块化理论，而结构主义关注要素间的关系，寻求系统秩序性和整体性的建立。要素只能通过结构来发挥作用，如单词只有按照语言排列才能表达意义，如有限的音符可以形成各种美妙的乐曲。因此可以推断，决定形式的是构成方式而不是构成元素。结构主义部分具有了系统思想的特点。如果说结构主义更注重的是对于系统的结构划分，那么，整合思想则是注重了划分后的重组与优化。

柯布西耶在《走向新建筑》中指出：“建筑是创造着世界的人类的第一表现，人们按自然的形象来创造世界，符合于自然法则，符合于统治着我们的自然和我们的世界的法则。重力、静力、动力的法则是以归谬法使人服从的，不挺住就倒塌。”查尔斯·詹克斯提出的“宇宙源建筑”认为“建筑应尽量接近自然；自组织、涌现和向更高（或更低）层次的跃迁；保持最大程度的差异性”。

伦纳德和贝奇曼较为明确地论述了整合建筑，“整合是指把全部的建筑组成成分以综合的方式协调在一起，并且强调在不妥协局部个性的前提下，使局部协调在一起。”建筑子系统包括用地、结构、围护、机械及室内五大类。建筑系统硬件间整合可通过三个不同的目标来实现：物理的整合，视觉的整合，性能的整合。人类的建筑实践经历着从以结构为主导的思维，向更注重性能，和以系统思想为基础的转变。在建筑学中，通过设计和技术整合，可以实现不同的系统组织层次。

“整合的建筑设计依赖于一个多专业组成且紧密合作的团队，所有的决定建立在有着共同的价值观，为取得成功而遵守共同的约定，共同承担着项目确定的使命。”“整合设计是建筑设计中注重整体性的方法，与传统设计相比主要在于目标与侧重点的不同。主要区别是建筑师不只是形式设计者，还积极参与探索各种想法，是起到积极作用的专家团队中的一分子。”“建筑整合设计要求专业交叉及综合的设计方法，设计是非线性的过程，要求分析、评估、综合，并做出决定，在设计初期就对设计结果予以分析，都是很关键的。分析设计结果，厘清构件、部分与整体间关系，材料与性能，建造，环境设计，数字技术的运用是必不可少的。”因此，除了团队的整合，一个合适的技术平台也是整合设计中必不可少的。

显然，建筑整合设计思维主要来源于系统思想，以达到建筑系统的整体最优为目标，其主要的思维方法是把建筑分解为若干个相对独立的子系统（要素），首先对各子系统予以自身性能的优化，进而重组、协调各子系统间的结构关系，建立相互协同的反应机制，最终诱导、激发系统性能的提升，是由串行分工设计到协同合作设计的转变。

（二）技术平台与BIM

建筑整合设计是优化各子系统及其之间的关系，这就意味着获取全面、准确的各子系统（要素）信息变得极为重要，建筑整合设计思想需要技术手段和方法予以操作和实现，如同飞机设计制造的全过程对于数字化平台CATIA的依赖，建筑设计中也诞生了BIM（Building Information Modeling），即建筑信息模型，以数字代替实物模型，以数字仿真的形式提供了可视化的共享交流平台，各子系统的信息实时交换，把可能的冲突与矛盾及时化解，并且能够进行性能分析与优化，最终的生成数据用于设计、建造、维护全生命周期。

整合设计的技术平台的构建关乎多学科介入和多要素的协同和控制，以BIM为例，它提供了一个信息共享和交互的平台，同时对不同的专业操作对象设定了一个共同遵守的目标任务，只有在统一的平台上，执行共同的目标才能使设计具有整合性方向。因此，信息共享、目标设定和对象选取，以及多学科介入就构成了运用BIM平台实现整合设计的关键。

1.信息共享与交互

BIM把建筑各子系统（要素）的信息综合在共享模型之中，整合设计的过程可以从以下四个方面进行修改、共享模型信息。

首先，几何可视的“形态优化”。BIM模型是三维的数字化构件，并以仿真、可视的几何模型直观表现，调整优化几何信息，比如构件的几何尺寸大小及类型，构件形态即可以被实时观察、评估、对比、再修改，构件信息从量变到质变，构件（要素）的差异性和个性被保留，最终可以得到符合设计意图的构件形态。在结构整合设计操作中，依据结构分析数据反复调整结构构件的截面类型、几何尺寸，能够得到受力合理、效能提升的结构构件形态，是结构性整合的一部分。

其次，物理整合的“碰撞检测”。结构、围护、设备等构件都被纳入了模型之中，并共处在建筑空间之中，构件之间的定位关系是否恰当，甚至冲突能够以数据的方式显示出来，为整合设计的进一步操作，重组构件之间的关系，提供了可靠依据。“各数字化构件实体之间可以实现关联显示、智能互动。”比如，在整合设计中如果发现结构构件与设备管线相互碰撞，则可以对二者做出修改与调整，使结构（或管线）构件的形态更加适应对立面的需求，降低构件之间的矛盾性，在不丧失构件属性的前提下使其协调在空间之中，可以有效理顺、提升建筑的功能，是建筑系统功能整合必不可少的步骤。

再次，视觉整合的“形式美观”，各构件在自身形态优化、空间共处之后还必然地反映在建筑的界面之中，构件之间的几何关系是否符合形式美规律应当被进一步考量。运用BIM构件信息的反复修改，可以调整构件间的尺度对比、比例划分、空间定位、构造逻辑，提取并表达出各要素在形式层面的共性，强化某些构件的形式特征，使其易于知觉、辨析，而弱化某些构件在形式中表达，使建筑的整体形式反映自身的品格，或能够响应某种环境文脉。比如，建筑立面中的结构表达运用BIM进行优化，可以反映结构的传力属性，强化对于结构的认知，并且可以透射出建筑的真实品格，使建筑的外在形式与内在功能取得一致，达到或接近完形整合的状态。

最后，设计建造的“全程交换”，BIM的信息共享不仅有力支撑了整合设计过程，还可以把数据准确地传输到设计后的加工建造阶段，这种信息数据“全程交换”的重要性在于：一些运用参数化设计较易实现的复杂造型，能够运用数字化建造技术，更准确地被建造起来。因此，对于整合设计的最终实现，参数化设计与数字化建造是不可分割的两个阶段。运用BIM对于构件的形态优化，可以轻松地产生“连续差异性”的形态变化，其中包含了大量相似却又不同的构件数据，运用人工方法建造几乎无法区别，但如果把这些数据传输给机器人则可以被准确地读取之后用于建造。举例而言，“工业机器人能完成参数化砖墙的砌筑，在程序指令下，它可以按照准确的间隔、角度把砖放在准确的位置。机器人在不增加额外的时间和体力的情况下轻松找准了每块砖的位置，而人工是不可能的。”因此可以说，BIM的信息全程交换，确保了数字化建造是参数化平台下整合设计的建造实现。

2.目标设定和对象选取

运用BIM作为整合设计的技术平台，能够提供参数化设计及数字化建造的良好技术支撑，但是需要清楚的是，最终的设计成果是否具有整合性仍取决于设计思维本身，其中整合目标设定和整合对象选取尤为重要。

以“性能整合”为目标，才能够确保建筑系统性能的提升。BIM设计的优势在于协同设计、算法设计、性能分析，各子系统都可以运用BIM实现自身的性能优化，这是系统性能整合的基础与准备。如果BIM的运用仅停留在“碰撞检测”的空间共处，“形态优化”的构件修正，以及“形式美观”的比例及尺度推敲等初级层面，则很难保证建筑系统性能的整体提升。比如，结构子系统若以低劣的性能参与建筑系统的整合，则决定了建筑性能的先天不足，因为性能整合是功能整合的基础。遗憾的是，设计行业中运用BIM平台主要作为绘图工具，对结构的性能分析还是基于传统思维和操作。

“整合对象”的选取，决定了整合目标的实现程度。BIM选取不同构件作为信息处理对象，得到的是不同构件的整合。简言之，仅选取幕墙构件进行能耗分析、构造设计，只能决定建筑的幕墙子系统是整合设计的，而无法涉及结构、设备等系统。正因参数化设计中选取结构作为整合对象，才有了“数字建构”的概念。结构与建筑参数化整合设计的方法，其核心是选取结构子系统作为整合对象的参数化设计。正是参数化对象的不同决定了整合结果的差异性。

3.多学科介入

如同飞机设计的多学科设计优化，充分利用了各个学科（子系统）之间的相互作用所产生的协同效应，建筑整合设计也必须依赖于多学科的介入，“建筑整合设计依赖于一个多专业组成且紧密合作的团队。……建筑中除了传统的建筑与工程设计资料，还需要其他一些专门设计……”需要强化的是，建筑整合设计不仅需要建筑相关专业的紧密配合，建筑以外的其他学科的介入也是实现整合的有效技术手段和渠道，哈迪德为了实现其作品的复杂性，建立了“300多人的团队”，充分运用数学、几何、拓扑优化的设计方法，其中“拓扑几何和拓扑优化正在建筑和结构的整合设计中发挥意想不到的作用”。

综上所述，整合设计技术平台构建逻辑可以归纳为：以建立整合思维为前提，由多学科介入，明确制定出整合设计的目标、原则、层次及操作路径等，借助于合适的技术设计工具，对设计与建造的全过程全周期的控制。

二、建筑·结构的功能整合设计

结构的自性整合设计是结构子系统自身的性能优化，是参与建筑系统整合的准备，是结构“承载属性”的整合，而结构“功能属性”的整合则是紧随其后的第二个层次，是结构对建筑系统的贡献与价值体现，只有与建筑实现功能属性（空间、界面）的整合才是对于结构整合问题的更全面认识。

功能整合是在实现结构性能整合的前提下，实现结构与建筑空间、界面的整合，是结构能动地作用于建筑的过程，也是结构的个性整合与自性整合的功能拓展和形式表达。建筑具有空间性，结构也具有空间性，空间通过界面来实现自我，它们需要依赖彼此获得“存在”，构成了结构—空间—界面的“三位一体”。

（一）功能整合的演进

1.整合—分离—再整合

砖石建筑时期，结构尚扮演着让建筑站起来的崇高角色，结构与建筑的概念没有严格界限，结构与空间、界面是自然的整合关系。但此时的结构是厚重的巨梁巨柱，并不能很好地满足人类对于自然光的渴望，“建筑的历史显示了穿过由重力所产生的自重的结构获得光线的不懈的斗争。这一斗争就是窗的历史。这种获取光线的斗争以一种特殊的形式运用于建筑中。”因此，结构的削减和空间的开敞一直伴随着人类对于结构的认识在逐步发展。

维特鲁威的建筑三原则即“实用、坚固、美观”统治了西方建筑界至少千年的历史，结构的主角一直没有被撼动过，结构始终是建筑评价不可或缺的要素。罗马穹顶展示了结构创造空间的能力，奥古斯特·佩雷、维奥莱特·勒·迪克等理性主义者则坚定地宣扬了结构的崇高地位，所有这些认识及言论都是建立在结构与建筑的整合阶段。

空间概念的出现远远晚于结构概念，彼得·柯林斯认为，“作为建筑的一个基本要素的概念，在人类第一次建造栖身之所或对其洞穴进行构造上的改进之时，一定已经初具雏形了。但是直到18世纪以前，就没有在建筑论文中用过空间这个词，而将空间作为建筑构图的首要品质的观念，直到不多年以前还没有充分发展。”从19世纪开始，就有许多德国的美术家在现代建筑的意义上来使用“空间”这个术语。

当空间取代结构成为建筑的核心后，直接结果是结构与建筑开始走向分离。从此以后，在建筑构图的创作上，空间被看成是结构的孪生伙伴，而从连续的视点产生的空间关系的感觉，成了被追求的主要美学体验。在分离时期，空间体验几乎是设计关注的全部，结构的感知已被极大弱化，结构空间和形态处于“隐”的状态，结构仅作为一种技术手段来尽量满足建筑的需求，空间和界面与结构也没有了对应关系，结构的功能整合也就丧失了。

然而，结构作为建筑系统中不可或缺的要素，特别是担负着保证建筑“坚固”的重任，最有理由成为建筑中的主角，于是在某些当代建筑中，特别是系统思维和可持续性理念兴起后，结构在建筑的空间和界面中又走向了整合，不妨称之为“再整合”时期。结构作为视觉要素和空间要素的作用被刻意放大，有时甚至是“努力为表现而表现的夸张结构技巧”，结构性整合得到凸显，经常作为独立要素被评价和感知，而不同于砖石建筑时期的自然流露。此时结构和表现的概念常联系在一起，结构在空间和界面中的整合经常被冠以“高技术”的含义，如高技派建筑中的结构表现、技术表现。然而，结构表现的概念具有双重语义：一方面肯定了结构对于视觉感知的重要性；另一方面又暗指这种表现是刻意的、人为的、非必要的。因此，评价“或整合”时期建筑中的结构问题，从系统优化的角度，采用结构的自性整合与功能整合更为确切。

2.由厚重到轻薄

伴随着结构与建筑的“整合—分离—再整合”的关系演变，结构自身的发展也是明确的，呈现出“由重到轻，由厚到薄”的渐变特点，是结构效能由低到高，由隐到显的过程，是结构性能整合的逐渐实现。这和人类对自然的认识和探索有关，重力的克服，光线的获得，精确性的追求，特别是当今艺术与建筑思潮“极少主义”的盛行，都促使结构向更高的效能迈进。

S·吉迪恩提出了三种空间基本概念：“最初的建筑空间概念是同产生自各种体量的力、体量间的各种关系以及相互作用有关，它是和埃及与希腊的发达联系在一起的，它们都是从体量产生的现象。2世纪建造的罗马万神庙穹顶，标志着打开了第二种空间概念的突破口，从此之后建筑的空间概念基本上同挖空的内部空间是一视同仁的。第三种空间概念尚在摇篮时期，它主要是和建筑空间的内侧与外侧相互作用问题有关。”实际上，“第三种空间概念产生于1929年，密斯的巴塞罗那国际博览会德国展览馆，千年来的内部空间的分隔被一笔勾销，而只通过一幅大面积的玻璃墙来表示。空间从如紧身衣一样的封闭墙体中解放了出来，并开始流动。”显然，吉迪恩的空间概念是建立在结构进步的基础之上，建筑空间由封闭到开敞再到流动，基本上是结构由重到轻，由厚到薄的过程，也是结构逐渐约减的过程。

密斯为了实现空间的流动性，尽量减少了承重墙体的使用，结构体系的设计，特别是竖向承重柱的设计显得非常关键。因为柱决定了梁和楼板的跨度，也就决定了空间的尺度。不可否认，密斯对于结构、材料和建造的关注已经极大地影响了现代建筑的发展，密斯对于框架结构的热爱已经超越了迪克、佩雷等前辈，并且发展了以皮肤与骨头的关系来比喻围护结构与支撑结构的关系的“皮包骨”理论。但是，我们应该看到，“皮包骨”理论在很大程度上是基于结构与建筑处于分离状态，并不符合建筑系统优化的概念，理想状态是支撑结构同时具有围护结构的功能。但有一点可以肯定，密斯是从结构入手的，并挖掘了结构的表现力，充分体现了结构的秩序、空间、比例，其建筑形式的来源是结构。“密斯曾提到结构是哲学性的，结构是一个整体，从上到下，直至最后一个细节都贯穿着同样的观念……维纳·伯拉塞说道，在密斯看来，人们乐此不疲地追求毫无根据的形式，这实在是荒唐不经和不足挂齿的了。”

“对许多建筑而言，表现结构已经是生成空间与造型的主要元素。实际上，建筑历史学家区分了两种主要的方法，一是空间的限定通过表现结构实现（理性主义建筑师）；二是空间的生成是脱离结构的形态塑造（形式主义建筑师）。但是，更多情况下建筑师认为结构是脱离建筑的核心价值的，结构设计被看作仅仅是安全的保证，不是丰富空间的表达。……维奥莱·勒·迪克的理论对于今天的建筑仍非常可行，因为其理论的支点是呼吁新材料与新技术的整合。结构能够确立并且表达建筑的空间与形式秩序。”

结构性能的极大发展，必然是精确的、去除多余元素的结果，是对结构本质属性承载的反映，这种趋势恰恰是“极少主义”的追求目标。约翰·帕森曾经给极少主义下过这样的定义：“当一件作品的内容被减至最低限度时它所散发出来的完美感觉；当物体的所有组成部分、所有细节及所有的连接都被减少或压缩至精华时，它就会拥有这种特性，这就是去掉非本质元素的结果。”自然界正如牛顿所说“不做任何多余的事”，因此自然界对简单的偏爱也反映在人类的建造活动中，一个肥皂泡总是以表面积最小的形式——半球形存在。（穹窿顶的极少内涵）……柯布西耶认为，人越有修养，对装饰的追求就越少，于是就有了卢斯的“装饰是罪恶”，密斯的“少就是多”。受极少主义的影响，建筑中的非本质元素应尽量地剔除，结构作为建筑中最本质元素将会得到凸显，结构性能整合及功能整合是必然趋势。

（二）空间的整合：结构的存在

1.整合中的空间与结构

（1）空间属性的本质

海德格尔把建筑的本质理解为人的栖居，把栖居理解为人在大地上“是”的方式，归属于栖居的建筑以场所的方式聚集天、地、神、人四重整体。海德格尔从“人之所是”的活动中（而不是笛卡尔式的静观中），揭示了空间的发生与来源。

在建筑实践中，密斯的模数空间、中性流动空间，赖特内外结合的空间，柯布西耶的柱支撑结构形成的开放空间等，都把建筑空间看成是欧几里得几何空间的机械组合。传统建筑“空间”的本质就是场所，它与现代建筑空间存在本质的区别。场所不是虚空，是物与物之间的关系。而这种“关系”空间观已被现代建筑的“实体”空间观所遮蔽；既然空间的获得需要被设置，并从边界开始其本质，那么可以认为，当结构开始被建造的那一刻，空间就发生了。因此，结构在实现承载的同时获得了空间性。

（2）空间与承载：结构的双重属性

人类建造结构的目的是什么？是空间的获取。与结构实体性的存在相比，空间却是其下的虚空部分，是“无中生有”的辩证关系。从海德格尔的存在哲学看，结构的建造本身创造了边界，即获得了空间性；从老子的“无中生有”哲学和森佩尔的“动机—要素”说看，结构的功能性也是空间性的获取。这样一来，结构就具有了“空间与承载”的双重属性，也构成了结构的“功能整合与性能整合”的两个基本依据。

正是结构的“空间与承载”的双重属性，使得结构与建筑的整合显得意义非凡。建筑中的结构不同于其他语境中的结构，是被精心设计的，并可以被感知到，因此，建筑结构应该以不同的方式来考量。建筑结构区别于其他结构，在于结构与建筑的空间、形态、概念、表皮间存在整合关系。从概念上讲，正是结构与建筑空间、形式表现间的整合关系才能描述和刻画结构的特点，而仅仅依靠承载功能是不够的。从技术与科学的角度看，一方面，结构具有承载功能，结构形态提供了强度、刚度和稳定性；另一方面，结构参与了组织建筑空间及建筑表现。结构的这种“空间与承载”双重属性由于逐渐混合的发展趋势，使自身的功能性得以强化。结构的形态特点需要从力学性能和空间功能两个方面来解释，因此，若要对建筑语境下的结构有个全面的理解，空间功能和力学性能是两个基本点。

总之，空间是某种被设置的东西，并从边界开始其本质，结构一旦建造就成为空间的边界。空间即刻发生，但通常情况下，建筑空间是区分内外的，这就产生了两种不同意义的结构空间：一种是结构覆盖的建筑内部空间（内部模式），这是通常意义的结构空间整合的模式，结构构形的每一点变化都密切于建筑空间的体验与使用，结构空间整合需处理与其他子系统间物理、性能、视觉等层面的关系；另一种是结构之外限定的空间（外部模式），与外部环境密切有关，这主要是感知意义的结构空间与结构的内部空间并不密切，主要是对结构行为的判断，对结构内在传力方式的一种感知，如架空、悬挑、桥梁及构筑物等。

（3）整合空间中结构存在的强化

虽然结构的空间性已言甚详明，但在很多情况下这种空间性可能完全淹没在建筑之中，结构的存在让人无法感知。在功能整合设计思维中，如果通过调整结构与建筑的空间整合关系（空间属性>承载属性），结构的存在感会得到大大强化，其结果可能大相径庭或焕然一新。在建筑空间里，首先，有一个结构问题和它密切相关，即平面柱网配置，从柱网的正交布置到异化，空间呈现非常大的变化，这可以归纳为柱网平面操作（柱网→空间）。其次，结构构形与空间密切相关，构形的异化导致空间形态的改变，这可以归纳为几何构形操作（构形→空间）。

2.高级几何构形操作

如果说柱网平面操作局限于二维、三维间的简单切换，是结构的空间属性的简单几何描述，具有规则性和标准性，是传统知识可以轻松驾驭的，那么，复杂的建筑空间与复杂的结构构形间的整合就要借助于高级几何，以解决连续不规则的非标准构形问题。欧氏几何之后的代数几何、微分几何、拓扑几何、分形几何、计算几何等，为建筑形态的生成提供了合理的依据，并且为建造过程中的分析及优化提供了支持。

对于结构整合而言，高级几何不仅体现在作为建筑参数化设计的工具意义，还体现在高级几何数学思维下的结构构形及空间整合模式受到的启发与影响。高级几何更多的是描述自然界的形式，可以最贴切地用来阐释自然结构的自主构形原理，从而可以作为设计工具帮助人工结构的几何构形逐渐靠近（拟形）自然结构。

塞西尔·巴尔蒙德的异规结构哲学阐释了传统结构知识之外仍具有极大的结构潜

力。异规中没有清晰的规则、固定的模式，也不存在盲目的复制，是一种强调表面而非线条、区域而非点、散布而非等分、运动轨迹而非固定中心的非线性思维方式，追求一种趋于生物形态和自由的结构和形式。一方面异规结构阐释了结构构形具有的广阔前景，不需要拘泥于规则均衡的柱网，可以是动态、自由、混合的体系；另一方面异规结构关注的是结构，认同了结构对于建筑的控制力，也正是结构的异规让建筑在某种程度上要“屈服于”结构，结构的空间整合成为理所当然的事。巴尔蒙德认为，“结构就是建筑”，倡导一种由内而外的建构方式，异规思想并非把直接克服重力荷载竖向传递方式作为首要问题，而是探寻一种整体性的解决策略。这种策略既能与外部形成共鸣又能在内部空间塑造上拥有丰富的细节。从而结构、表皮、空间不是各自分离的体系，而是成为一个彼此关联的相辅相成的反应“回路”。

如果高级几何仅用于建筑外在形体的设计工具，而不是运用结构构形设计，必将导致建筑的复杂与结构的简单之间的矛盾，使失去了结构逻辑的建筑外形言之无物，高级几何的价值应当体现在促成复杂建筑空间与结构构形逻辑的整合上。

高级几何至少在三个层面作用于结构构形设计：一是单元构件的形式或截面形式运用高级几何构形，拟形于内力变化或逼近材料的自主构形（内力层面）；二是单元构件的组合关系运用高级几何构形，结构体系呈现高级几何的特点，单元构件构形不一定拟形于内力变化（几何层面）；三是结构体系限定或围合的空间形态由高级几何控制，并且在高级几何的规则下结构与建筑实现空间整合（空间层面）。显然，目前运用高级几何的结构构形大多处于第二层面（几何层面），因为结构体系呈现高级几何的特点最容易在建筑界面中表达，能够最直接地反映出设计意图。

结构的高级几何构形操作可有以下途径：无柱网。匀质、规则的柱网被取消，代之以高级几何特点（如分形、拓扑）的构件排布方式，结构排布呈现渐变、放射、分形、嵌套等连续差异性的变化。无等级。等级分明的主次梁结构、板梁、柱的逐级荷载传递路径，被弱化或消解，构件的无差别化凸显。无均衡。平衡、稳定、对称、平直的结构构形被动态、失衡、弯曲的结构构形取代，结构的离散化凸显。无中心。建筑的空间与界面形态呈现流动、交叉、渗透，突变、跳跃，传统的几何中心被削弱，结构的空间性被凸显。

如果要从内力、几何、空间三大层面衡量高级几何对于结构构形与空间整合的作用，可能非线性的曲面结构才具有代表性，非线性的壳结构就具有这三方面的优势，壳结构是形效结构，先天具有优良的结构效能，壳结构也是最具有空间性的覆盖结构，最易于和建筑取得空间整合。结构不但支撑建筑，而且定义了空间。

第三章　建筑结构分类

第一节　建筑的构成及建筑物的分类

一、建筑的构成要素

建筑的构成要素主要包括建筑功能、物质技术条件和建筑形象。

（一）建筑功能

建筑功能是人们建造房屋的目的和使用要求的综合体现。它在建筑中起决定性的作用，对建筑平面布局组合、结构形式、建筑体型等方面都有极大的影响。人们建筑房屋不仅要满足生产、生活、居住等要求，也要适应社会的需求。各类房屋的建筑功能并不是一成不变的，随着科学技术的发展、经济的繁荣，以及物质和文化生活水平的提高，人们对建筑功能的要求也将日益提高。

（二）物质技术条件

物质技术条件是实现建筑的手段，包括建筑材料、结构与构造、设备、施工技术等有关方面的内容。建筑水平的提高离不开物质技术条件的发展，而物质技术条件的发展又与社会生产力水平的提高、科学技术的进步有关。建筑技术的进步、建筑设备的完善、新材料的出现、新结构体系的不断产生，有效地促进了建筑朝着大空间、大高度、新结构形式的方向发展。

（三）建筑形象

建筑形象是建筑内、外感观的具体体现，因此，必须符合美学的一般规律。它包含建筑形体、空间、线条、色彩、材料质感、细部的处理及装修等方面。由于时代、民族、地域文化、风土人情的不同，人们对建筑形象的理解各不相同，因而出现了不同风格且具有不同使用要求的建筑，如庄严雄伟的执法机构建筑、古朴大方的学校建筑、简洁明快的居住建筑等。成功的建筑应当反映时代特征、民族特点、地方特色和文化色彩，应有一定的文化底蕴，并与周围的建筑和环境有机融合与协调。

建筑的构成三要素是密不可分的，建筑功能是建筑的目的，居于首要地位；物质技术条件是建筑的物质基础，是实现建筑功能的手段；建筑形象是建筑的结果。它们相互制约、相互依存，彼此之间是辩证统一的关系。

二、建筑物的分类

人们兴建的供人们生活、学习、工作及从事生产和各种文化活动的房屋或场所称为建筑物，如水池、水塔、支架、烟囱等。间接为人们生产生活提供服务的设施则称为构筑物。建筑物可从多个方面进行分类，常见的分类方法有以下几种。

（一）按照使用性质分类

建筑物的使用性质又称为功能要求，建筑物按功能要求可分为民用建筑、工业建筑和农业建筑三类。

1.民用建筑

民用建筑是指供人们工作、学习、生活等的建筑，一般分为以下两种：

①居住建筑，如住宅、学校宿舍、别墅、公寓、招待所等。

②公共建筑，如办公、行政、文教、商业、医疗、邮电、展览、交通、广播、园林、纪念性建筑等。

有些大型公共建筑内部功能比较复杂，可能同时具备上述两个或两个以上的功能，一般把这类建筑称为综合性建筑。

2.工业建筑

工业建筑是指各类生产用房和生产服务的附属用房，分为以下三种：

①单层工业厂房，主要用于重工业类的生产企业。

②多层工业厂房，主要用于轻工业类的生产企业。

③层次混合的工业厂房，主要用于化工类的生产企业。

3.农业建筑

农业建筑是指供人们进行农牧业种植、养殖、贮存等的建筑，如温室、禽舍、仓库农副产品加工厂、种子库等。

（二）按照层数或高度分类

建筑物按照层数或高度，可以分为单层、多层、高层、超高层。建筑高度不大于27.0m的住宅建筑，建筑高度不大于24.0m的公共建筑及建筑高度大于24.0m的单层公共建筑为低层或多层民用建筑；建筑高度大于27.0m的住宅建筑和建筑高度大于24.0m的非单层公共建筑，且高度不大于100.0m的，为高层民用建筑；建筑高度大于100.0m的为超高层建筑。

（三）按照建筑结构形式分类

建筑物按照建筑结构形式，可以分成墙承重、骨架承重、内骨架承重、空间结构承重四类。随着建筑结构理论的发展和新材料、新机械的不断涌现，建筑结构形式也在不断地推陈出新。

1.墙承重

由墙体承受建筑的全部荷载，墙体担负着承重、围护和分隔的多重任务，这种承重体系适用于内部空间、建筑高度均较小的建筑。

2.骨架承重

由钢筋混凝土或型钢组成的梁柱体系承受建筑的全部荷载，墙体只起到围护和分隔的作用，这种承重体系适用于跨度大、荷载大的高层建筑。

3.内骨架承重

建筑内部由梁柱体系承重，四周用外墙承重，这种承重体系适用于局部设有较大空间的建筑。

4.空间结构承重

由钢筋混凝土或钢组成空间结构承受建筑的全部荷载，如网架结构、悬索结构、壳体结构等，这种承重体系适用于大空间建筑。

（四）按照承重结构的材料类型分类

从广义上说，结构是指建筑物及其相关组成部分的实体；从狭义上说，结构是指各个工程实体的承重骨架。应用在工程中的结构称为工程结构，如桥梁、堤坝、房屋结构等；局限于房屋建筑中采用的工程结构称为建筑结构。按照承重结构的材料类型，建筑物结构分为金属结构、混凝土结构、钢筋混凝土结构、木结构、砌体结构和组合结构等。

（五）按照施工方法分类

建筑物按照施工方法，可分为现浇整体式、预制装配式及装配整体式等。

1.现浇整体式

现浇整体式指主要承重构件均在施工现场浇筑而成。其优点是整体性好、抗震性能好；其缺点是现场施工的工作量大，需要大量的模板。

2.预制装配式

预制装配式指主要承重构件均在预制厂制作，在现场通过焊接拼装成整体。其优点是施工速度快、效率高；其缺点是整体性差、抗震能力弱，不宜在地震区采用。

3.装配整体式

装配整体式指一部分构件在现场浇筑而成（大多为竖向构件），另一部分构件在预制厂制作（大多为水平构件）。其特点是现场工作量比现浇整体式少，与预制装配式相比，可省去接头连接件，因此，兼有现浇整体式和预制装配式的优点，但节点区现场浇筑混凝土施工复杂。

（六）按照建筑规模和建造数量的差异分类

民用建筑还可以按照建筑规模和建造数量的差异进行分类。

1.大型性建筑

大型性建筑主要包括建造数量少、单体面积大、个性强的建筑，如机场候机楼、大型商场、旅馆等。

2.大量性建筑

大量性建筑主要包括建造数量多、相似性高的建筑，如住宅、宿舍、中小学教学楼、加油站等。

三、建筑的等级

建筑的等级包括设计使用等级、耐火等级及工程等级三个方面。

（一）建筑的设计使用等级

建筑物的设计使用年限主要根据建筑物的重要性和建筑物的质量标准确定，它是建筑投资、建筑设计和结构构件选材的重要依据。

1类建筑的设计使用年限为5年，适用于临时性建筑；2类建筑的设计使用年限为25年，适用于易于替换结构构件的建筑；3类建筑的设计使用年限为50年，适用于普通建筑和构筑物；4类建筑的设计使用年限为100年，适用于纪念性建筑和特别重要的建筑。

（二）建筑的耐火等级

建筑的耐火等级取决于建筑主要构件的耐火极限和燃烧性能。耐火极限是指对任一建筑构件按时间温度标准曲线进行耐火试验，构件从受到火的作用时起，到失去支持能力或完整性破坏或失去隔火作用时止的这段时间，以h为单位。

（三）建筑的工程等级

建筑按照其重要性、规模、使用要求的不同，可以分为特级、一级、二级、三级、四级、五级共六个级别。

1.特级

（1）工程主要特征

列为国家重点项目或以国际活动为主的特高级大型公共建筑；有全国性历史意义或技术要求特别复杂的中、小型公共建筑；30层以上的建筑；空间高大，有声、光等特殊要求的建筑物。

（2）工程范围举例

国宾馆、国家大会堂、国际会议中心、国际体育中心、国际贸易中心、国际大型航空港、国际综合俱乐部、重要历史纪念建筑、国家级图书馆、博物馆、美术馆、剧院、音乐厅，三级以上人防建筑。

2.一级

（1）工程主要特征

高级、大型公共建筑；有地区性历史意义或技术要求特别复杂的中、小型公共建筑；16层以上29层以下或超过50m高的公共建筑。

（2）工程范围举例

高级宾馆、旅游宾馆、高级招待所、别墅、省级展览馆、博物馆、图书馆、科学实验研究楼（包括高等院校）、高级会堂、高级俱乐部、≥300张床位的医院、疗养院、医疗技术楼、大型门诊楼、大中型体育馆、室内游泳馆、大城市火车站、航运站、邮电通信楼、综合商业大楼、高级餐厅，四级人防建筑等。

3.二级

（1）工程主要特征

中高级、大型公共建筑；技术要求较高的中、小型建筑；16层以上29层以下的住宅。

（2）工程范围举例

大专院校教学楼、档案楼、礼堂、电影院、省部级机关办公楼、<300张床位的医院、疗养院、市级图书馆、文化馆、少年宫、中等城市火车站、邮电局、多层综合商场、高级小住宅等。

4.三级

（1）工程主要特征

中级、中型公共建筑；7层以上（包括7层）15层以下有电梯的住宅或框架结构的建筑。

（2）工程范围举例

重点中学教学楼、实验楼、电教楼、邮电所、门诊所、百货楼、托儿所、1层或2层商场、多层食堂、小型车站等。

5.四级

（1）工程主要特征

一般中、小型公共建筑；7层以下无电梯的住宅，宿舍及副体建筑。

（2）工程范围举例

一般办公楼、中小学教学楼、单层食堂、单层汽车库、消防站、杂货店、理发室、生鲜门市部等。

6.五级

1层或2层，一般小跨度建筑。

第二节 建筑结构的发展与分类

一、建筑历史及发展

（一）中国建筑史

中国建筑以长江、黄河一带为中心，受此地区影响，其建筑形式类似，所使用的材料、工法、营造氛围、空间、艺术表现与此地区相同或雷同的建筑，皆可统称为中国建筑。中国古代建筑的形成和发展具有悠久的历史。由于中国幅员辽阔，各处的气候、人文、地质等条件各不相同，从而形成了各具特色的建筑风格。其中，民居形式尤为丰富多彩，如南方的干栏式建筑、西北的窑洞建筑、游牧民族的毡包建筑、北方的四合院建筑等。中国建筑史主要分为中国古代建筑史及中国近现代建筑史。

1.中国古代建筑史

（1）原始时期的建筑

原始时期的建筑活动是中国建筑设计史的萌芽，为后来的建筑设计奠定了良好的基础，建筑制度逐渐形成。中国社会的奴隶制度自夏朝开始，经殷商、西周到春秋战国时期结束，直到封建制度萌芽，前后历经1600余年。在严格的宗法制度下，统治者设计建造了规模相当大的宫殿和陵墓，和当时奴隶居住的简易建筑形成了鲜明的对比，从而反映出当时社会尖锐的阶级对立矛盾。

建筑材料的更新和瓦的发明是周朝在建筑上的突出成就，使古代建筑从“茅茨土阶”的简陋状态逐渐进入了比较高级的阶段，建筑夯筑技术日趋成熟。自夏朝开始的夯土构筑法在我国沿用了很长时间，直至宋朝才逐渐采用内部夯土、外部砌砖的方法构筑城墙，明朝中期以后才普遍使用砖砌法。

此外，原始时期人们设计建造了很多以高台宫室为中心的大、小城市，开始使用砖、瓦、彩画及斗拱梁枋等设计建造房屋，中国建筑的某些重要的艺术特征已经初步形成，如方正规则的庭院，纵轴对称的布局，木梁架的结构体系，以及由屋顶、屋身、基座组成的单体造型。自此开始，传统的建筑结构体系及整体设计观念开始成型，对后世的城市规划、宫殿、坛庙、陵墓乃至民居产生了深远的影响。

（2）秦汉时期的建筑

秦汉时期400余年的建筑活动处于中国建筑设计史的发育阶段，秦汉建筑是在商周已初步形成的某些重要艺术特点的基础上发展而来的。秦汉建筑类型以都城、宫室、陵墓和祭祀建筑（礼制建筑）为主。都城规划形式由商周的规矩对称，经春秋战国向自由格局的骤变，又逐渐回归于规整，整体面貌呈高墙封闭式。宫殿、陵墓建筑主体为高大的团块状台榭式建筑，周边的重要单体多呈十字轴线对称组合，以门、回廊或较低矮的次要房屋衬托主体建筑的庄严、重要，使整体建筑群呈现主从有序、富于变化的院落式群体组合轮廓。从现存汉阙、壁画、画像砖中可以看出，秦汉建筑的尺度巨大，柱阑额、梁枋、屋檐都是直线，外观为直柱、水平阑额和屋檐，平坡屋顶，已经出现了屋坡的折线“反字”（指屋檐上的瓦头仰起，呈中间凹四周高的形状），但还没有形成曲线或曲面的建筑外观，风格豪放朴拙、端庄严肃，建筑装饰色彩丰富，题材诡谲，造型夸张，呈现出质朴的气质。秦汉时期社会生产力的极大提高，促使制陶业的生产规模、烧造技术、数量和质量都超越了以往任何时代，秦汉时期的建筑因而得以大量使用陶器，其中最具特色的就是画像砖和各种纹饰的瓦当，素有“秦砖汉瓦”之称。

（3）魏晋南北朝时期的建筑

魏晋南北朝时期是古代中国建筑设计史上的过渡与发展期。北方少数民族进入中原，中原士族南迁，形成了民族大迁徙、大融合的复杂局面。这一时期的宫殿建筑广泛融合了中外各民族、各地域的设计特点，建筑创作活动极为活跃。士族标榜旷达风流，文人退隐山林，崇尚自然清闲的生活，促使园林建筑中的土山、钓台、曲沼、飞梁、重阁等叠石造景技术得到了提高，江南建筑开始步入设计舞台。传入中国的印度、中亚地区的雕刻、绘画及装饰艺术对中国的建筑设计产生了显著而深远的影响，它使中国建筑的装饰设计形式更为丰富多样，广泛采用莲花、卷草纹和火焰纹等装饰纹样，促使魏晋南北朝时期的建筑从汉代的质朴醇厚逐渐转变为成熟圆浑。

（4）隋唐、五代十国时期的建筑

隋唐时期是古代中国建筑设计史上的成熟期。隋唐时期结束分裂，完成统一，政治安定，经济繁荣，国力强盛，与外来文化交往频繁，建筑设计体系更趋完善，在城市建设、木架建筑、砖石建筑、建筑装饰和施工管理等方面都有巨大发展，建筑设计艺术取得了空前的成就。

在建筑制度设计方面，汉代儒家倡导的以周礼为本的一套建筑制度，发展到隋唐时期已臻于完备，订立了专门的法规制度以控制建筑规模，建筑设计逐步定型并标准化，基本上为后世所遵循。

在建筑构件结构方面，隋唐时期木构件的标准化程度极高，斗拱等结构构件完善，木构架建筑设计体系成熟，并出现了专门负责设计和组织施工的专业建筑师，建筑规模空前巨大。现存的隋唐时期木构建筑的斗拱结构、柱式形象及梁枋加工等都充分展示了结构技术与艺术形象的完美统一。

在建筑形式及风格方面，隋唐时期的建筑设计非常强调整体的和谐，整体建筑群的设计手法更趋成熟，通过强调纵轴方向的陪衬手法，加强突出了主体建筑的空间组合，单体建筑造型浑厚质朴，细节设计柔和精美，内部空间组合变化适度，视觉感受雄浑大度。这种设计手法正是明清建筑布局形式的渊源。建筑类型以都城、宫殿、陵墓、园林为主，城市设计完全规整化且分区合理。园林建筑已出现皇家园林与私家园林的风格区分，皇家园林气势磅礴，私家园林幽远深邃，艺术意境极高。隋唐时期简洁明快的色调、舒展平远的屋顶、朴实无华的门窗无不给人以庄重大方的印象，这是宋、元、明、清建筑设计所没有的特色。

（5）宋、辽、金、西夏时期的建筑

宋朝是古代中国建筑设计史上的全盛期，辽承唐制，金随宋风，西夏别具一格，多种民族风格的建筑共存是这一时期的建筑设计特点。宋朝的建筑学、地学等都达到了很高的水平，如“虹桥”（飞桥）是无柱木梁拱桥（即垒梁拱），达到了我国古代木桥结构设计的最高水平；建筑制度更为完善，礼制有了更加严格的规定，并著作了专门书籍以严格规定建筑等级、结构做法及规范要领；建筑风格逐渐转型，宋朝建筑虽不再有唐朝建筑的雄浑阳刚之气，却创造出了一种符合自己时代气质的阴柔之美；建筑形式更加多样，流行仿木构建筑形式的砖石塔和墓葬，设计了各种形式的殿阁楼台、寺塔和墓室建筑，宫殿规模虽然远小于隋唐，但序列组合更为丰富细腻，祭祀建筑布局严整细致，佛教建筑略显衰退，都城设计仍然规整方正，私家园林和皇家园林建筑设计活动更加活跃，并显示出细腻的倾向，官式建筑完全定型，结构简化而装饰性强；建筑技术及施工管理等取得了进步，出现了《木经》《营造法式》等关于建筑营造总结性的专门书籍；建筑细部与色彩装饰设计受宠，普遍采用彩绘、雕刻及琉璃砖瓦等装饰建筑，统治阶级追求豪华绚丽，宫殿建筑大量使用黄琉璃瓦和红官墙，创造出一种金碧辉煌的艺术效果，市民阶层的兴起使普遍的审美趣味更趋近日常生活，这些建筑设计活动对后世产生了极为深远的影响。辽、金的建筑以汉、唐以来逐步发展的中原木构体系为基础，广泛吸收其他民族的建筑设计手法，不断改进完善，逐步完成了上承唐朝、下启元朝的历史过渡。

（6）元、明、清时期的建筑

元、明、清时期是古代中国建筑设计史上的顶峰，是中国传统建筑设计艺术的充实与总结阶段，中外建筑设计文化的交流融合得到了进一步的加强，在建材装修、园林设计、建筑群体组合、空间氛围的设计上都取得了显著的成就。元、明、清时期的建筑呈现出规模宏大、形体简练、细节繁复的设计形象。元朝建筑以大都为中心，其材料、结构、布局、装饰形式等基本沿袭唐、宋以来的传统设计形制，部分地方继承辽、金的建筑特点，开创了明、清北京建筑的原始规模。因此，在建筑设计史上，普遍将元、明、清作为一个时期进行探讨。这一时期的建筑趋向程式化和装饰化，建筑的地方特色和多种民族风格在这个时期得到了充分的发展，建筑遗址留存至今，成为今天城市建筑的重要构成，对当代中国的城市生活和建筑设计活动产生了深远的影响。

元、明、清时期建筑设计的最大成就表现在园林设计领域，明朝的江南私家园林和清朝的北方皇家园林都是最具设计艺术性的古代建筑群。中国历代都建有大量宫殿，但只有明、清时期的宫殿——北京故宫、沈阳故宫得以保存至今，成为中华文化的无价之宝。

元、明、清时期的单体建筑形式逐渐精炼化，设计符号性增强，不再采用生起、侧脚、卷杀，斗拱比例缩小，出檐深度减小，柱细长，梁枋沉重，屋顶的柔和线条消失，不同于唐、宋建筑的浪漫柔和，这一时期的建筑呈现出稳重严谨的设计风格。建筑组群采用院落重叠纵向扩展的设计形式，与左、右横向扩展配合，通过不同封闭空间的变化突出主体建筑。

2.中国近现代建筑史

19世纪末至20世纪初是近代中国建筑设计的转型时期，也是中国建筑设计发展史上一个承上启下、中西交汇、新旧接替的过渡时期，既有新城区、新建筑的急速转型，又有旧乡土建筑的矜持保守；既交织着中、西建筑设计文化的碰撞，也经历了近、现代建筑的历史承接，有着错综复杂的时空关联。半封建半殖民地的社会性质决定了清末民国时期对待外来文化采取包容与吸收的建筑设计态度，使部分建筑出现了中西合璧的设计形象，园林里也常有西洋门面、西洋栏杆、西式纹样等。这一时期成为我国建筑设计演进过程的一个重要阶段。其发展历程经历了产生、转型、鼎盛、停滞、恢复五个阶段，主要建筑风格有折中主义、古典主义、近代中国宫殿式、新民族形式、现代派及中国传统民族形式六种，从中可以看出晚清民国时期的建筑设计经历了由照搬照抄到西学中用的发展过程，其构件结构与风格形式既体现了近代以来西方建筑风格对中国的影响，又保持了中华民族传统的建筑特色。

中西方建筑设计技术、风格的融合，在南京的民国建筑中表现最为明显，它全面展现了中国传统建筑向现代建筑的演变，在中国建筑设计发展史上具有重要的意义。时至今日，南京的大部分民国建筑依然保存完好，构成了南京有别于其他城市的独特风貌，南京也因此被形象地称为“民国建筑的大本营”。另外，由外国输入的建筑及散布于城乡的教会建筑发展而来的居住建筑、公共建筑、工业建筑的主要类型已大体齐备，相关建筑工业体系也已初步建立。大量早期留洋学习建筑的中国学生回国后，带来了西方现代建筑思想，创办了中国最早的建筑事务所及建筑教育机构。刚刚登上设计舞台的中国建筑师，一方面探索着西方建筑与中国建筑固有形式的结合，并试图在中、西建筑文化的有效碰撞中寻找适宜的融合点；另一方面又面临着走向现代主义的时代挑战，这些都要求中国建筑师能够紧跟先进的建筑潮流。

1949年中华人民共和国成立后，外国资本主义经济的在华势力消亡，逐渐形成了社会主义国有经济，大规模的国民经济建设推动了建筑业的蓬勃发展，我国建筑设计进入了新的历史时期。我国现代建筑在数量上、规模上、类型上、地区分布上、现代化水平上都突破了近代的局限，展示出崭新的姿态。时至今日，中国传统式与西方现代式两种设计思潮的碰撞与交融在中国建筑设计的发展进程中仍在继续，将民族风格和现代元素相结合的设计作品也越来越多，有复兴传统式的建筑，即保持传统与地方建筑的基本构筑形式，并加以简化处理，突出其文化特色与形式特征；有发展传统式的建筑，其设计手法更加讲究传统或地方的符号性和象征性，在结构形式上不一定遵循传统方式；也有扩展传统式的建筑，就是将传统形式从功能上扩展为现代用途，如我国建筑师吴良镛设计的北京菊儿胡同住宅群，就是结合了北京传统四合院的构造特征，并进行重叠、反复、延伸处理，使其功能和内容更符合现代生活的需要；还有重新诠释传统的建筑，它是指仅将传统符号或色彩作为标志以强调建筑的文脉，类似于后现代主义的某些设计手法。总而言之，我国的建筑设计曾经灿烂辉煌，或许在将来的某一天能够重新焕发光彩，成为世界建筑设计思潮的另一种选择。

（二）外国建筑史

1.外国古代建筑

（1）古埃及建筑

古埃及是世界上最古老的国家之一，古埃及的领土包括上埃及和下埃及两部分。上埃及位于尼罗河中游的峡谷，下埃及位于河口三角洲。大约在公元前3000年，古埃及成为统一的奴隶制帝国，形成了中央集权的皇帝专制制度，出现了强大的祭司阶层，也产生了人类第一批以宫殿、陵墓为主体的巨大的纪念性建筑物。按照古埃及的历史分期，其代表性建筑可分为古王国时期、中王国时期及新王国时期建筑类型。

古王国时期的主要劳动力是氏族公社成员，庞大的金字塔就是他们建造的。这一时期的纪念性建筑物是单纯而开阔的。

中王国时期，在山岩上开凿石窟陵墓的建筑形式开始盛行，陵墓建筑采用梁柱结构，构成比较宽敞的内部空间，以建于公元前2000年前后的曼都赫特普三世陵墓为典型代表，开创了陵墓建筑群设计的新形式。

新王国时期是古埃及建筑发展的鼎盛时期，这时已不再建造巍然屹立的金字塔陵墓，而是将荒山作为天然金字塔，沿着山坡的侧面开凿地道，修建豪华的地下陵寝，其中以拉美西斯二世陵墓和图坦卡蒙陵墓最为奢华。

（2）两河流域及波斯帝国建筑

两河流域地处亚非欧三大洲的衔接处，位于底格里斯河和幼发拉底河中下游，通常被称为西亚美索不达米亚平原（希腊语意为“两河之间的土地”，今伊拉克地区），是古代人类文明的重要发源地之一。公元前3500年至前4世纪，在这里曾经建立过许多国家，依次建立的奴隶制国家为古巴比伦王国（公元前19世纪～前16世纪）、亚述帝国（公元前8世纪～前7世纪）、新巴比伦王国（公元前626年～前539年）和波斯帝国（公元前6世纪～前4世纪）。两河流域的建筑成就在于创造了将基本原料用于建筑的结构体系和装饰方法。两河流域气候炎热多雨，盛产黏土，缺乏木材和石材，故人们从夯土墙开始，发展出土坯砖、烧砖的筑墙技术，并以沥青、陶钉石板贴面及琉璃砖保护墙面，使材料、结构、构造与造型有机结合，创造了以土作为基本材料的结构体系和墙体饰面装饰办法，对后来的拜占庭建筑和伊斯兰建筑影响很大。

（3）爱琴文明时期的建筑

爱琴文明是公元前20世纪～前12世纪存在于地中海东部的爱琴海岛、希腊半岛及小亚细亚西部的欧洲史前文明的总称，也曾被称为迈锡尼文明。爱琴文明发祥于克里特岛，是古希腊文明的开端，也是西方文明的源头。其宫室建筑及绘画艺术十分发达，是世界古代文明的一个重要代表。

（4）古希腊建筑

古希腊建筑经历了三个主要发展时期：公元前8世纪～前6世纪，纪念性建筑形成的古风时期；公元前5世纪，纪念性建筑成熟、古希腊本土建筑繁荣昌盛的古典时期；公元前4世纪～前1世纪，古希腊文化广泛传播到西亚、北非地区并与当地传统相融合的希腊化时期。

古希腊建筑除屋架外全部使用石材设计建造，柱子、额枋、檐部的设计手法基本确定了古希腊建筑的外貌，通过长期的推敲改进，古希腊人设计了一整套做法，定型了多立克、爱奥尼克、科林斯三种主要柱式。

古希腊建筑是人类建筑设计发展史上的伟大成就之一，给人类留下了不朽的艺术经典。古希腊建筑通过自身的尺度感、体量感、材料质感、造型色彩及建筑自身所承载的绘画和雕刻艺术给人以巨大强烈的震撼，其梁柱结构、建筑构件特定的组合方式及艺术修饰手法等设计语汇极其深远地影响着后人的建筑设计风格，几乎贯穿整个欧洲2000年的建筑设计活动，无论是文艺复兴时期、巴洛克时期、洛可可时期，还是集体主义时期，都可见到古希腊设计语汇的再现。因此，可以说古希腊是西方建筑设计的开拓者。

（5）古罗马建筑

古罗马文明通常是指从公元前9世纪初在意大利半岛中部兴起的文明。古罗马文明在自身的传统上广泛吸收东方文明与古希腊文明的精华。

古罗马建筑除使用砖、木、石外，还使用了强度高、施工方便、价格低的火山灰混凝土，以满足建筑拱券的需求，并发明了相应的支模、混凝土浇灌及大理石饰面技术。古罗马建筑为满足各种复杂的功能要求，设计了筒拱、交叉拱、十字拱、穹窿（半球形）及拱券平衡技术等一整套复杂的结构体系。

2.欧洲中世纪的建筑

（1）拜占庭建筑

在建筑设计的发展阶段方面，拜占庭大量保留和继承了古希腊、古罗马及波斯、两河流域的建筑艺术成就，并且具有强烈的文化世俗性。拜占庭建筑为砖石结构，局部加以混凝土，从建筑元素来看，拜占庭建筑包含了古代西亚的砖石券顶、古希腊的古典柱式和古罗马建筑规模宏大的尺度，以及巴西利卡的建筑形式，并发展了古罗马的穹顶结构和集中式形式，设计了四个或更多独立柱支撑的穹顶、帆拱、鼓座相结合的结构方法和穹顶统率下的集中式建筑形制。

（2）罗马式建筑

公元9世纪，西欧正式进入封建社会，这时的建筑形式继承了古罗马的半圆形拱券结构，采用传统的十字拱及简化的古典柱式和细部装饰，以拱顶取代了木屋顶，创造了扶壁、肋骨拱与束柱结构。

罗马式建筑最突出的特点是创造了一种新的结构体系，即将原来的梁柱结构体系、拱券结构体系变成了由束柱、肋骨拱、扶壁组成的框架结构体系。框架结构的实质是将承力结构和围护材料分开，承力结构组成一个有机的整体，使围护材料可做得很轻很薄。

（3）哥特式建筑

哥特式建筑的特点是拥有高耸尖塔、尖形拱门、大窗户及绘有故事的花窗玻璃；在设计中利用尖肋拱顶、飞扶壁、修长的束柱，营造出轻盈修长的飞天感；使用新的框架结构以增加支撑顶部的力量，使整个建筑拥有直升线条，雄伟的外观，再结合镶着彩色玻璃的长窗，使建筑内产生一种浓厚的严肃气氛。

3.欧洲15～18世纪的建筑

（1）文艺复兴时期的建筑

意大利文艺复兴时期的建筑文艺复兴运动起源于14～15世纪，随着生产技术和自然科学的重大进步，以意大利为中心的思想文化领域发生了反封建等运动。佛罗伦萨、热那亚、威尼斯三个城市成为意大利乃至整个欧洲文艺复兴的发源地和发展中心。15世纪，人文主义思想在意大利得到了蓬勃发展，人们开始狂热地学习古典文化，随之打破了封建教会的长期垄断局面，为新兴的资本主义制度开拓了道路。16世纪是意大利文艺复兴的高度繁荣时期，出现了达・芬奇、米开朗琪罗和拉斐尔等伟大的艺术家。历史上将文艺复兴的年代广泛界定为15～18世纪长达300余年的这段时期，文艺复兴运动真正奠定了“建筑师”这个名词的意义，这为当时的社会思潮融入建筑设计领域找到了一个切入点。如果说文艺复兴以前的建筑和文化的联系多处于一种半自然的自发行为，那么，文艺复兴以后的建筑设计和人文思想的紧密结合就是一种非偶然的人为行为，这种对建筑的理解一直影响着后世的各种流派。

（2）法国古典主义建筑

法国古典主义是指17世纪流行于西欧，特别是法国的一种文学思潮，因为它在文艺理论和创作实践上以古希腊、古罗马为典范，故被称为“古典主义”。16世纪，在意大利文艺复兴建筑的影响下形成了法国文艺复兴建筑。自此开始，法国建筑的设计风格由哥特式向文艺复兴式过渡。这一时期的建筑设计风格往往将文艺复兴建筑的细部装饰手法融合在哥特式的宫殿、府邸和市民住宅建筑设计中。17世纪～18世纪上半叶，古典主义建筑设计思潮在欧洲占据统治地位，其广义上是指意大利文艺复兴建筑、巴洛克建筑和洛可可建筑等采用古典形式的建筑设计风格；狭义上则指运用纯正的古典柱式的建筑，即17世纪法国专制君权时期的建筑设计风格。

（3）欧洲其他国家的建筑

16～18世纪，意大利文艺复兴建筑风靡欧洲，遍及英国、德国、西班牙及北欧各国，并与当地的固有建筑设计风格逐渐融合。

4.欧美资产阶级革命时期的建筑

18～19世纪的欧洲历史是工业文明化的历史，也是现代文明化的历史，或者叫作现代化的历史。18世纪，欧洲各国的君主集权制度大都处于全盛时期，逐渐开始与中国、印度和土耳其进行小规模的通商贸易，并持续在东南亚与大洋洲建立殖民地。在启蒙运动的感染下，新的文化思潮与科学成果逐渐渗入社会生活的各个层面，民主思潮在欧美各国迅速传播开来。19世纪，工业革命为欧美各国带来了经济技术与科学文化的飞速发展，直接推动了西欧和北美国家的现代工业化进程。这一时期建筑设计艺术的主要体现为：18世纪流行的古典主义逐渐被新古典主义与浪漫主义取代，后又向折中主义发展，为后来欧美建筑设计的多元化发展奠定了基础。

（1）新古典主义

18世纪60年代质19世纪，新古典主义建筑设计风格在欧美一些国家普遍流行。新古典主义也称为古典复兴，是一个独立设计流派的名称，也是文艺复兴运动在建筑界的反映和延续。新古典主义一方面源于对巴洛克和洛可可的艺术反动，另一方面以重振古希腊和古罗马艺术为信念，在保留古典主义端庄、典雅的设计风格的基础上，运用多种新型材料和工艺对传统作品进行改良简化，以形成新型的古典复兴式设计风格。

（2）浪漫主义

18世纪下半叶至19世纪末期，在文学艺术的浪漫主义思潮的影响下，欧美一些国家开始流行一种被称为浪漫主义的建筑设计风格。浪漫主义思潮在建筑设计上表现为强调个性，提倡自然主义，主张运用中世纪的设计风格对抗学院派的古典主义，追求超凡脱俗的趣味和异国情调。

（3）折中主义

折中主义是19世纪上半叶兴起的一种创作思潮。折中主义任意选择与模仿历史上的各种风格，将它们组合成各种样式，又称为“集仿主义”。折中主义建筑并没有固定的风格，它结构复杂，但讲究比例权衡的推敲，常沉醉于对“纯形式”美的追求。

5.欧美近现代建筑（20世纪以来）

19世纪末20世纪初，以西欧国家为首的欧美社会出现了一场以反传统为主要特征的广泛突变的文化革新运动，这场狂热的革新浪潮席卷了文化与艺术的方方面面。其中，哲学、美术、雕塑和机器美学等方面的变迁对建筑设计的发展产生了深远的影响。20世纪是欧美各国进行新建筑探索的时期，也是现代建筑设计的形成与发展时期，社会文化的剧烈变迁为建筑设计的全面革新创造了条件。

20世纪60年代以来，由于生产的急速发展和生活水平的提高，人们的意识日益受到机械化大批量与程式化生产的冲击，社会整体文化逐渐趋向于标榜个性与自我回归意识，一场所谓的“后现代主义”社会思潮在欧美社会文化与艺术领域产生并蔓延。美国建筑师文丘里认为，“创新可能就意味着从旧的东西中挑挑拣拣”“赞成二元论”“容许违反前提的推理”，文丘里设计的建筑总会以一种和谐的方式与当地环境相得益彰。美国建筑师罗伯特·斯特恩则明确提出后现代主义建筑采用装饰、具有象征性与隐喻性、与现有整体环境融合的三个设计特征。在后现代主义的建筑中，建筑师拼凑、混合、折中了各种不同形式和风格的设计元素，因此，出现了所谓的新理性派、新乡土派、高技派、粗野主义、解构主义、极少主义、生态主义和波普主义等众多设计风格。

二、建筑结构的历史与发展

（一）建筑结构的历史

我国应用最早的建筑结构是砖石结构和木结构。由李春于595～605年（隋代）建造的河北赵县安济桥是世界上最早的空腹式单孔圆弧石拱桥。该桥净跨为37.37m，拱高为7.2m，宽为9m；外形美观，受力合理，建造水平较高。我国也是采用钢铁结构最早的国家。公元60年前后（汉明帝时期）便已使用铁索建桥（比欧洲早70多年）。我国用铁造房的历史也比较悠久，例如，现存的湖北荆州玉泉寺的13层铁塔建于宋代，已有1000多年的历史。

随着经济的发展，我国的建设事业蓬勃发展，已建成的高层建筑有数万幢，其中超过150m的有200多幢。我国香港特别行政区的中环大厦建成于1992年，共73层，高301m，是当时世界上最高的钢筋混凝土结构建筑。

（二）建筑结构的发展概况

经历了漫长的发展过程，建筑结构在各个方面都取得了较大的进步。在建筑结构设计理论方面，随着研究的不断深入及统计资料的不断积累，原来简单的近似计算方法已发展成为以统计数学为基础的结构可靠度理论。这种理论目前为止已逐步应用到工程结构设计、施工与使用的全过程中，以保证结构的安全性，使极限设计方法向着更加完善、更加科学的方向发展。经过不断地充实提高，一个新的分支学科——“近代钢筋混凝土力学”正在逐步形成，它将计算机、有限元理论和现代测试技术应用到钢筋混凝土理论与试验研究中，使建筑结构的计算理论和设计方法更加完善，并且向着更高的阶段发展。在建筑材料方面，新型结构材料不断涌现，如混凝土，由原来的抗压强度低于20N/mm²的低强度混凝土发展到抗压强度为20～50N/mm²的中等强度混凝土和抗压强度在50N/mm²以上的高强度混凝土。

轻质混凝土主要采用轻质集料。轻质集料主要有天然轻集料（如浮石、凝灰石等）、人造轻集料（页岩陶粒、膨胀珍珠岩等）及工业废料（炉渣、矿渣、粉煤灰、陶粒等）。轻质混凝土的强度目前一般只能达到5～20N/mm²，开发高强度的轻质混凝土是今后的研究方向。随着混凝土的发展，为改善其抗拉性、延性，通常在混凝土中掺入纤维，如钢纤维、耐碱玻璃纤维、聚丙烯纤维或尼龙合成纤维等。除此之外，许多特种混凝土如膨胀混凝土、聚合物混凝土、浸渍混凝土等也在研制、应用之中。

在结构方面，空间结构、悬系结构、网壳结构成为大跨度结构发展的方向，空间钢网架的最大跨度已超过100m。例如，澳大利亚悉尼市为主办2000年奥运会而兴建的一系列体育场馆中，国际水上运动中心与用作球类比赛的展览馆采用了材料各异的网壳结构。

组合结构也是结构发展的方向，目前钢管混凝土、压型钢板叠合梁等组合结构已被广泛应用，在超高层建筑结构中还采用钢框架与内核心筒共同受力的组合体系，以充分利用材料优势。

施工工艺方面近年来也有很大的发展，工业厂房及多层住宅正在向工业化方向发展，而建筑构件的定型化、标准化又大大加快了建筑结构工业化进程。如我国北京、南京、广州等地已经较多采用的装配式大板建筑，加快了施工进度及施工机械化程度。在高层建筑中，施工方法也有了很大的改进，大模板、滑模等施工方法已得到广泛推广与应用，如深圳53层的国贸大厦采用滑升模板建筑；广东国际大厦63层，采用筒中筒结构和无黏结部分预应力混凝土平板楼盖，减小了自重，节约了材料，加快了施工速度。

综上所述，建筑结构是一门综合性较强的应用学科，其发展涉及数学、力学、材料及施工技术等学科。随着我国生产力水平的提高及结构材料研究的发展，计算理论的进一步完善，以及施工技术、施工工艺的不断改进，建筑结构科学会发展到更高的阶段。

三、建筑结构的分类

建筑结构是指建筑物中由若干个基本构件按照一定的组成规则，通过符合规定的连接方式所组成的能够承受并传递各种作用的空间受力体系，又称为骨架。建筑结构按承重结构所用材料的不同可分为混凝土结构、砌体结构、钢结构等，按结构的受力特点可分为砖混结构、框架结构、排架结构、剪力墙结构、筒体结构等。

（一）按材料的不同分类

1.混凝土结构

混凝土结构是指由混凝土和钢筋两种基本材料组成的一种能共同作用的结构材料。自从1824年发明了波特兰水泥、1850年出现了钢筋混凝土以来，混凝土结构已被广泛应用于工程建设中，如各类建筑工程、构筑物、桥梁、港口码头、水利工程、特种结构等领域。采用混凝土作为建筑结构材料，主要是因为混凝土的原材料（砂、石等）来源丰富，钢材用量较少，结构承载力和刚度大，防火性能好，价格低。钢筋混凝土技术于1903年传入我国，现在已成为我国发展高层建筑的主要材料。随着科学技术的进步，钢与混凝土组合结构也得到了很大发展，并已应用到超高层建筑中。其构造有型钢构件外包混凝土，简称刚性混凝土结构；还有钢管内填混凝土，简称钢管混凝土结构。

归纳起来，钢筋混凝土结构有以下优点：

（1）易于就地取材。钢筋混凝土的主要材料是砂、石，而这两种材料来源比较普遍，有利于降低工程造价。

（2）整体性能好。钢筋混凝土结构，特别是现浇结构具有很好的整体性，能抵御地震灾害，这对于提高建筑物整个结构的刚度和稳定性具有重要意义。

（3）耐久性好。混凝土本身的特征之一是其强度不随时间的增长而降低。钢筋被混凝土紧紧包裹而不致锈蚀，即使处在侵蚀性介质条件下，也可采用特殊工艺制成耐腐蚀混凝土。因此，钢筋混凝土结构具有很好的耐久性。

（4）可塑性好。混凝土拌合物是可塑的，可根据工程需要制成各种形状的构件，这给合理选择结构形式及构件截面形式提供了方便。

（5）耐火性好。在钢筋混凝土结构中，钢筋被混凝土包裹着，而混凝土的导热性很差，因此，发生火灾时钢筋不致很快达到软化温度而造成结构破坏。

（6）刚度大，承载力较高。

钢筋混凝土结构也有一些缺点，如自重大，抗裂性能差，费工，费模板，隔声、隔热性能差，因此，必须采取相应的措施进行改进。

2.砌体结构

砌体结构是砖砌体、砌块砌体、石砌体建造的结构的统称，又称砖石结构。砌体结构是我国建造工程中最常用的结构形式，砌体结构中砖石砌体占95%以上，主要应用于多层住宅、办公楼等民用建筑的基础、内外墙身、门窗过梁、墙柱等构件（在抗震设防烈度为6度的地区，烧结普通砖砌体住宅可建成8层），跨度小于24m且高度较小的俱乐部、食堂及跨度在15m以下的中、小型工业厂房，60m以下的烟囱、料仓、地沟、管道支架和小型水池等。归纳起来，砌体结构具有以下优点：

（1）取材方便，价格低廉。砌体结构所需的原材料如黏土、砂子、天然石材等几乎到处都有，来源广泛且经济实惠。砌块砌体还可节约土地，使建筑向绿色建筑、环保建筑方向发展。

（2）具有良好的保温、隔热、隔声性能，节能效果好。

（3）可以节省水泥、钢材和木材，不需要模板。

（4）具有良好的耐火性及耐久性。一般情况下，砌体能耐受400℃的高温。砌体耐腐蚀性能良好，完全能满足预期的耐久年限要求。

（5）施工简单，技术容易掌握和普及，也不需要特殊的设备。

砌体结构还存在一些缺点：自重大，砌筑工程繁重，砌块和砂浆之间的黏结力较弱，烧结普通砖砌体的黏土用量大。

3.钢结构

钢结构是指建筑物的主要承重构件全部由钢板或型钢制成的结构。由于钢结构具有承载能力高、质量较轻、钢材材质均匀、塑性和韧性好、制造与施工方便、工业化程度高、拆迁方便等优点，所以，它的应用范围相当广泛。目前，钢结构多用于工业与民用建筑中的大跨度结构、高层和超高层建筑、重工业厂房、受动力荷载作用的厂房、高耸结构及一些构筑物等。

归纳起来，钢结构的特点如下：

（1）强度高、自重轻、塑性和韧性好、材质均匀。强度高，可以减小构件截面，减轻结构自重（当屋架的跨度和承受荷载相同时，钢屋架的质量最多不过是钢筋混凝土屋架的1/4～1/3），也有利于运输、吊装和抗震；塑性好，结构在一般条件下不会因超载而突然断裂；韧性好，结构对动荷载的适应性强；材质均匀，钢材的内部组织比较接近均质和各向同性体，当应力小于比例极限时，几乎是完全弹性的，和力学计算的假设比较符合。

（2）钢结构的可焊性好，制作简单，便于工厂生产和机械化施工，便于拆卸，可以缩短工期。

（3）有优越的抗震性能。

（4）无污染，可再生，节能，安全，符合建筑可持续发展的原则，可以说钢结构的发展是21世纪建筑文明的体现。

它也有不少缺点：

（1）钢材耐腐蚀性差，需经常刷油漆维护，故维护费用较高。

（2）钢结构的耐火性差。当温度达到250℃时，钢结构的材质将会发生较大变化；当温度达到500℃时，结构会瞬间崩溃，完全丧失承载能力。

（二）按结构的受力特点分类

1.砖混结构

砖混结构是指由砌体和钢筋混凝土材料共同承受外加荷载的结构。由于砌体材料强度较低，且墙体容易开裂、整体性差，故砖混结构的房屋主要用于层数不多的民用建筑，如住宅、宿舍、办公楼、旅馆等。

2.框架结构

框架结构是指由梁、柱构件通过铰接（或刚接）相连而构成承重骨架的结构，是目前建筑结构中较广泛的结构形式之一。框架结构能保证建筑的平面布置灵活，主要承受竖向荷载；防水、隔声效果也不错，同时具有较好的延性和整体性，因此，框架结构的抗震性能较好。其缺点是其属于柔性结构，抵抗侧移的能力较弱。一般多层工业建筑与民用建筑大多采用框架结构，合理的建筑高度约为30m，即层高约3m时不超过10层。

3.排架结构

排架结构通常是指由柱子和屋架（或屋面梁）组成，柱子与屋架（或屋面梁）铰接，而与基础固接的结构。从材料上说，排架结构多为钢筋混凝土结构，也可采用钢结构，广泛用于各种单层工业厂房。其结构跨度一般为12～36m。

4.剪力墙结构

剪力墙结构是指由整片的钢筋混凝土墙体和钢筋混凝土楼（屋）盖组成的结构。墙体承受所有的水平荷载和竖向荷载。剪力墙结构整体刚度大、抗侧移能力较强，但它的建筑空间划分受到限制，造价相对较高，因此，一般适用于横墙较多的建筑物，如高层住宅、宾馆及酒店等。合理的建造高度为15～50层。

5.筒体结构

筒体结构是指由钢筋混凝土墙或密集柱围成的一个抗侧移刚度很大的结构，犹如一个嵌固在基础上的竖向悬臂构件。筒体结构的抗侧移刚度和承载能力在所有结构中是最大的。根据筒体的不同组合方式，筒体结构可以分为框架筒体结构、筒中筒结构和多筒结构三种类型。

框架筒体结构，兼有框架结构和筒体结构的优点，其建筑平面布置灵活，抵抗水平荷载的能力较强。

筒中筒结构又称为双筒结构，内、外筒直接承受楼盖传来的竖向荷载，同时又共同抵抗水平荷载。筒中筒结构有较大的使用空间，平面布置灵活，结构布置也比较合理，空间性能较好，刚度更大，因此，适用于建筑较高的高层建筑。

多筒结构是由多个单筒组合而成的多束筒结构，它的抗侧移刚度比筒中筒结构还要大，可以建造更高的高层建筑。

第四章　建筑工程结构体系、布置及荷载

第一节　高层建筑的结构体系与选型

高层建筑除了承受竖向荷载作用外，还要抵抗由于水平作用产生的侧移，因此应具有较大的抗侧刚度，故抗侧力结构体系的确定和设计成为结构设计的关键问题。在高层建筑中，常用的抗侧力单元有框架、剪力墙、框架—剪力墙、筒体（包括实腹筒和框筒）和巨型结构。

一、框架结构体系

（一）基本知识

框架结构采用梁、柱作为建筑的竖向承重结构，并同时用这些框架承受水平荷载，所有的内外墙均不承重，仅起着填充和维护作用，框架与框架之间由连系梁和楼板连成整体。

建筑材料多用钢筋混凝土，地震区或施工进度等有特殊要求时也可选用钢材作为主要承重骨架的钢框架。按照施工方法的不同，框架结构可分为现浇式、装配式和装配整体式三种形式。

传力方式：竖向荷载和水平荷载→楼板→横梁→柱→基础。

（二）优、缺点及适用范围

建筑平面布置灵活，可以形成较大空间，造型活泼，适于商场、展览厅、办公楼、实验楼、医院和工业厂房等建筑，易于满足多功能的使用要求。

框架结构比砖混结构强度高，具有较好的延性和整体性，抗震性能较好。但随着建筑层数的增加，水平力作用下框架结构底部各层梁、柱构件的弯矩显著增加，若增大截面及配筋量，将给建筑平面布置和空间处理带来困难，影响建筑空间的使用，材料用量和工程造价也趋于不合理，且梁、柱配筋较多，构造复杂，施工困难。因此，框架结构体系一般

适用于非震区或层数较少的高层建筑，在地震区常用于10层以下的房屋。当建筑层数大于15层或在地震区建造高层建筑时，不宜选此结构体系。

施工简便，梁、柱等构件便于标准化、定型化，便于机械化施工。在高层结构体系中，框架结构是最经济的。

（三）结构特点

框架结构属于柔性结构，自震周期较长。地震反应较小，其抗侧刚度小，承受水平荷载的能力不高。对基础不均匀沉降较敏感。在地震作用下，结构的层间相对位移随着楼层的增高而减少，且结构整体位移和层间位移均较大，容易造成非结构性破坏（填充墙产生裂缝、建筑装修损坏、设备管道断裂）。严重时会引起整个结构的倒塌。

框架结构的变形是以水平荷载作用下的剪切变形为主的。而竖向荷载作用下的变形是指梁构件的挠度和柱构件的受压变形，其水平位移可以忽略不计。

框架结构只能在自身平面内抵抗侧向力，所以必须在两个正交主轴方向设置框架，以抵抗各个方向的水平力。抗震框架结构的梁柱必须采用刚接，以便梁端能传递弯矩，同时使结构有良好的整体性和较大的刚度。框架抗侧刚度主要取决于梁、柱的截面尺寸，由于梁、柱都是线性构件，截面惯性矩小，因此框架结构的侧向刚度较小，侧向变形较大，在7度抗震设防区，一般应用于高度不超过50m的建筑结构。

框架结构在水平力作用下的受力变形特点。其侧移由两部分组成：梁、柱由弯曲变形引起的侧移，侧移曲线呈剪切型，自下而上的层间位移减小；柱由轴向变形产生的侧移，侧移曲线呈弯曲型，自下而上层间位移增大，框架结构的侧向变形以由梁柱弯曲变形引起的剪切型曲线为主。

（四）框架结构布置原则

高层框架体系的框架梁应采用纵横向布置，形成双向抗测力结构，一般柱网不宜大于10m×10m，实际工程中柱距通常不宜小于3.6m，也不宜大于6.3m。当柱网尺寸太大时，相应梁板截面尺寸也很大，造成不经济。

考虑抗震设防时，不宜采用单跨框架，因为采用单跨框架布置时，一旦框架柱出现塑性角，易造成连续倒塌。构件类别规格要少，不应采用部分砌体墙与部分框架混合承重的形式。特别注意，框架结构中的楼梯间、电梯间及局部出屋顶的电梯机房、楼梯间、水箱间等，应采取框架承重，不应采用砌体墙承重。这两种结构体系的承重材料完全不同，其抗侧刚度、变性能力相差很多，对抗震不利。

框架梁、柱中心线宜重合。当框架梁、柱中心线不能重合时，梁荷载对柱子会产生偏心影响，对梁、柱节点核心区受力和构造均造成不利影响。《高层建筑混凝土结构技术规程》（JGJ 3—2010）规定：梁、柱中心线之间的偏心距e，9度抗震设计时不应大于柱截面在该方向宽度的1/4；非抗震设计和6～8度抗震设计时不宜大于柱截面在该方向宽度的1/4。

（五）框架结构构造要求

1.框架柱截面尺寸

矩形截面框架柱的边长，非抗震设计时不宜小于250mm，抗震设计时，四级不宜小于300mm，一、二、三级时不宜小于400mm；圆柱形截面直径，非抗震和四级抗震设计时不宜小于350mm，一、二、三级时不宜小于450mm。柱截面的高宽比不宜大于3；剪跨比宜大于2。

2.框架柱截面形状

框架柱通常采用矩形、正方形、正多边形和圆形等规则形状截面，也可采用异形截面，即采用L形、T形、十字形和Z形，其截面宽度等于墙厚，截面高度小于4倍柱宽，实际工程中常小于3倍。

由异形柱与梁组成的异形柱结构，最大的优点是室内墙面平整，便于建筑布置及使用。但异形柱的抗剪性能很差，其伸出的每一肢都较薄，且受力不均匀，对抗震不利。同时，因异形柱的构造配筋较多，异形柱的纵筋及箍筋配置较规则截面要多很多。异形柱框架结构并不经济，且施工不便。

3.框架结构的主梁截面高度

框架结构的主梁截面高度可按（1/18～1/10）l_b确定，l_b为主梁的计算跨度；梁净跨与截面高度之比不宜小于4。梁截面宽度不宜小于梁截面高度的1/4，也不宜小于200mm。

4.框架的填充墙或隔墙

框架的填充墙或隔墙应优先选用预制轻质墙板，但必须与框架牢固地连接。在抗震设计时，若采用砌体填充墙，应沿其框架柱全高每隔500mm左右设置2A6拉筋，6度时拉筋宜沿墙全长贯通，7、8、9度时拉筋应沿墙全长贯通。填充墙的砌筑砂浆强度等级不应低于M5，采用轻压砌块时，砌块的强度等级不应低于MU2.5。

墙长度大于5m时，墙顶部与梁（板）宜有钢筋拉结措施；墙长度大于8m或为层高的2倍时，宜设置间距不大于4m的钢筋混凝土构造柱；墙高度超过4m时，宜在墙高中部（或门洞上皮）设置与柱连接的通长钢筋混凝土墙梁。

二、剪力墙结构体系

（一）基本知识

剪力墙结构是建筑物的内外墙作为承重骨架的一种结构体系。

墙承受建筑物的竖向、水平荷载，既是承重构件又起维护及分隔建筑空间作用。一般墙体承受压力，但剪力墙除承受压力外，还承受水平荷载所引起的剪力和弯矩，所以习惯上称“剪力墙”。

剪力墙的工作情况如一根下部嵌固在基础顶面的竖向悬臂梁（梁截面高度为墙身宽度，截面高度即为墙厚度）。

用钢筋混凝土剪力墙（也称抗震墙）作为承受竖向荷载及抵抗侧向力的结构称为剪力墙结构，也称抗震墙结构。剪力墙由于是承受竖向荷载、水平地震作用和风荷载的主要受力构件，因此应沿结构的主要轴线布置。此外，考虑抗震设计的剪力墙结构，应避免仅单向布置。当平面为矩形、T形或L形时，剪力墙应沿纵、横两个方向布置；当平面为三角形、Y形时，剪力墙可沿三个方向布置；当平面为多边形、圆形和弧形平面时，剪力墙可沿环向和径向布置。剪力墙应尽量布置得规则、拉通、对直。在竖向方向，剪力墙宜上下连续，可采取沿高度逐渐改变墙厚和混凝土等级或减少部分墙肢等措施，以避免刚度突变。

（二）优、缺点及适用范围

室内墙面平整，房间内没有柱、梁等外凸构件，便于家具布置。适用于层数较多的高层以及在建筑上有较多隔墙的高层住宅和高层旅馆，适用于地震区建造高度为15～50层的高层建筑。

剪力墙的抗侧刚度和承载力均较大，为了充分利用剪力墙的性能，减小结构自重，增大剪力墙结构的可利用空间，剪力墙不宜布置得太密，结构的侧向刚度不宜过大。一般小开间剪力墙结构的横墙间距为2.7～4m，大开间剪力墙结构的横墙间距可达6～8m。由于受楼板跨度的限制，剪力墙结构平面布置不太灵活，不能满足公共建筑大空间的要求，一般适用于住宅、旅馆等建筑。

（三）结构特点

剪力墙结构属于刚性结构，结构的自震周期较短。剪力墙结构的抗侧刚度比框架结构大侧移小，空间的整体性好。结构的层间位移随着楼层的增高而增大。但墙体太多，混凝土及钢筋的用量大，造成结构自重大。剪力墙结构的变形以弯曲变形为主。剪力墙有良好的抗震性能。

采用现浇钢筋混凝土浇筑的剪力墙是平面构件，在其自身平面内有较大的承载力和刚度，平面外的承载力和刚度小。因此，剪力墙在结构平面上要双向布置，分别抵抗各自平面内的侧向力。抗震设计时，应力求使两个方向的刚度接近。

当剪力墙的高宽比较大时，以受弯为主的悬臂墙，侧向变形呈弯曲型。经过合理设计，剪力墙结构可以成为抗震性能良好的延性结构。国内外历次大地震的震害情况均显示剪力墙结构的震害一般较轻，因此，它在地震区和非地震区都有广泛的应用。

为改善剪力墙结构平面开间较小，建筑布局不够灵活的缺点，可以采用底部大空间剪力墙结构（如框支剪力墙结构）及跳层剪力墙结构。

（四）剪力墙的分类

剪力墙的洞口对剪力墙的受力性质和变形有很大的影响，洞口的位置、大小不同，则结构的计算方法差异较大。

1.剪力墙墙肢截面长度与宽度的关系

小墙肢短肢剪力墙的抗弯、抗剪和抗扭性能均较差，不宜用于高层建筑结构。高层建筑结构不应采用全部为短肢的剪力墙结构。

2.剪力墙的开洞与墙内力分布规律

整截面剪力墙：不开洞的实体墙洞口很小，且孔洞净距及孔洞边至墙边距离大于孔洞长边尺寸时，可忽略洞口影响，作为整体墙考虑。受力状态为悬臂梁。在墙肢的整个高度上弯矩无突变点和反弯点，墙体变形为弯曲变形。

整体小开口剪力墙：洞口稍大且成列布置的墙，墙肢的局部弯矩一般不超过总弯矩的15%。弯矩在楼层处发生突变，沿高度没有弯矩或仅仅个别楼层处出现反弯点；变形以弯曲变形为主。

联肢墙：开洞较大，洞口成列布置的墙，包括双肢和多肢剪力墙。受力状态及变形同小开口剪力墙。

壁式框架：洞口尺寸大，连梁的刚度接近墙肢的刚度的墙。弯矩在楼层处发生突变，沿高度在大多数楼层处出现反弯点，面结构的变形以剪切变形为主。

3.按施工方法上分类

按照施工方法的不同，剪力墙可分为预制剪力墙和现浇剪力墙。

（五）剪力墙结构布置原则

（1）剪力墙宜沿建筑物主轴或其他方向双向布置，应避免仅单向有墙的结构布置形式。纵横墙尽量拉通对直，以增加剪力墙的抵抗能力。尽量减少剪力墙形成的拐弯，否则会造成水平力作用下剪力墙的剪切破坏，降低剪力墙的刚度。

（2）剪力墙宜沿竖向拉通，贯通全高。墙厚可沿高度方向减薄，避免刚度突变。

（3）剪力墙墙肢截面宜简单，规则。洞口宜上下对齐，成列布置，使之受力明确。不宜布置叠合错洞口墙、错洞口墙。

（六）剪力墙结构构造要求

剪力墙结构混凝土强度等级不应低于C20，且不宜高于C60。剪力墙厚度应符合下列规定。①应符合《高层建筑混凝土结构技术规程》（JGJ 3—2010）附录D的墙体稳定验算要求。②一、二级剪力墙，底部加强部位不应小于200mm，其他部位不应小于160mm；一字形独立剪力墙底部加强部位不应小于220mm，其他部位不应小于180mm。③三、四级剪力墙，不应小于160mm，一字形独立剪力墙的底部加强部位不应小于180mm。非震区剪力墙厚度不应小于160mm。

实际工程中，剪力墙厚度一般在150～300mm，常用150mm、200mm、250mm等。普通剪力墙墙体长度大于8倍墙体厚度。

抗震设计时，一、二、三级剪力墙的底部加强部位不宜采用上下洞口不对齐的错洞口墙，全高均不宜采用洞口局部重叠的叠合错洞口墙。

较长的剪力墙宜开洞口，将其分为长度较为均匀的若干墙段，墙段之间宜采用弱连梁，每个独立墙段的高度与墙段长度之比不宜小于3，墙段长度不宜大于8。

三、框架—剪力墙结构体系

（一）基本知识

框架—剪力墙体系是由框架和剪力墙两种结构共同组合在一起而形成的结构体系。

在框架结构中设置部分剪力墙，使框架和剪力墙两者结合起来共同工作，组成框架—剪力墙结构；如果把剪力墙布置成筒体，又可以组成框架—筒体结构。

框架—剪力墙结构是一种双重抗侧力体系。剪力墙由于刚度大，可承担大部分的水平力（有时可达80%～90%），为抗侧力的主体，整个结构的侧向刚度较框架结构大大提高；框架则主要承担竖向荷载，提供较大的使用空间，仅承担小部分的水平力。在罕遇地震作用下，剪力墙的连梁（第一道抗侧力体系）往往先屈服，使剪力墙的刚度降低，由剪力墙承担的部分层剪力转移到框架（第二道抗侧力体系）上。经过两道抗震防线耗散地震作用，可以避免结构在罕遇地震作用下的严重破坏甚至倒塌。

在水平荷载作用下，框架呈剪切型变形，剪力墙呈弯曲型变形。当二者通过刚度较大的楼板协同工作时，变形必将协调，出现弯剪型的侧向变形。其上下各层层间变形趋于均匀，顶点侧移减小且框架各层层剪力趋于均匀，框架结构及剪力墙结构的抗震性能得到改善，也有利于减小小震作用之下非结构构件的破坏。

（二）优、缺点及适用范围

框架—剪力墙体系既有框架结构可获得较大的使用空间，便于建筑平面自由灵活布置，立面处理丰富等优点，又有剪力墙抗侧刚度大，侧移小，抗震性能好，可避免填充墙在地震时严重破坏等优点。它取长补短，是目前国内外高层建筑中广泛采用的结构体系，可满足不同建筑功能的要求。尤其在高层公共建筑中应用较多，如高层办公楼、教学楼、写字楼等。在一般的抗震设计中，框架—剪力墙结构的最大高度不宜超过130m，在9度抗震设防时不宜超过50m。

（三）结构特点

框架—剪力墙结构属于半刚性结构。框架和剪力墙同时承受竖向荷载和侧向力。但两者的刚度相差很大，变形形状也不同，框架与剪力墙之间通过平面内刚度无限大的楼板连接在一起，使它们变形协调一致，其变形特点呈弯剪型。两者在一起协同工作，改变了框架截面小承受剪力大的不利受力条件，而框架—剪力墙结构的侧向力在框架和剪力墙的分配与框架和剪力墙之间的刚度比有关，且随着建筑的高度增加面变化。

框、剪协同工作减少了框架—剪力墙结构的层间变形和顶点位移，提高了结构的抗侧刚度，使结构具有良好的抗震性能。

（四）结构布置原则

在框架—剪力墙结构中，剪力墙承担着主要的水平力，可增大结构的刚度，减少结构的侧向位移，因此，框架—剪力墙结构中剪力墙的数量、间距和布置尤为重要。

①框架—剪力墙结构应设计成双向抗侧力体系，结构两主轴方向均应布置剪力墙。剪力墙宜分散、均匀，对称地布置在建筑物的周边附近，使结构各主轴方向的侧向刚度接近，尽量减少偏心扭转作用。

②剪力墙尽量布置在楼板水平刚度有变化处（如楼梯间、电梯间等），布置在平面形状变化或恒载较大的部位。因为这些地方应力集中，是楼盖的薄弱环节。当平面形状凹凸较大时，宜在凸出部分的端部附近布置剪力墙。

③剪力墙宜贯通建筑物全高，避免刚度突变；剪力墙开洞时，洞头宜上下对齐。

④为防止楼板在自身平面内变形过大，保证水平力在框架与剪力墙之间合理分配，横向剪力墙的间距必须满足要求。纵横向剪力墙宜布置成L形、T形和“[”形等，以使纵墙（横墙）可以作为横墙（纵墙）的翼缘，从而提高承载力和刚度。

当设有防震缝时，宜在缝两侧垂直防震缝设墙。

（五）构造要求

框架梁截面尺寸一般根据工程经验确定。但框架—剪力墙结构的框架柱截面的大小应依据不同抗震等级的轴压比限值来确定。框架—剪力墙结构中剪力墙的数量增多，结构的刚度增大，位移减小，有利于抗震。但同时结构自重增加，总地震力加大，并不经济。因此，应在充分发挥框架抗侧移能力的前提下，按层间弹性位移角限值确定剪力墙的数量。

周边有梁、柱的现浇剪力墙，又称带边框的剪力墙，其厚度应符合《高层建筑混凝土结构技术规程》（JGJ 3—2010）附录D中墙体稳定计算要求，同时，在抗震设计时，一、二级剪力墙的底部加强部位不应小于200mm，其他情况下不应小于160mm，剪力墙的中心线与墙端边柱中心线宜重合，尽量减少偏心作用。与剪力墙重合的框架梁的截面宽度可取与墙厚相同的暗梁，暗梁截面高度可取剪力墙厚度的2倍或与该榀框架梁截面等高。边框柱截面宜与该榀框架其他柱的截面相同，其混凝土强度等级宜与边柱相同。

四、筒体结构

（一）基本知识

筒体结构是由若干片密排柱与深梁组成的框架或剪力墙所围成的筒状空间结构体系。

筒体结构将剪力墙集中到房屋的内部或外部，并与每层的楼板有效地相互连接，形成一个空间封闭承重骨架。筒体结构常用钢筋混凝土材料。在超高层建筑中，当建筑达到一定的高度时，从使用功能、结构构造处理及建筑经济上分析，采用钢筒结构为宜。

传力方式：竖向荷载→楼面结构→筒体→基础。

水平荷载→筒体→基础。

筒体结构采用实腹的钢筋混凝土剪力墙或者钢筋混凝土密柱深梁，形成空间受力体系，在水平力作用下可看成固定于基础上的箱形悬臂构件，比单片平面结构具有更大的抗侧刚度和承载力，并具有很好的抗扭刚度，可满足建造更高层建筑结构的需要。

筒体的基本形式有三种：实腹筒、框筒和桁架筒。由这三种基本形式又可形成束筒、筒中筒等多种形式。

实腹筒采用现浇钢筋混凝土剪力墙围合成筒体形状，常与其他结构形式联合应用，形成框架—筒体结构及筒中筒结构等。

框筒结构是由密柱深梁框架围成的，整体上具有箱形截面的悬臂结构。在形式上框筒由四根框架围成，但其受力特点不同于框架。框架是平面结构，而框筒是空间结构，即沿四周布置的框架都参与抵抗水平力，层剪力由平行于水平力作用方向的腹板框架抵抗，倾覆力矩由腹板框架和垂直于水平力作用方向的翼缘框架共同抵抗，使得建筑材料得到充分利用。

用稀柱、浅梁和支撑斜杆组成桁架，布置在建筑物的周边，就形成了桁架筒。与框筒相比，桁架筒更能节省材料。桁架筒一般由钢材做成，支撑斜杆较沿水平方向跨越建筑一个面的边长，沿竖向跨越数个楼层，形成巨型桁架，四片桁架围成桁架筒，两个相邻立面的支撑斜杆相交在角柱上，保证了从一个立面到另一个立面支撑的传力路线连续，形成整体悬臂结构，水平力通过支撑斜杆的轴力传至柱及基础。近年来，由于桁架筒受力的优越性，国内外已经陆续建造了钢筋混凝土桁架筒体及组合桁架筒体。

（二）优、缺点及适用范围

筒体结构能提供较大的使用空间，具有独特造型，新颖美观，有很好的艺术效果。建筑平面布置灵活，平面形式多样（如方形、长方形、圆形、三角形等）；便于采光，受力合理，整体性强，具有实用、经济等优点。现已成为20世纪60年代以后常用于超高层建筑中的一种结构形式。目前，世界上最高的一百幢高层建筑中，约有2/3采用筒体结构；国内100m以上的高层建筑中，约有一半采用钢筋混凝土筒体结构。

（三）结构特点

筒体是由框架和剪力墙结构发展而成的，由一个或多个空间受力的竖向筒体承受水平力，同时承受较大的竖向荷载。整个承重骨架具有比单片框架或剪力墙好得多的空间抗侧刚度，具有更好的抗震性能。

（四）筒体的分类

筒体的分类很多，根据筒体结构布置、组成、数量的不同可分为以下两种结构。

1.单筒结构

单筒结构是由单片密排柱与深梁组成的框架或剪力墙所围成的筒状空间结构体系。在水平力作用下，框筒梁的广义剪切变形（含局部弯曲）引起的角柱轴力比其他柱轴力要大，且离角柱越远，轴力越小，这种作用使楼板产生翘曲，会引起内部间隔和次要结构变形。但由于框筒具有侧向刚度大，能提供较大的使用空间以及经济等优点，因此广泛应用于超高层建筑。

2.多筒结构

多筒结构包括框架—核心筒结构、筒中筒结构、多筒结构和成束筒结构等。

框架—核心筒结构是由钢筋混凝土核心筒和周边框架组成的，核心筒一般是由钢筋混凝土剪力墙和连梁围成的实腹筒，仅局部开洞，如电梯间门洞口或其他用途所需洞口。核心筒是整个结构中主要的抗侧力构件。为了满足建筑功能的需要，可在底部一层或几层抽去部分柱子，上部的核心筒贯穿落地，形成底部大空间筒体结构。外框架柱距比较大，一般为5～12m，可充分利用建筑物四周作为景观和采光。

筒中筒结构的内筒一般是钢筋混凝土核心筒，外筒由密排柱加深横梁组成，开设少量采光窗洞，外筒柱较密，间距一般不宜大于4m。内外筒之间由平面内刚度很大的楼板连接，使筒与筒双重嵌套、协同工作，形成一个比仅有外框筒（单筒）时刚度更大的空间结构，提高结构抗震性能。筒中筒结构高度不宜低于80m，混凝土强度等级不宜低于C30。如厦门海滨大厦、深圳国际贸易中心大厦。

多筒结构具有较大的平面空间，抗水平力刚度较其他结构更好。

成束筒结构把两个以上的筒体组合成束，形成结构刚度更大的结构形式。成束筒结构整体刚度很大，建筑物内部空间也很大，平面可以灵活划分。应用于多功能、多用途的超高层建筑中，如西尔斯大厦。

建筑设计特点：建筑的外观充分表现了它的结构和平面。

主体结构：平面布置为9个尺寸相同的边长为22.86m的正方形钢框筒成束地组合在一起，各个筒的高度不同。底平面68.6m×68.6m，总高度443.2m（不包括天线塔杆）。

每一个筒壁有5个立柱，柱距4.57m。相邻筒共用一组立柱和深梁的框架方格。楼板全部采用76mm厚压型钢板，上铺轻质混凝土厚63mm。楼板跨度4.57m。

在设计大楼时，允许顶端侧移为90cm（建筑高度的1/500），建成后在风荷作用下最大实际位移为46mm。

（五）筒体结构的一般规定及构造要求

（1）核心筒宜贯通建筑物全高。核心筒的宽度不宜小于筒体总高度的1/12。当筒体结构设置角柱、剪力墙或增强结构整体刚度的构件时，核心筒的宽度可适当减小。核心筒具有良好的整体性，墙肢宜均匀，对称布置，筒体角部附近不宜开洞，当不可避免时，筒角内壁至洞口的距离不应小于500mm及该处墙厚度的较大值。核心筒外筒的截面厚度不应小于200mm。

（2）筒中筒结构的平面外形宜选用圆形、正多边形、椭圆形或矩形等，内筒宜居中。矩形平面的长宽比不宜大于2。内筒宜贯穿建筑物全高，竖向刚度宜均匀变化。筒体结构的混凝土强度等级不宜低于C30。建筑物总高度不宜低于80m。

（3）外筒柱的柱距不宜大于4m；外墙洞口面积不宜大于墙面面积的60%；外筒柱截面宜采用扁矩形（一字形柱）或T形截面，长边位于外墙平面内。

（4）由于角柱是框筒结构形成的空间作用的重要构件，框筒结构的角柱所受到的力最大，因此，角柱面积可为中柱的1.5～2倍，并可采用L形角墙或角筒。

（5）内外筒之间的距离，非抗震设计不宜大于15m，抗震设计不宜大于12m；超过此限值时，宜另设承受竖向荷载的内柱或采用预应力混凝土楼面结构。

五、巨型结构

巨型结构也称为主次框架结构，主框架为巨型框架，次框架为普通框架。

巨型结构常用的结构形式有两种：一种是仅由主次框架组成的巨型框架结构；另一种是由周边主次框架和核心筒组成的巨型框架核心筒结构。

巨型框架柱的截面尺寸大，多采用由墙体围成的井筒，也可采用矩形或工字形的实腹截面柱，巨柱之间用跨度和截面尺寸都很大的梁或桁架做成巨梁连接，形成巨型框架。巨型大梁之间，一般为4～10层，设置次框架，次框架仅承受竖向荷载，梁柱截面尺寸较小，次框架的支座是巨型大梁，竖向荷载由巨型框架传至基础，水平荷载由巨型框架承担，或者巨型框架和核心筒共同承担。

巨型结构的优点是，在主体巨型结构的平面布置和沿高度布置均为规则的前提下，建筑布置和建筑空间在不同楼层可以有所变化，形成不同的建筑平面和空间。

六、各结构体系的最大适用高度和高宽比

不同结构体系的抗侧刚度大小不同，进行结构设计时，应根据建筑的高度、是否需要抗震设防、设防烈度等因素，选择合理的结构体系，使结构的效能得到充分发挥，建筑材料得到充分利用。每一种结构体系，都有最佳的适用高度范围。

第二节　高层建筑结构布置原则

进行高层建筑结构设计时，除要根据建筑高度、抗震设防烈度等合理选择结构材料、抗侧力结构体系外，还应特别重视建筑体形和结构总体布置。建筑体形是指建筑的平面和立面，一般由建筑师根据建筑使用功能、建设场地条件、美学等因素综合确定；结构总体布置是指结构构件的平面布置和竖向布置，通常由结构工程师根据结构抵抗竖向荷载、抗风、抗震等要求，结合建筑平面和立面设计确定，与建筑体形密切相关。一个成功的建筑设计，一定是建筑师和结构工程师，从方案设计阶段开始，一直到设计完成，甚至到竣工密切合作的结果。成功的建筑，少不了结构工程师的创新及其创造力的贡献。

一、结构平面布置

高层建筑的外形一般可以分为板式和塔式两类。

板式建筑平面两个方向的尺寸相差较大，有明显的长或短边。因板式结构短边方向的侧向刚度差，当建筑高度较大时，在水平荷载作用下不仅侧向变形较大，还会出现沿房屋长度方向平面各点变形不一致的情况，因此长度很大的“一”字形建筑的高宽比H/B需控制得更严格一些。在实际工程中，为了增大结构短边方向的抗侧刚度，可以将板式建筑平面做成折线形或曲线形。

此外，当建筑物长度较大时，在风荷载作用之下结构会出现因风力不均匀及风向紊乱变化而引起的结构扭转、楼板平面挠曲等现象。当建筑平面有较长的外伸（如平面为L形、H形、Y形等）时，外伸段与主体结构之间会出现相对运动的振型。为避免楼板变形带来的复杂受力情况，对于建筑物总长度及外伸长度都应加以限制，《高层规程》对建筑物总的平面尺寸及突出部位尺寸的比值都进行了相应规定，因此，国内外高度较大的高层建筑一般都采用塔式。

塔式建筑中，平面形式常采用圆形、方形、长宽比较小的矩形、Y形、井形、三角形或其他形状。

无论采用哪一种平面形式，都宜使结构平面形状简单、规则，不建议采用严重不规则平面形式。

在布置结构平面时，还应减少扭转的影响。要使结构的刚度中心和质量中心尽量重合，以减小扭转，通常偏心距e不应超过垂直于外力作用线方向边长的5%。在考虑偶然偏心影响的规定水平地震力作用下，楼层竖向构件最大的水平位移和层间位移：A级高度高层建筑不宜大于该楼层位移平均值的1.2倍，不应该大于该楼层位移平均值的1.5倍；B级高度高层建筑、超过A级高度的混合结构及复杂高层建筑（即带转换层的结构、带加强层的结构、错层高层结构、连体结构及竖向体型收进、悬挑结构）不宜大于该楼层位移平均值的1.2倍，不应大于该楼层位移平均值的1.4倍。结构扭转为主的第一自振周期与结构平动为主的第一自振周期之比，A级高度高层建筑不应大于0.9，B级高度高层建筑、超过A级高度的混合结构及复杂高层建筑不应大于0.85。在布置结构平面时，还应该注意砖填充墙等非结构受力构件的位置，因为它们也会影响结构刚度的均匀性。

复杂、不规则、不对称的结构必然带来难于计算和处理的复杂应力集中及扭转等问题，因此应注意避免出现凹凸不规则的平面及楼板开大洞口的情况。平面布置中，有效楼板宽度不宜小于该层楼面宽度的50%。楼板开洞总面积不宜超过楼面面积的30%，在扣除凹入或开洞后，楼板在任一方向的最小净宽度不宜小于5m，且开洞后每一边的楼板净宽度不应小于2m。楼板开大洞削弱后，应采取相应的加强措施，如加厚洞口附近的楼板，提高楼板配筋率，采用双层双向配筋；洞口边缘设置边梁、暗梁；在楼板洞口角部集中配置斜向钢筋等。

另外，在结构拐角部位应力往往比较集中，因此应该避免在拐角处布置楼电梯间。

二、结构竖向布置

结构的竖向布置应规则、均匀，从上到下外形不变或变化不大，避免过大的外挑或内收；结构的侧向刚度宜下大上小，逐渐均匀变化，当楼层侧向刚度小于上层时，不宜小于相邻上层的70%，结构竖向抗侧力构件宜上下连续贯通，形成有利于抗震的竖向结构。

抗震设计中，当结构上部楼层收进部位到室外地面的高度H_1与房屋高度H之比大于0.2时，上部楼层收进后的水平尺寸B_1不应小于下部楼层水平尺寸B的75%；当上部结构楼层相对于下部楼层外挑时，上部楼层水平尺寸B_1不宜大于下部楼层水平尺寸B的1.1倍，且水平外挑尺寸a不宜大于4m。

在地震区，不应采用完全由框支剪力墙组成的底部有软弱层的结构体系，也不应出现剪力墙在某一层突然中断而形成的中部具有软弱层的情况。顶层尽量不布置空旷的大跨度房间，如不能避免，应考虑由下到上刚度逐渐变化。当采用顶层有塔楼的结构形式时，要使刚度逐渐减小，不应该造成突变，在顶层突出部分（如电梯机房等）不宜采用砖石结构。

三、变形缝设置

考虑到结构不均匀沉降、温度收缩和体型复杂带来的应力集中对房屋结构产生的不利影响，常采用沉降缝、伸缩缝和抗震缝将房屋分成若干独立的结构单元。对这三种缝的要求，相关规范都作了原则性的规定。在实际工程中，设缝常会影响建筑立面效果，增加防水构造处理难度，因此常常希望不设或少设缝；此外，在地震区，设缝结构也有可能在强震下发生相邻结构相互碰撞的局部损坏。目前总的趋势是避免设缝，并从总体布置上或构造上采取一些相应措施来降低沉降、温度收缩和体型复杂带来的不利影响，是否设缝是确定结构方案的主要任务之一，应在初步设计阶段根据具体情况做出选择。

（一）沉降缝

高层建筑常由主体结构和层数不多的裙房组成，裙房与主体结构间高度和重量都相差悬殊，可采用沉降缝将主体结构和裙房从基础到结构顶层全部断开，使各部分自由沉降。但若高层建筑设置地下室，沉降缝会使地下室构造复杂，设缝部位的防水构造也不容易做好，因此可采取一定的措施减小沉降，不设沉降缝，把主体结构和裙房的基础做成整体。常用的具体措施有：

（1）当地基土的压缩性小时，可以直接采用天然地基，加大基础埋深，将主体结构和裙房建在一个刚度很大的整体基础上（如箱形基础或厚筏基础）；若低压缩性的土埋深较深，可采用桩基将重量传递到压缩性小的土层上以减小沉降差。

（2）当土质较好，且房屋的沉降能在施工期间完成时，可在施工时设置沉降后浇带，将主体结构与裙房从基础到房屋顶面暂时断开，待主体结构施工完毕，且大部分沉降完成后，再浇筑后浇带的混凝土，将结构连成整体。在设计之时，基础应考虑两个阶段不同的受力状态，对其分别进行强度校核，连成整体后的计算应当考虑后期沉降差引起的附加内力。

（3）当地基土较软，后期沉降较大，且裙房的范围不大时，可以在主体结构的基础上悬挑出基础，承受裙房重量。

（4）主楼与裙楼基础采取联合设计，即主楼与裙楼采取不同的基础形式，但中间不设沉降缝。设计时应主要考虑三点：第一，选择合适的基础沉降计算方法并确定合理的沉降差，观察地区性持久的沉降数据；第二，基本设计原则是尽可能减小主楼的重量和沉降量（如采用轻质材料、采用补偿式基础等），同时在不导致破裂的前提下提高裙房基础的柔性，甚至可以采用独立柱基；第三，考虑施工的先后顺序，主楼应先行施工，让沉降尽可能预先发生，同时设计良好的后浇带。

（二）伸缩缝

伸缩缝也称温度缝，新浇筑的混凝土在结硬过程中会因收缩而产生收缩应力；已建成的混凝土结构在季节温度变化、室内外温差以及向阳面和被阴面之间温差的影响下热胀冷缩而产生温度应力。混凝土结硬收缩大部分在施工后的前1～2个月完成，而温度变化对结构的作用则是经常的。为了避免产生收缩裂缝和温度裂缝，我国《高层规程》规定，现浇钢筋混凝土框架结构、剪力墙结构伸缩缝的最大间距分别为55m和45m，现浇框架—剪力墙结构或框架、核心筒结构房屋的伸缩缝间距可根据具体情况取框架结构与剪力墙结构之间的数值，有充分依据或可靠措施时，可适当加大伸缩缝间距。伸缩缝在基础以上设置，若和抗震缝合并，伸缩缝的宽度不得小于抗震缝的宽度。

温度、收缩应力的理论计算比较困难，近年来，国内外已比较普遍采取了一些施工或构造处理的措施来解决收缩应力问题，常用的措施如下：

（1）在温度变化影响较大的部位提高配筋率，减小温度和收缩裂缝的宽度，并使裂缝分布均匀，如顶层、底层、山墙、纵墙端开间。对于剪力墙结构，这些部位的最小构造配筋率为0.25%，实际工程一般都在0.3%以上。

（2）顶层加强保温隔热措施或设架空通风屋面，避免屋面结构温度梯度过大。外墙可设置保温层。

（3）顶层可局部改变为刚度较小的形式（如剪力墙结构顶层局部改为框架），或顶层设双墙或双柱，做局部伸缩缝，将顶部结构划分为多个较短的温度区段。

（4）每隔30～40m间距留出施工后浇带，带宽800～1000mm，钢筋用搭接接头，后浇带混凝土宜在45天后浇筑。

（5）采用收缩性小的水泥，减少水泥用量，在混凝土中加入适量的外加剂。

（6）提高每层楼板的构造配筋率，或者采用部分预应力结构。

（三）防震缝

当房屋平面复杂、不对称或结构各部分刚度、高度和重量相差悬殊时，在地震力作用下，会造成扭转及复杂的振动状态，在连接薄弱部位会造成震害。可通过防震缝将房屋结构划分为若干独立的抗震单元，使各个结构单元成为规则结构。

在设计高层建筑时，宜调整平面形状和结构布置，避免设置防震缝。体型复杂、平立面不规则的建筑，应根据不规则程度、地基基础条件及技术经济等因素的比较分析，确定是否设置防震缝。

凡是设缝的部位应考虑结构在地震作用下因结构变形、基础转动或平移引起的最大可能侧向位移，故应留足够的缝宽。《高层规程》规定，当必须设置防震缝时，应满足以下要求：

（1）框架结构房屋，高度不超过15m时，防震缝宽度不应小于100mm；超过15m时，6度、7度、8度和9度分别每增高5m、4m、3m和2m，宜加宽20mm。

（2）框架—剪力墙结构房屋的防震缝宽度可取框架结构房屋防震缝宽度的70%，剪力墙结构房屋的防震缝宽度可取框架结构房屋防震缝宽度的50%，同时均不应小于100mm。

（3）防震缝两侧结构体系不同时，防震缝宽度应按不利的结构类型确定。

（4）防震缝两侧的房屋高度不同时，防震缝宽度可按较低的房屋高度确定。

（5）按8度、9度抗震设计的框架结构房屋，防震缝两侧结构层高相差较大时，防震缝两侧框架柱的箍筋应沿房屋全高加密，并可根据需要沿房屋全高在缝两侧各设置不少于两道垂直于防震缝的抗撞墙。

（6）当相邻结构的基础存在较大沉降差时，宜加大防震缝的宽度。

（7）防震缝宜沿房屋全高设置，地下室、基础可不设防震缝，但是在与上部设缝位置对应处应加强构造和连接。

（8）结构单元之间或主楼与裙房之间不宜采用牛腿托梁的做法设置防震缝，否则应采取可靠措施。

四、楼盖设置

一般层数不太多、布置规则、开间不大的高层建筑中，楼盖体系与多层建筑的楼盖相似。但在层数更多（如20～30层及以上，高度超过50m）的高层建筑中，对楼盖的水平刚度及整体性要求更高。当采用筒体结构时，楼盖的跨度通常较大（10～16m），且平面布置不易标准化。此外，楼盖的结构高度会直接影响建筑的层高，从而影响建筑的总高度，房屋总高度的增加会大大增加墙、柱、基础等构件的材料用量，还会加大水平荷载，从而增加结构造价，也会增加建筑、管道设施、机械设备等的造价，因此，高层建筑还应注意减小楼盖的重量。基于以上原因，《高层规程》对楼盖结构提出了以下要求：

（1）房屋高度超过50m时，框架—剪力墙结构、筒体结构及复杂高层建筑结构应采用现浇楼盖结构，剪力墙结构和框架结构宜采用现浇楼盖结构。

（2）房屋高度不超过50m时，8度、9度抗震设计时宜采用现浇楼盖结构，6度、7度抗震设计时可采用装配整体式楼盖，且应符合相关构造要求。如楼盖每层宜设置厚度不小于50mm的钢筋混凝土现浇层，并应双向配置直径不小于6mm、间距不大于200mm的钢筋网，钢筋应锚固在梁或剪力墙内。楼盖的预制板板缝上缘宽度不宜小于40mm；板缝大于40mm时，应在板缝内配置钢筋，并宜贯通整个结构单元。现浇板缝、板缝梁的混凝土强度等级宜高于预制板的混凝土强度等级。预制空心板孔端应有堵头，堵头深度不宜小于60mm，并应采用强度等级不低于C20的混凝土浇灌密实。预制板板端宜留胡子筋，其长度不宜小于100mm。对于现浇叠合层的预制板，板端搁置在梁上的长度不宜小于50mm。

（3）房屋的顶层、结构转换层、大底盘多塔楼结构的底盘顶层、平面复杂或开洞过大的楼层、作为上部结构嵌固部位的地下室楼层应采用现浇楼盖结构。一般楼层现浇楼板厚度不应小于80mm，板内预埋暗管时不宜小于100mm，顶层楼板厚度不宜小于120mm，且宜双层双向配筋。普通地下室顶板厚度不宜小于160mm；作为上部结构嵌固部位的地下室楼层的顶楼盖应采用梁板结构，楼板厚度不宜小于180mm，且应采用双层双向配筋，每层每个方向的配筋率不应小于0.25%。

（4）现浇预应力混凝土楼板厚度可按跨度的1/50～1/45采用，且不宜小于150mm。总的来说，在高度较大的高层建筑中应选择结构高度小、整体性好、刚度好、重量较轻，满足使用要求并便于施工的楼盖结构。当前国内外总的趋势是采用现浇楼盖或预制与现浇结合的叠合板，应用预应力或部分预应力技术，并应用工业化的施工方法。

在现浇肋梁楼盖中，为了适应上述要求，常用宽梁或密肋梁以降低结构高度，其布置和设计与一般梁板体系并无不同。

好叠合楼板有两种形式：一种是用预制的预应力薄板作模板，上部现浇普通混凝土，硬化后与预应力薄板共同受力，形成叠合楼板；另一种是以压型钢板为模板，上面浇普通混凝土，硬化后共同受力。叠合板可加大跨度，减小板厚，并可节约模板，整体性好，在我国的应用已十分广泛。

无黏结后张预应力混凝土平板是适应高层公共建筑中大跨度要求的一种楼盖形式，可做成单向板，也可做成双向板，可用于筒中筒结构，也可用于无梁楼盖中。它比一般梁板结构约减小300mm的高度，设备管道及电气管线可在楼板下通行无阻，模板简单，施工方便，已在实际工程中得到了大量应用。

五、基础形式及埋深

高层建筑的基础是整个结构的重要组成部分。高层建筑由于高度大、重量大，在水平力作用下有较大的倾覆力矩及剪力，因此对基础及地基的要求较高：地基应比较稳定，具有较大的承载力、较小的沉降；基础应刚度较大且变形较小，且较为稳定，同时还应防止倾覆、滑移以及不均匀沉降。

（一）基础形式

（1）箱形基础。箱形基础是由数量较多的纵向与横向墙体和有足够厚度的底板、顶板组成的刚度很大的箱形空间结构。箱形基础整体刚度好，能将上部结构的荷载较均匀地传递给地基或桩基，能利用自身刚度调整沉降差异；同时，又使得部分土体重量得到置换，可降低土压力。箱形基础对上部结构的嵌固接近于固定端条件，使计算结果与实际受力情况较一致，箱形基础有利于抗震，在地震区采用箱形基础的高层建筑震害较轻。

但由于箱形基础必须有间距较密的纵横墙，且墙上开洞面积受到限制，故当地下室需要较大空间和建筑功能要求较灵活地布置时（如地下室作、下商场、地下停车场、地铁车站等），就难以以采用箱形基础。

一般来说，当高层建筑的基础可以采用箱形基础时，则尽可能选用箱基，因为它的刚度及稳定性都较好。

（2）钢筋混凝土筏形基础。筏形基础具有良好的整体刚度，适用于地基承载力较低、上部结构竖向荷载较大的工程。它既能抵抗及协调地基的不均匀变形，又能扩大基底面积，将上部荷载均匀传递到地基土上。

筏形基础本身是地下室的底板，厚度较大，具有良好的抗渗性能。它不必设置很多内部墙体，可以形成较大的自由空间，便于地下室的多种用途，因此能较好地满足建筑功能上的要求。筏形基础如同倒置的楼盖，可采用平板式和梁板式两种形式。采用梁板式筏形基础的梁可设在板上或板下（土体中）。当采用板上梁时，梁应留出排水孔，并设置架空底板。

（3）桩基础。桩基础也是高层建筑中广泛采用的一种基础类型。桩基础具有承载力可靠、沉降小，并能减少土方开挖量的优点。当地基浅层土质软弱或存在可液化地基时，可选择桩基础。若采用端承桩，桩身穿过软弱土层或可液化土层支承在坚实可靠的土层上；若采用摩擦桩，桩身可以穿过可液化土层，深入非液化土层。

（二）基础埋置深度

高层建筑的基础埋置深度一般比低层建筑和多层建筑的要大一些，因为一般情况下，较深的土壤的承载力大且压缩性小，较为稳定；同时，高层建筑的水平剪力较大，要求基础周围的土壤有一定的嵌固作用，能提供部分水平反力；此外，在地震作用下，地震波通过地基传到建筑物上，通常在较深处的地震波幅值较小，接近地面幅值增大，高层建筑埋深大一些，可减小地震反应。

但基础埋深加大，工程造价和施工难度会相应增加，且工期增加。因此《高层规程》中规定：

（1）一般天然地基或复合地基，可取建筑物高度（室外地面至主体结构檐口或屋顶板面的高度）的1/15，并且不小于3m。

（2）桩基础，不计桩长，可取建筑高度的1/18。

（3）岩石地基，埋深不受上条的限制，但应验算倾覆，必要时还应验算滑移。但验算结果不满足要求时，应采取有效措施以确保建筑物的稳固。如采用地锚等措施，地锚的作用是把基础与岩石连接起来，防止基础滑移，在需要时地锚应能承受拉力。

高层建筑宜设地下室，对于有抗震设防要求的高层建筑，基础埋深宜一致，不宜采用局部地下室。在进行地下室设计时，应该综合考虑上部荷载、岩土侧压力及地下水的不利作用影响。地下室应满足整体抗浮要求，可采取排水、加配重或设置抗拔锚桩（杆）等措施。高层建筑地下室不宜设置变形缝，当地下室长度超过伸缩缝最大间距时，可考虑利用混凝土后期强度，降低水泥用量，也可每隔30～40m设置贯通顶板、底部及墙板的施工后浇带。

第三节　高层建筑结构荷载

高层建筑与一般建筑结构一样，都受到竖向荷载和水平荷载作用，竖向荷载（包括结构自重及竖向使用活荷载等）的计算与一般结构相同，这在其他课程中已经详细介绍过，因此本节主要介绍水平荷载—风荷载及水平地震作用的计算方法。

一、风荷载

当空气流动形成的风遇到建筑物时，就在建筑物表面产生压力和吸力，即称为建筑物的风荷载。风荷载的大小主要受到近地风的性质、风速、风向的影响，且和建筑物所处的地形地貌有关。此外，还受建筑物本身高度、形状以及表面状况的影响。

（一）基本风压w_0

《荷载规范》中给出的基本风压W_0是用各地区空旷地面上离地10m高、统计50年重现期的10min平均最大风速v_0（m/s）计算得到的，但不得小于0.3kN/m²。

（二）风压高度变化系数μz

一般近地面处风速较小，随高度增加风速逐渐增大。对于平坦或稍有起伏的地形，风压高度变化系数应该根据地面粗糙度类别确定。地面粗糙度可分为A、B、C、D四类：

A类指近海海面和海岛、海岸、湖岸和沙漠地区；

B类指田野、乡村、丛林、丘陵以及房屋比较稀疏的乡镇及城市郊区；

C类指有密集建筑群的城市市区；

D类指有密集建筑群且房屋较高城市市区。

（三）风荷载体型系数μs

当风流动经过建筑物时，对建筑物不同部位会产生不同的效果，有压力，也有吸力。因此风对建筑物表面的作用力并不等于基本风压值，风的作用力随建筑物的体型、尺度、表面位置、表面状况而改变。

风荷载体型系数可按照以下规定采用：

（1）圆形平面建筑取0.8。

（2）正多边形及截角三角形平面建筑，需通过计算确定。

（3）高宽比H/B不大于4的矩形、方形及十字形平面建筑取1.3。

（4）下列建筑取1.4：

①V形、Y形、弧形、双十字形、井字形平面建筑；

②L形、槽形和高宽比大于4的十字形平面建筑；

③高宽比H/8大于4，长宽比L/B不大于1.5的矩形、鼓形平面建筑。

（5）在需要更细致进行风荷载计算的场合。

当多栋或群集的高层建筑相互间距较小时，应考虑风力相互干扰的群体效应。一般可将单栋建筑的体型系数也乘以相互干扰增大系数，该系数可参考类似条件的试验资料确定，必要时应通过风洞试验确定。

（四）风振系数βz

风作用是不规则的，风压随着风速、风向的紊乱变化而不停地改变。通常把风作用的平均值看成稳定风压，即平均风压。实际风压是在平均风压上下波动着的。

平均风压使建筑物产生一定的侧移，而波动风压使建筑物在该侧移附近左右摇晃，如果周围的高层建筑物密集，还会产生涡流现象。

二、总风荷载和局部风荷载

在进行结构设计时，应使用总风荷载计算风荷载作用之下结构的内力及位移，当需要对结构某部位构件进行单独设计或验算时，还应该计算风荷载对该构件的局部效应。

（一）总风荷载

总风荷载为建筑物各个表面承受风力的合力，是沿建筑物高度变化的线荷载，通常按y两个相互垂直的方向分别计算总风荷载。

当建筑物某个表面与风力作用方向垂直时，α=0，这个表面的风压全部计入总风荷载；当某个表面与风力作用方向平行时，α=90，这个表面的风压不计入总风荷载，其他与风作用方向成某一夹角的表面，都应计入该表面上压力在风作用方向的分力。要注意的是，根据体型系数正确区分是风压力还是风吸力，以便作矢量相加。

各表面风荷载的合力作用点，即总风荷载的作用点，其作用点位置按静力矩平衡条件确定。

（二）局部风荷载

实际上风压在建筑物表面上是不均匀的，在某些风压较大的部位，要考虑局部风荷载对某些构件的不利作用。此时，采用局部体型系数。

三、地震作用

（一）一般计算原则

处于抗震设防区的高层建筑一般应进行抗震设计。根据《抗震规范》的要求，6度设防时一般不必计算地震作用，但在软弱（Ⅳ类）场地上的高层建筑除外，只需采取必要的抗震措施；7～9度设防时，还应该计算地震作用；10度及以上地区要进行专门的研究。根据《建筑工程抗震设防分类标准》（GB 50233—2008），高层建筑的抗震设防一般分为以下三类：

（1）特殊设防类，指使用上有特殊设施，涉及国家公共安全的重大建筑工程和地震时可能发生严重次生灾害等特别重大灾害后果，需要进行特殊设防的建筑，简称甲类。

（2）重点设防类，指地震时使用功能不能中断或需尽快恢复的生命线相关建筑，以及地震时可能导致大量人员伤亡等重大灾害后果，需要提高设防标准的建筑，简称乙类。

（3）标准设防类，指大量的除上述建筑以外，按照标准要求进行设防的建筑，简称丙类。

各类建筑的抗震设防标准应满足：

（1）特殊设防类，应按高于本地区抗震设防烈度一度的要求加强其抗震措施；但抗震设防烈度为9度时，应按比9度更高的要求采取抗震措施。同时，应按批准的地震安全性评价的结果且高于本地区抗震设防烈度的要求确定其地震作用。

（2）重点设防类，应按高于本地区抗震设防烈度一度的要求加强其抗震措施；但抗震设防烈度为9度时应按比9度更高的要求采取抗震措施；地基基础的抗震措施，应符合有关规定。同时，应按本地区抗震设防烈度确定其地震作用。

（3）标准设防类，应按本地区抗震设防烈度确定其抗震措施和地震作用，达到在遭遇高于当地抗震设防烈度的预估罕遇地震影响时不致倒塌，或发生危及生命安全的严重破坏的抗震设防目标。

高层建筑应按下列原则来考虑地震作用：

（1）一般情况下，应至少在结构两个主轴方向分别计算水平地震作用；有斜交抗侧力构件的结构，当相交角度大于15°时，应该分别计算各抗侧力构件方向的水平地震作用。

（2）质量与刚度分布明显不对称的结构，应计算双向水平地震作用下的扭转影响；其他情况，应计算单向水平地震作用下的扭转影响。

（3）高层建筑中的大跨度、长悬臂结构，7度（0.15g）、8度抗震设计时应计入竖向地震作用。

（4）9度抗震设计时应计算竖向地震作用。

注意，计算单向地震作用时应考虑偶然偏心的影响。

高层建筑结构应按不同情况分别采用相应的地震作用计算方法：

（1）高层建筑结构宜采用振型分解反应谱法；质量和刚度不对称、不均匀的结构以及高度超过100m的高层建筑结构，应该考虑采用扭转耦联振动影响的振型分解反应谱法。

（2）高度不超过40m、以剪切变形为主且质量和刚度沿高度分布比较均匀的高层建筑结构，可采用底部剪力法。

（二）突出屋面塔楼的地震力

突出屋面的塔楼一般指突出屋面的楼电梯间、水箱间等，通常1~2层，高度小，体积也不大。塔楼的底部由于放在屋面上，承受的是经过主体建筑放大后的地震加速度，因而受到强化的激励作用，突出屋面的塔楼，其刚度和质量都比主体结构小得多，因而产生非常显著的鞭梢效应。

当采用时程分析方法时，塔楼与主体建筑一起分析，反应结果可直接采用，不必修正。

当采用底部剪力法时，由于假定以第一振型的振型曲线为标准，求得的地震力可能偏小，因而必须修正。《抗震规范》规定，采用底部剪力法时，突出屋面的屋顶间、女儿墙、烟囱等的地震作用效应，宜乘以增大系数3，此增大部分不应往下传递，但与该突出部分相连的构件应予计入。

此时应注意，顶部附加水平地震作用ΔF。加在主体结构的顶层，不加在小塔楼上。用振型分解反应谱法计算地震作用时，也可将小塔楼作为一个质点，当采用6个以上振型时，已充分考虑了高阶振型的影响，可不再修正。如果只采用3个振型，则所得的地震力可能偏小，塔楼的水平地震作用宜适当放大，放大系数可取1.5，放大后的水平地震作用只用来设计小塔楼本身及与小塔楼直接相连的主体结构构件，不传递到下部楼层。

第五章　建筑工程项目组织管理与控制

第一节　建筑工程项目的组织管理

一、建筑工程项目管理组织形式

项目管理组织形式有很多种，从不同的角度分类也会有不同的结果。由于项目执行过程中往往涉及技术、财务行政等相关方面的工作，特别是有的项目本身就是以一个新公司的模式运作的，即所谓项目公司，因此，项目组织结构与形式在某些方面与公司的组织形式有一些类似，但这并不意味着二者可以相互取代。

目前，按国际上通行的分类方式，项目组织的基本形式可以分成职能式、项目式和矩阵式三种。

（一）职能式

1.职能式的组织形式

职能式是目前国内咨询公司在咨询项目中应用最为广泛的一种模式，通常由公司按不同行业分成各项目部，项目部内又分成专业处，公司的咨询项目按专业不同交给相对应的专业部门和专业处来完成。

职能式项目管理组织模式有两种表现形式：一种是将一个大的项目按照公司行政、人力资源、财务、各专业技术营销等职能部门的特点与职责分成若干个子项目，由相应的职能单元完成各方面的工作；另一种是在公司高级管理者的领导下，由各职能部门负责人构成项目协调层，并具体安排落实本部门内人员完成相关任务的项目管理组织形式。协调工作主要在各部门。分配到项目团体中的成员在职能部门内可能暂时是专职，也可能是兼职，但从总体上看，没有专职人员从事项目工作。项目工作可能只工作一段时间，也可能持续下去，团队中的成员可能由各种职务的人组成。

2.职能式组织形式结构的优点

（1）项目团队中各成员无后顾之忧。

（2）各职能部门可以在本部门工作与项目工作任务的平衡中去安排力量，当项目团队中的某一成员因故不能参加时，其所在的职能部门可以重新安排人员予以补充。

（3）当项目工作全部由某一职能部门负责时，在项目的人员管理与使用上变得更为简单，使之具有更大的灵活性。

（4）项目团队的成员由同一部门的专业人员做技术支撑，有利于提高项目的专业技术问题的解决水平。

（5）有利于公司项目发展与管理的连续性。

3.职能式组织结构的缺点

（1）项目管理没有正式的权威性。

（2）项目团队的成员不易产生事业感与成就感。

（3）对于参与多个项目的职能部门，特别是具体到个人来说，不利于安排好各项目之间力量投入的比例。

（4）不利于不同职能部门的团队成员之间的交流。

（5）项目的发展空间容易受到限制。

4.职能式组织形式的应用

职能式组织主要适合于生产、销售标准产品的企业，工程承包企业和监理企业较少单纯采用这一组织形式，项目监理部或项目经理部可采用这种形式。

（二）项目式

1.项目式的组织形式

项目式管理组织形式是指将项目的组织形式独立于公司职能部门之外，由项目组自己独立负责其项目主要工作的一种组织管理模式。项目的具体工作主要由项目团队负责，项目的行政事务、财务、人事等在公司规定的权限内进行管理。

在一个项目型组织中，工作成员是经过搭配的。项目工作会运用到大部分的组织资源，而项目经理也有高度独立性，享有高度的权力。项目型组织中也会设立一些组织单位，这些单位称作部门。但是，这些工作组不仅要直接向某一项目经理汇报工作，还要为各个不同的项目提供服务。

2.项目式组织结构的优点

（1）项目经理是真正意义上的项目负责人。

（2）团队成员工作目标比较单一。

（3）项目管理层次相对简单，使项目管理的决策速度和响应速度变得快捷起来。

（4）项目管理指令一致。

（5）项目管理相对简单，对项目费用、质量及进度等更加容易控制。

（6）项目团队内部容易沟通。

（7）当项目需要长期工作时，在项目团队的基础上容易形成一个新的职能部门。

3.项目式组织结构的缺点

（1）容易出现配置重复、资源浪费的问题。

（2）项目组织成为一个相对封闭的组织，公司的管理与对策在项目管理组织中的贯彻可能遇到阻碍。

（3）项目团队与公司之间的沟通基本上靠项目经理，容易出现沟通不足和交流不充分的问题。

（4）项目团队成员在项目后期没有归属感。

（5）由于项目管理组织的独立性，使项目组织产生小团体观念，在人力资源与物资资源上出现“囤积”的思想，造成资源浪费；同时，各职能部门考虑其相对独立性，对其资源的支持会有所保留。

4.项目式组织形式的应用

广泛应用于建筑业、航空航天业等价值高、周期长的大型项目，也能应用于非营利机构，如募捐活动的组织、大型聚会等。

（三）矩阵式

1.矩阵式的组织形式

矩阵式组织是介于职能式与项目式组织结构之间的一种项目管理组织模式。矩阵式项目组织结构中，参加项目的人员由各职能部门负责人安排，而这些人员的工作在项目施工期间服从项目团队的安排，人员不独立于职能部门之外，是一种暂时的、半松散的组织形式，项目团队成员之间的沟通不需要通过其职能部门的领导，项目经理往往直接向公司领导汇报工作。

根据项目团队中的情况，矩阵式项目组织结构又可分成弱矩阵式结构、强矩阵式结构和平衡矩阵式结构三种形式。

（1）弱矩阵式项目管理组织结构。一般是指在项目团队中没有一个明确的项目经理，只有一个协调员负责协调工作。团队各成员之间按照各自职能部门所对应的任务相互协调进行工作。实际上在这种模式下，相当多的项目经理的职能由部门负责人分担。

（2）强矩阵式项目管理组织结构。这种模式下的主要特点是，有一个专职的项目经理负责项目的管理与运行，项目经理来自公司的专门项目管理部门。项目经理与上级沟通往往是通过其所在的项目管理部门负责人进行的。

（3）平衡矩阵式项目管理组织结构。这种组织结构是介于强矩阵式项目管理组织结构与弱矩阵式项目管理组织结构二者之间的一种形式。主要特点是项目经理由一职能部门中的成员担任，其工作除项目的管理工作外，还可能负责本部门承担的相应项目中的任务。此时的项目经理与上级沟通不得不在其职能部门的负责人与公司领导之间做出平衡与调整。

2.矩阵式组织形式的特征

（1）按照职能原则和项目原则结合起来的项目管理组织，既能发挥职能部门的纵向优势，又能发挥项目组织的横向优势，多个项目组织的横向系统与职能部门的纵向系统形成了矩阵结构。

（2）企业的职能部门是相对长期稳定的，项目管理组织是临时性的。职能部门的负责人对项目组织中本单位人员负有组织调配、业务指导、业绩考察的责任。项目经理在各职能部门的支持下，将参与本项目组织的人员横向上有效地组织在一起，为实现项目目标协同工作，并对参与本项目的人员有权控制和使用，必要时可对其进行调换或辞退。

（3）矩阵中的成员接受原单位负责人和项目经理的双重领导，可根据需要和可能为一个或多个项目服务，并可在项目之间调配，充分发挥专业人员的作用。

3.矩阵式组织形式的适用范围

（1）大型、复杂的施工项目需要多部门、多技术、多工种配合施工，在不同施工阶段，对不同人员有不同的数量和搭配需求，宜采用矩阵式项目组织形式。

（2）企业同时承担多个施工项目时，各项目对专业技术人才和管理人员都有需求。在矩阵式项目组织形式下，职能部门可根据需要和可能将有关人员派到一个或多个项目上去工作，充分利用有限的人才对多个项目进行管理。

4.矩阵式组织形式的优点

（1）团队的工作目标与任务较明确，有专人负责项目的工作。

（2）团队成员无后顾之忧。

（3）各职能部门可根据自己部门的资源与任务情况来调整、安排资源力量，提高资源利用率。

（4）相对职能式结构来说，减少了工作层次与决策环节，提高了工作效率与反应速度。

（5）相对项目式组织结构来说，在一定程度上避免了资源的浪费。

（6）在强矩阵式模式中，由于项目经理来自公司的项目经理部门，可使项目运行符合公司的有关规定，不易出现矛盾。

5.矩阵式组织形式的缺点

（1）矩阵式项目组织的结合部多，组织内部的人际关系、业务关系、沟通渠道等都较复杂，容易造成信息量膨胀，引起信息流不畅或失真，需要依靠有力的组织措施和规章制度规范管理。若项目经理和职能部门负责人双方产生重大分歧难以统一时，还需企业领导出面协调。

（2）项目组织成员接受原单位负责人和项目经理的双重领导，当领导之间发生矛盾，意见不一致时，当事人将无所适从，影响工作。在双重领导下，若组织成员过于受控于职能部门时，将削弱其在项目上的凝聚力，影响项目组织作用的发挥。

（3）在项目施工高峰期，一些服务于多个项目的人员可能应接不暇而顾此失彼。

二、组织形式的选择

前面介绍的职能式、项目式和矩阵式三种项目组织形式各有各的优点和缺点。其实这三种组织形式有着内在的联系，它们可以表示为一个变化的系列，职能式结构在一端，项目式结构在另一端，而矩阵式结构是介于职能式和项目式之间的一种结构形式。

在具体的项目实践中，究竟选择何种项目的组织形式没有一个可循的公式。一般在充分考虑各种组织结构特点、企业特点、项目特点和项目所处环境等因素的条件下，才能做出较为恰当的选择。

一般来说，职能式组织结构比较适用于规模较小，偏重于技术的项目，而不适用于环境变化较大的项目。因为环境的变化需要各职能部门间的紧密合作，而职能部门本身的存在，以及责权的界定成为部门间密切配合不可逾越的障碍。当一个公司中包括许多项目或项目的规模较大、技术复杂时，则应选择项目式的组织结构。同职能式组织结构相比，在对付不稳定的环境时，项目组织结构显示出自己潜在的长处，这来自项目团队的整体性和各类人才的紧密合作。同前两种组织结构相比，矩阵式组织形式无疑在充分利用组织资源上显示出了巨大的优越性，由于其融合了两种结构的优点，这种组织形式在进行技术复杂、规模巨大的项目管理时呈现出了明显的优势。

三、项目管理规划的分类和作用

施工项目管理规划是作为指导施工项目管理工作的文件，对项目管理的目标、内容、组织、资源、方法、程序和控制措施进行安排。它是施工项目管理全过程的规划性的、全局性的技术经济文件，也称“施工管理文件”。

施工项目管理规划分为施工项目管理规划大纲和施工项目管理实施规划两类。

施工项目管理规划大纲的作用有两个方面。一是作为投标人的项目管理总体构想，用以指导项目投标，以获取该项目的施工任务；非经营部分构成技术标书的组成部分，作为投标人响应招标文件要求，即为编制投标书进行指导、筹划、提供原始资料。二是作为中标后详细编制可具体操作的项目管理实施规划的依据，即实施规划是规划大纲的具体化和深化。

施工项目管理实施规划的作用是具体指导施工项目的准备和施工，使施工企业项目管理的规划与组织、设计与施工、技术与经济、前方与后方、工程与环境等高效地协调起来，以取得良好的经济效果。

四、项目管理规划大纲

施工项目管理规划大纲应体现投标人的技术和管理方案的可行性和先进性，以利于在竞争中获胜中标，因此，要依靠企业管理层的智慧和经验进行编制，以取得充分依据，发挥综合优势。

施工项目管理规划大纲主要包括以下内容：

（1）项目概况。

（2）项目范围管理规划。

（3）项目管理目标规划。

（4）项目管理组织规划。

（5）项目成本管理规划。

（6）项目进度管理规划。

（7）项目质量管理规划。

（8）项目职业健康安全与环境管理规划。

（9）项目采购与资源管理规划。

（10）项目信息管理规划。

（11）项目沟通管理规划。

（12）项目风险管理规划。

（13）项目收尾管理规划。

五、项目管理实施规划

施工项目实施规划应以施工项目管理规划大纲的总体构想为指导来具体规定各项管理工作的目标要求、责任分工和管理方法，把履行施工合同和落实项目管理目标责任书的任务，贯穿在项目管理实施规划中，作为项目管理人员的行为准则。

施工项目管理实施规划必须由项目经理组织项目经理部在工程开工之前编制完成。监理工程师应审核承包人的施工项目管理实施规划，并在检查各项施工准备工作完成后，才能正式批准开工。

施工项目管理实施规划主要包括以下内容：

（1）项目概况。

（2）总体工作计划。

（3）组织方案。

（4）技术方案。

（5）进度计划。

（6）质量计划。

（7）职业健康安全与环境管理计划。

（8）成本计划。

（9）资源需求计划。

（10）风险管理计划。

（11）信息管理计划。

（12）项目沟通管理计划。

（13）项目收尾管理计划。

（14）项目目标控制措施。

（15）技术经济指标。

六、项目管理规划与施工组织设计的区别

传统的“施工组织设计”是在我国长期工程建设实践中总结出来的一项施工管理制度，目前，仍在工程中贯彻执行，根据编制的对象和深度要求的不同，分为施工组织总设计和单位工程施工组织设计两类。它属于施工规划而非施工项目管理规划。因此，《建筑工程项目管理规范》规定：“当承包人以编制施工组织设计代替项目管理规划时，施工组织设计应满足项目管理规划的要求。”即施工组织设计应根据项目管理的需要，增加项目风险管理和信息管理等内容，使之成为项目管理的指导性文件。

七、项目管理规划的总体要求

施工项目管理规划总体应满足以下要求：

（1）符合招标文件、合同条件以及发包人（包括监理工程师）对工程的具体要求。

（2）具有科学性和可执行性，符合工程实际的需要。

（3）符合国家和地方的法律、法规、规程和规范的有关规定。

（4）符合现代管理理论，尽量采用新的管理方法、手段和工具。

（5）运用系统工程的理论和观点来组织项目管理，使规划达到最优化的效果。

第二节　建筑工程项目的施工成本

一、建筑工程项目成本的概念

（一）项目成本

项目成本是指建筑业企业以施工项目作为成本核算对象的施工过程中所耗费的生产资料转移价值和劳动者的必要劳动所创造的价值的货币形式。也就是某施工项目在施工中所发生的全部生产费用的总和，包括所消耗的主、辅材料，构配件，周转材料的摊销费或租赁费，支付给生产工人的工资、奖金以及项目经理部（或分公司、工程处）一级组织和管理工程施工所发生的全部费用。施工项目成本不包括劳动者为社会所创造的价值，如税金和计划利润，也不应包括不构成项目价值的一切非生产性支出。明确这些，对研究施工项目成本的构成和进行施工项目成本管理是非常重要的。

建筑工程施工项目成本是建筑业企业的产品成本，亦称工程成本，一般以项目的单位工程作为成本核算对象，通过各单位工程成本核算的综合来反映施工项目成本。

在建筑工程施工项目管理中，最终是要使项目达到质量高、工期短、消耗低、安全好等目标，而成本是这四项目标经济效果的综合反映。因此，建筑工程施工项目成本是施工项目管理的核心。

研究施工项目成本，既要看到施工生产中的耗费形成的成本，又要重视成本的补偿，这才是对施工项目成本的完整理解。施工项目成本是否准确客观，对企业财务成果和投资者的效益影响很大。成本多算，则利润少计，可分配利润就会减少；反之，成本少算，则利润多计，可分配的利润就会虚增而实亏。因此，要正确计算施工项目成本，就要进一步改革成本核算制度。

（二）施工项目成本的构成

建筑业企业在工程项目施工中为提供劳务、作业等过程中所发生的各项费用支出，按照国家规定计入成本费用。按国家有关规定，施工企业工程成本由直接成本和间接成本组成。

直接成本是指施工过程中直接耗费的构成工程实体或有助于工程形成的各项支出，包括人工费、材料费、机械使用费和其他直接费。所谓其他直接费，是指直接费以外施工过程中发生的其他费用。

间接成本是指企业的各项目经理部为施工准备、组织和管理施工生产所发生的全部施工间接费。施工项目间接成本应包括：现场管理人员的人工费（基本工资、工资性补贴、职工福利费）、资产使用费、工具用具使用费、保险费、检验试验费、工程保修费、工程排污费以及其他费用等。

二、施工项目成本管理的内容

施工项目成本管理是建筑业企业项目管理系统中的一个子系统，这一系统的具体工作内容包括成本预测、成本决策、成本计划、成本控制、成本核算、成本检查和成本分析等。

施工项目经理部在项目施工过程中对所发生的各种成本信息，通过有组织、有系统地进行测、计划、控制、核算和分析等工作，促使施工项目系统内各种要素按照一定的目标运行，使施工项目的实际成本能够控制在预定的计划成本范围内。

（一）施工项目的成本预测

施工项目的成本预测是通过成本信息和施工项目的具体情况，并运用一定的专门方法，对未来的成本水平及其可能发展趋势做出科学的估计，其实质就是在施工以前对成本进行预测及核算。通过成本预测，可以使项目经理部在满足建设单位和企业要求的前提下，选择成本低、效益好的最佳成本方案，并能在施工项目成本形成过程中，针对薄弱环节，加强成本控制，克服盲目性，提高预见性。因此，施工项目的成本预测是施工项目成本决策与计划的依据。

（二）施工项目的成本计划

施工项目的成本计划是项目经理部对项目施工成本进行计划管理的工具。它是以货币形式编制施工项目在计划期内的生产费用、成本水平、成本降低率，以及为降低成本所采取的主要措施和规划的书面方案，它是建立施工项目成本管理责任制、开展成本控制和核算的基础。

一般来说，一个施工项目的成本计划应包括从开工到竣工所必需的施工成本，它是该施工项目降低成本的指导文件，也是设立目标成本的依据。

（三）施工项目的成本控制

施工项目的成本控制是指在施工过程中，对影响施工项目成本的各种因素加强管理，并采取各种有效措施，将施工中实际发生的各种消耗和支出严格控制在成本计划范围内，随时提示并及时反馈，严格审查各项费用是否符合标准，计算实际成本和计划成本之间的差异并进行分析、消除施工中的损失浪费现象，发现和总结先进经验。通过成本管理，使之最终实现甚至超过预期的成本节约目标。

施工项目的成本控制应贯穿施工项目从招投标阶段开始直到项目竣工验收的全过程，它是企业全面成本管理的重要环节。

（四）施工项目的成本核算

施工项目的成本核算是指项目施工过程中所发生的各种费用和形成施工项目成本的核算。施工项目的成本核算所提供的各种成本信息，是成本预测、成本计划、成本控制、成本分析和成本考核等各个环节的依据。因此，加强施工项目成本核算工作，对降低施工项目成本、提高企业的经济效益具有积极的作用。

（五）施工项目的成本分析

施工项目的成本分析是在成本形成过程中，对施工项目成本进行的对比评价和剖析总结工作，它贯穿施工项目成本管理的全过程，也就是说，施工项目成本分析主要利用施工项目的成本核算资料，与目标成本、预算成本及类似的施工项目的实际成本等进行比较，了解成本的变动情况，也要分析主要技术经济指标对成本的影响。

（六）施工项目的成本考核

所谓成本考核，就是施工项目完成后，对施工项目成本形成中的各责任者，按施工项目成本目标责任制的有关规定，将成本的实际指标与计划、定额、预算进行对比和考核，评定施工项目成本计划的完成情况和各责任者的业绩，并以此给予相应的奖励和处罚。

三、施工项目成本管理的原则

（一）成本最低原则

施工项目成本管理的根本目的，在于通过成本管理的各种手段，促进不断降低施工项目成本，以期能实现最低的目标成本的要求。但是，在实行成本最低化原则时，应注意研究降低成本的可能性和合理的成本最低化。一方面，挖掘各种降低成本的潜力，使可能性变为现实；另一方面，要从实际出发，制定通过主观努力可能达到合理的最低成本水平。

（二）全面成本管理原则

在施工项目成本管理中，普遍存在“三重三轻”问题，即重实际成本的计算和分析，轻全过程的成本管理和对其影响因素的管理；重施工成本的计算分析，轻采购成本、工艺成本和质量成本；重财会人员的管理，轻群众性日常管理。因此，为了确保不断降低施工项目成本，达到成本最低化的目的，必须实行全面成本管理。

全面成本管理是全企业、全员和全过程的管理，亦称“三全”管理。

（三）成本责任制原则

为了实行全面成本管理，必须对施工项目成本进行层层分解，以分级、分工、分人的成本责任制为保证。施工项目经理部应对企业下达的成本指标负责，班组和个人对项目经理部的成本目标负责，以做到层层保证，定期考核评定。成本责任制的关键是划清责任，并要与奖惩制度挂钩，使各部门、各班组和个人都来关心施工项目成本。

（四）成本管理有效化原则

所谓成本管理有效化，主要有两层意思。一是促使施工项目经理部以最少的投入，获得最大的产出；二是以最少的人力和财力，完成较多的管理工作，提高工作效率。

（五）成本管理科学化原则

成本管理是企业管理学中一个重要内容，企业管理要实行科学化，必须把有关自然科学和社会科学中的理论、技术和方法运用于成本管理。在施工项目成本管理中，可以运用预测与决策方法、目标管理方法、量本利分析方法和价值方法等。

四、施工项目成本计划的作用

施工项目成本计划是以货币形式预先规定施工项目进行中的施工生产耗费的目标总水平，通过施工过程中实际成本的发生与其对比，可以确定目标的完成情况，并且按成本管理层次、有关成本项目，以及项目进展的各个阶段对目标成本加以分解，以便于各级成本方案的实施。

施工项目成本计划是施工项目管理的一个重要环节，是施工项目实际成本支出的指导性文件。

首先，施工项目成本计划是对生产耗费进行控制、分析和考核的重要依据。成本计划既体现了社会主义市场经济体制下对成本核算单位降低成本的客观要求，也反映了核算单位降低成本的目标。成本计划可作为生产耗费进行事前预计、事中检查控制和事后考核评价的重要依据。许多施工单位仅单纯重视项目成本管理的事中控制及事后考核，却忽视甚至省略了至关重要的事前计划，使得成本管理从一开始就缺乏目标，无法考核控制、对比，产生很大盲目性。施工项目目标成本一经确定，就要层层落实到部门、班组，并应经常将实际生产耗费与成本计划进行对比分析、揭露执行过程中存在的问题，及时采取措施，改进和完善成本管理工作，以保证施工项目的目标成本指标得以实现。

其次，成本计划与其他各方面的计划有着密切的联系，是编制其他有关生产经营计划的基础。每一个施工项目都有着自己的项目目标，这是一个完整的体系。在这个体系中，成本计划与其他各方面的计划有着密切的联系。它们既相互独立，又起着相互依存和相互制约的作用。如编制项目流动资金计划、企业利润计划等都需要目标成本编制的资料，同时，成本计划是综合平衡项目的生产经营的重要保证。

最后，可以动员全体职工深入开展增产节约、降低产品成本的活动。为了保证成本计划的实现，企业必须加强成本管理责任制，把目标成本的各项指标进行分解，落实到各部门、班组乃至个人，实行归口管理并做到责、权、利相结合，增产节约、降低产品成本。

五、施工项目成本计划的预测

（一）施工投标阶段的成本估算

投标报价是施工企业采取投标方式承揽施工项目时，以发包人招标文件中的合同条件、技术规范、设计图纸与工程量表、工程的性质和范围、价格条件说明和投标须知等为基础，结合调研和现场考察所得的情况，根据企业自己的定额、市场价格信息和有关规定，计算和确定承包该项工程的报价。

施工投标报价的基础是成本估算。企业首先应依据反映本企业技术水平和管理水平的企业定额，计算确定完成拟投标工程所需支出的全部生产费用，即估算该施工项目施工生产的直接成本和间接成本，包括人工费、材料费、机械使用费、现场管理费用等。

（二）项目经理部的责任目标成本

在实施项目管理之前，首先由企业与项目经理协商，将合同预算的全部造价收入，分为现场施工费用（制造成本）和企业管理费用两部分。其中，以现场施工费用核定的总额，作为项目成本核算的界定范围和确定项目经理部责任成本目标的依据。

将正常情况下的制造成本确定为项目经理的可控成本，形成项目经理的责任目标成本。由于按制造成本法计算出来的施工项目成本，实际上是项目的施工现场成本，反映了项目经理部的成本管理水平，这样，用制造成本法既便于对项目经理部成本管理责任的考核，也为项目经理部节约开支、降低消耗提供可靠的基础。

责任目标成本是企业对项目经理部提出的指令成本目标，以施工图预算为依据，也是对项目经理进行施工项目管理规划、优化施工方案、制定降低成本的对策和管理措施提出的要求。

（三）项目经理部的计划目标成本

项目经理部在接受企业法定代表人委托之后，应通过主持编制项目管理实施规划寻求降低成本的途径，组织编制施工预算，确定项目的计划目标成本。

施工预算是项目经理部根据企业下达的责任成本目标，在编制详细的施工项目管理规划中不断优化施工技术方案和合理配置生产要素的基础上，通过工料消耗分析和制定节约成本措施之后确定的计划成本，也称现场目标成本。一般情况下，施工预算总额控制在责任成本目标的范围内，并留有一定余地。在特殊情况下，若项目经理部经过反复挖潜，仍不能把施工预算总额控制在责任成本目标范围内时，则应与企业进一步协商修正责任成本目标，或共同探索进一步降低成本的措施，以使施工预算建立在切实可行的基础上。

（四）计划目标成本的分解与责任体系的建立

目标责任成本总的控制过程为：划分责任→确定成本费用的可控范围→编制责任预算→进行内部验工计价→责任成本核算→责任成本分析→成本考核（即信息反馈）。

1.划分责任

确定责任成本单位，明确责、权、利和经济效益。施工企业的责任成本控制应以工人、班组的制造成本为基础，以项目经理部为基本责任主体。要根据职能简化、责任单一的原则，合理划分所要控制的成本范围，赋予项目经理部相应的责、权、利，实行责任成本一次包干。公司既是本级的责任中心，又是项目经理部责任成本的汇总部门和管理部门。形成三级责任中心，即班组责任中心、项目经理部责任中心、公司责任中心。这三级责任中心的核算范围为其该级所控制的各项工程的成本、费用及其差异。

2.确定成本费用的可控范围

要按照责任单位的责权范围大小，确定可以衡量的责任目标和考核范围，形成各级责任成本中心。

班组主要控制制造成本，即工费、料费、机械费三项费用。

项目经理部主要控制责任成本，即工费、料费、机械费、其他直接费、间接费等五项费用。公司主要控制目标责任成本，即工费、料费、机械费、公司管理费、公司其他间接费、公司不可控成本费用、上交公司费用等。

3.编制责任成本预算

将以上两条作为依据，编制责任成本预算。注意责任成本预算中既要有人工、材料、机械台班等数量指标，也要有按照人工、材料、机械台班等的固定价格计算的价值指标，以便于基层具体操作。

4.进行内部验工计价

验工即为工程队当月的目标责任成本，计价即为项目经理部当月的制造成本。各项目经理部把当月验工资料以报表的形式上报，供公司审批；计价细分为大小临时工程计价、桥隧路工程计价（其中又分班组计价、民工计价）、大堆料计价、运杂费计价、机械队机械费计价、公司材料费计价。其中机械队机械费、公司材料费一般采取转账方式。细分计价方式比较有利于成本核算和实际成本费用的归集。

5.责任成本核算

通过成本核算，可以反映施工耗费和计算工程实际成本，为企业管理提供信息。通过对各项支出的严格控制，力求以最少的施工耗费取得最大的施工成果，并以此计算所属施工单位的经济效益，为分析考核、预测和计划工程成本提供科学依据。核算体系分班组、项目经理部、公司三级，主要核算人工费、材料费、机械使用费、其他直接费和施工管理费五个责任成本项目。

6.责任成本分析

成本分析主要是利用成本核算资料及其他相关资料，全面分析了解成本变动情况，系统研究影响成本升降的各种因素及其形成的原因，挖掘降低成本的潜力，正确认识和掌握成本变动的规律性。通过成本分析，可以对成本计划的执行过程进行有效的控制，及时发现和制止各种损失和浪费，为预测成本、编制下期成本计划和经营决策提供重要依据。分析的方法有四种：①比较分析法；②比率分析法；③因素分析法；④差额分析法。所采取的主要方式是项目经理部相关部门与公司指挥部相关部门每月共同审核分析，再据此进行季度、年度成本分析。

7.成本考核

每月要对工程预算成本、计划成本及相关指标的完成情况进行考核、评比。其目的在于充分调动职工的自觉性和主动性，挖掘内部潜力，达到以最少的耗费，取得最大的经济效益。成本考核的方法有四个方面：第一，对降低成本任务的考核，主要是对成本降低率的考核；第二，对项目经理部的考核，主要是对成本计划的完成进行考核；第三，对班组成本的考核，主要是考核材料、机械、工时等消耗定额的完成情况；第四，对施工管理费的考核，公司与项目经理部分别考核。

第三节　建筑工程项目施工进度控制

一、施工项目进度控制概念

项目进度控制应以实现施工合同约定的竣工日期为最终目标，即必须在合同规定的期限内把建筑工程交付给业主（建设单位）。

一般来说，项目施工应分期分批竣工，这样，施工合同可能约定几个分期分批竣工日期。这个日期是发包人的要求，是不能随意改变的，发包人和承包人任何一方改变这个日期，都会引起索赔。因此，项目管理者应以合同约定的竣工日期指导控制行动。

二、施工项目进度计划的分类

（一）按编制对象分类

1.施工进度总控制计划

施工进度总控制计划是施工总体方案在时间序列上的反映。工业建设项目或民用建筑群，在施工组织总设计阶段编制的施工总进度计划，一般是属于概略的控制性进度计划，用以确定各主要工程项目的施工起止日期，综合平衡各施工阶段建筑工程的工程量和投资分配。

2.单位工程施工进度控制计划

单位工程施工进度计划以施工方案为基础，根据规定工期和技术物资的供应条件，遵循各施工过程合理的工艺顺序，统筹安排各项施工活动进行编制。它的任务是为各施工过程指明一个确定的施工日期，即时间计划，并以此为依据确定施工作业所必需的劳动力和各种技术物资的供应计划。

（二）按施工时间分类

（1）年度施工进度控制计划。

（2）季度施工进度控制计划。

（3）月度施工进度控制计划。

（4）旬施工进度控制计划。

（5）周施工进度控制计划。

三、施工进度控制计划内容

（一）施工总进度计划包括的内容

（1）编制说明。主要包括编制依据、步骤、内容。

（2）施工进度总计划包括其有两种形式：一种为横道图，另一种为网络图。

（3）分期分批施工工程的开工、竣工日期，工期一览表。

（4）资源供应平衡表。为满足进度控制而需要的资源供应计划。

（二）单位工程施工进度计划包括的内容

（1）编制说明。主要包括编制依据、步骤、内容和方法。

（2）进度计划图。

（3）单位工程施工进度计划的风险分析及控制措施。单位工程施工进度计划的风险分析及控制措施指施工进度计划由于其他不可预见的因素，如工程变更、自然条件和拖欠工程款等原因无法按计划完成时而采取的措施。

四、施工项目进度控制的作用

（1）根据施工合同明确开工、竣工日期，总工期，并以施工项目进度总目标确定各分项工程的开工、竣工日期。

（2）各部门计划都要以进度控制计划为中心安排工作。

计划部门提出月、旬计划，劳动力计划，材料部门调验材料、构件，动力部门安排机具，技术部门制定施工组织与安排等均以施工项目进度控制计划为基础。

（3）施工项目控制计划的调整。由于主客观原因，或者环境原因出现了不必要的提前或延误的偏差，要及时调整纠正，并预测未来进度状况，使工程按期完工。

（4）总结经验教训。工程完工后要及时提供总结报告，通过报告总结控制进度的经验方法，对存在的问题进行分析并给出改进意见，以利于后期的工作。

五、施工项目进度计划编制依据

（一）施工项目总进度计划编制依据

1.施工合同

施工合同包括合同工期、分期分批工期的开、竣工日期，有关工期提前延误调整的约定等。

2.施工进度目标

除合同约定的施工进度目标外，承包商还可能有自己的施工进度目标，用以指导施工进度计划的编制。

3.工期定额

工期定额作为一种行业标准，是在许多过去工程资料统计基础上得到的。

4.有关技术经济资料

有关技术经济资料包括施工地质、环境等资料。

5.施工部署与主要工程施工方案

施工项目进度计划是在施工方案确定后编制的。

6.其他资料

类似工程的进度计划。

（二）单位工程进度计划编制依据

（1）项目管理目标责任。在“项目管理目标责任书”中明确规定了项目进度目标。这个目标既不是合同目标，也不是定额工期，而是项目管理的责任目标，不但有工期，而且有开工时间和竣工时间。项目管理目标责任书中对进度的要求，是编制单位工程施工进度计划的依据。

（2）施工总进度计划。单位工程施工进度计划必须执行施工总进度计划中所要求的开工、竣工时间，工期安排。

（3）施工方案。施工方案对施工进度计划有决定性作用。施工顺序，就是施工进度计划的施工顺序，施工方法直接影响施工进度。机械设备既影响所涉及的项目的持续时间、施工顺序，又影响总工期。

（4）主要材料和设备的供应能力。施工进度计划编制的过程中，必须考虑主要材料和机械设备的能力。一旦进度确定，则供应能力必须满足进度的需要。

（5）施工人员的技术素质及劳动效率。施工人员的技术素质高低，影响着速度和质量，技术素质必须满足规定要求。

（6）施工现场条件、气候条件、环境条件。

（7）已建成的同类工程实际进度及经济指标。

六、施工项目进度计划的编制步骤

（一）施工总进度计划编制步骤

1.收集编制依据

2.确定进度控制目标

根据施工合同确定单位工程的先后施工顺序和开、竣工日期及工期。应在充分调查研究的基础上，确定一个既能实现合同工期，又可实现指令工期，比这两种工期更积极可靠（更短）的工期作为编制施工总进度计划。从而确定作为进度控制目标的工期。

3.计算工程量

首先根据建设项目的特点划分项目。项目划分不宜过多，应突出主要项目，一些附属、辅助工程可以合并。然后估算各主要项目的实物工程量。

4.确定各单位工程的施工期限和开竣工日期

影响单位施工期限的因素很多，主要是：建筑类型、结构特征和工程规模，施工方法、施工管理水平，劳动力和材料供应情况，以及施工现场的地形、地质条件等。因此，各单位工程的工期按合同约定的工期，并根据现场具体情况，综合考虑后确定。

5.安排各单位工程的搭接关系

在确定了各主要单位工程的施工期限之后，就可以进一步安排各单位工程的搭接施工时间。在解决这一问题时，一方面要根据施工部署中的计划工期及施工条件，另一方面要尽量使主要工种的工人基本上连续、均衡地施工。在具体安排时应着重考虑以下几点：

（1）根据（合同约定）使用要求和施工可能，分期分批地安排施工，明确每个单位工程竣工时间。

（2）对于施工难度较大、施工工期较长的，应尽量先安排施工。

（3）同一时期的开工项目不应过多。

（4）每个施工项目的施工准备、土建施工、设备安装和试生产的时间要合理衔接。

（5）土建工程中的主要分部分项工程和设备安装工程实行连续、均衡地流水施工。

6.编制施工进度计划

根据各施工项目的工期与搭接时间，编制初步进度计划；按照流水施工与综合平衡的要求，调整进度计划，最后编制施工总进度计划。

（二）单项工程进度计划编制步骤

1.研究施工图和有关资料并调查施工条件

认真研究施工图、施工组织总设计对单位工程进度计划的要求。

2.施工过程划分

施工过程的多少、粗细程度根据工程不同而有所不同，宜粗不宜细。

（1）施工过程的粗细程度。为使进度计划能简明清晰、便于掌握，原则上应在可能条件下尽量减少施工过程的数目。分项越细，则项目越多，就会显得越繁杂，所以，施工过程划分的粗细要根据施工任务的具体情况来确定。原则上应尽量减少项目数量，能够合并的项目尽可能地予以合并。

（2）施工过程项目应与施工方法一致。施工过程项目的划分，应结合施工方法来考虑，以保证进度计划表能够完全符合施工进展的实际情况，真正能起到指导施工的作用。

3.编排合理施工顺序

施工顺序是在施工方案中确定的施工流向和施工程序的基础上，按照所选施工方法和施工机械的要求确定的。

确定施工顺序是为了按照施工的技术规律和合理的组织关系，解决各项目之间在时间上的先后顺序和搭接关系，以期做到保证质量、安全施工、充分利用空间、争取时间、实现合理安排工期的目的。

工业与民用建筑的施工顺序不同。在设计施工顺序时，必须根据工程的特点、技术和组织上的要求以及施工方案等进行研究，不能拘泥于某种僵化的顺序。

4.计算各施工过程的工程量与定额

施工过程确定之后，根据施工图纸及有关工程量计算规则，按照施工顺序的排列，分别计算各个施工过程的工程量。

在计算工程量时，应注意施工方法，不管何种施工方法，计算出的工程量应是一样的。

在采用分层分段流水施工时，工程量也应按分层分段分别加以计算，以保证与施工实际吻合，有利于施工进度计划的编制。

工程量的计算单位应与劳动定额中的同一项目的单位一致，避免工程量计算后在套用定额时，又要重复计算。

如已有施工图预算，则在编制施工进度计划时，不必计算，直接从施工图预算中选取。但是，要注意根据施工方法的需要，按施工实际情况加以修订和调整。

5.确定劳动力和机械需要量及持续时间

计算劳动量和机械台班需要量时，应根据现行劳动定额，并考虑当地实际施工水平，预测超额完成任务的可能性。

施工项目工作持续时间的计算方法一般有经验估计法、定额计算法和倒排计划法。

（1）经验估计法。这种方法就是根据过去的经验进行估计，一般适用于采用新工艺、新技术、新结构、新材料等无定额可循的工程。先估计出完成该施工项目的最乐观时间（A）、最悲观时间（C）和最可能时间（B）三种施工时间，然后确定该施工项目的工作持续时间。在确定施工班组人数时，应考虑最小劳动组合人数、最小工作面和可能安排的施工人数等因素。

（2）定额计算法。这种方法就是根据施工项目需要的劳动量或机械台班量，以及配备的劳动人数或机械台数，来确定其工作持续时间。

最小劳动组合，即某一施工过程进行正常施工所必需的最低限度的班组人数及其合理组合。最小工作面，即施工班组为保证安全生产和有效地操作所必需的工作面。可能安排的人数，是指施工单位所能配备的人数。

工作班制的确定。一般情况下，当工期允许、劳动力和机械周转使用不紧迫、施工工艺上无连续施工要求时，可采用一班制施工。当组织流水施工时，为了给第二天连续施工创造条件，某施工准备工作或施工过程可考虑在夜班进行，即采用两班制施工。当工期较紧，或为了高施工机械的使用率及加快机械的周转使用，或工艺上要求连续施工时，某些施工项目可考虑两班甚至三班制施工。

（3）倒排计划法。倒排计划法是根据流水施工方式及总工期要求，先确定施工时间和工作班制，再确定施工班组人数或机械台数。如果计算得出的施工人数或机械台数对施施工项目来说过多或过少了，应根据施工现场条件、施工工作面大小、最小劳动组合、可能得到的人数和机械等因素合理调整。如果工期太紧，施工时间不能延长，则可考虑组织多班组、多班制的施工。

6.编排施工进度计划

编制进度计划应优先使用网络计划图，也可使用横道计划图。

7.出劳动力和物资计划

有了施进度计划以后，还需要编制劳动力和物资需要量计划，附于施工进度计划之后。这样，就可以更具体、更明确地反映出完成该进度计划所必须具备的基本条件，便于领导掌握情况，统一平衡，保证及时调配，以满足施工任务的实际需要。

七、流水施工

流水施工是指所有施工过程按一定的时间间隔依次投入施工，各个施工过程陆续开工、陆续竣工，使同一施工过程的施工班组保持连续、均衡施工，不同的施工过程尽可能平行搭接施工的组织方式。

（一）流水施工的优点

（1）流水施工能合理、充分地利用工作面，争取时间，加速工程的施工进度，从而有利于缩短施工工期。

（2）流水施工能保持各施工过程的连续性、均衡性，从而有利于提高施工管理水平和技术经济效益。

（3）流水施工能使各施工班组在一定时期内保持相同的施工操作和连续、均衡地施工，从而有利于提高劳动效率。

（二）组织流水施工的要点

1.划分分部分项工程（施工过程）

首先将拟建工程，根据工程特点及施工要求，划分为若干个分部工程；其次按照工艺要求、工程量大小和施工班组情况，将各分部工程划分为若干个施工过程（即分项工程）。

2.划分施工段

根据组织流水施工的需要，将拟建工程在平面上或空间上，划分为工程量大致相等的若干个施工段。

3.每个施工过程组织独立的施工班组

每个施工过程有独立的施工班组。这样可使每个施工班组按施工顺序，依次、连续、均衡地从一个施工段转移到另一个施工段进行相同的操作。

4.主要施工过程必须连续、均衡地施工

对工程量较大、施工时间较长的主要施工过程，必须组织连续、均衡地施工；对其他次要施工过程，可考虑与相邻的施工过程合并。如不能合并，为缩短工期，可安排间断施工。

5.不同的施工过程尽可能组织平行搭接施工

根据施工顺序，不同的施工过程，在有工作面的条件下，除必要的技术和组织间歇时间外，应尽可能组织平行搭接施工。

（三）流水施工的主要参数

1.工艺参数

工艺参数是指流水施工的施工过程数目，以符号“N”表示。对于不同的计划施工过程划分数目多少不同、粗细不一。

施工控制性进度计划，其施工过程划分可粗些，综合性大些。施工实施性进度计划，其施工过程划分可细些，具体些。对月度作业性计划，施工过程还可分解为工序，如安装模板、绑扎钢筋等。

2.空间参数

空间参数包括施工段和施工层。

组织流水施工时，拟建工程在平面上划分的若干个劳动量大致相等的施工区段，称为施工段，它的数目一般以“M”表示。

划分施工段的目的，是组织流水施工，保证不同的施工班组能在不同的施工段上同时进行施工，并使各施工班组能按一定的时间间隔转移到另一个施工段进行连续施工，既消除等待、停歇现象，又互不干扰。

施工层是指为满足竖向流水施工的需要，在建筑物垂直方向上划分的施工区段，常用“M”表示。施工层的划分视工程对象的具体情况而定，一般以建筑物的结构层作为施工层。

（1）划分施工段的要求：

①施工段的数目要合理。施工段过多，会增加总的施工持续时间，而且工作面不能充分利用；施工段过少，则会引起劳动力、机械和材料供应的过分集中，有时还会造成“断流”的现象。

②各施工段的劳动量（或工作量）一般应大致相等（相差宜在15%以内），以保证各施工班组连续、均衡地施工。

③施工段的划分界线要以保证施工质量且不违反操作规程要求为前提。例如，结构上不允许留施工缝的部位不能作为划分施工段的界线。

④当组织楼层结构的流水施工时，为使各施工班组能连续施工，上一层的施工必须在下一层对应部位完成后才能开始。即各施工班组做完第一段后，能立即转入第二段；做完第一层的最后一段后，能立即转入第二层的第一段。

（2）施工段划分的一般部位。施工段划分的部位要有利于结构的整体性，应考虑到施工工程对象的特点。一般按下述几种情况划分施工段的部位。

①设置有伸缩缝、沉降缝的建筑工程，可以此缝为界划分施工段。

②单元式的住宅工程，可按单元为界分段，必要时以半个单元为界分段。

③道路、管线等按长度方向延伸的工程，可按一定长度作为一个施工段。

④多幢同类型建筑，可以一幢房屋作为一个施工段。

3.时间参数

时间参数有流水节拍、流水步距等。

（1）流水节拍。流水节拍是指从事某一施工过程的施工班组在一施工段上完成施工任务所需的时间，用符号t_i表示。

流水节拍的大小直接关系投入的劳动力、材料和机械的多少，决定着施工速度和施工的节奏。因此，合理确定流水节拍，具有重要意义。

在确定流水节拍时，要考虑以下因素：

①施工班组人数应符合该施工过程最少劳动组合人数的要求。

②要考虑工作面的大小限制。每个工人的工作面要符合最小工作面的要求，否则，就不能发挥正常的施工效率或不利于安全生产。

③要考虑各种机械台班的效率（吊装次数）或机械台班产量的大小。

④要考虑各种材料、构件等施工现场堆放量、供应能力及其他有关条件的制约。

⑤要考虑施工及技术条件的要求。例如，不能留施工缝，必须连续浇筑的钢筋混凝土工程，有时要按三班制工作的条件决定流水节拍，以确保工程质量。

节拍值一般取整数，必要时可保留0.5天（台班）的小数值。

（2）流水步距。流水施工中，相邻两个施工班组先后进入同一施工段开始施工的间隔时间，称为流水步距，通常以$K_{i,\ i+1}$表示（i表示前一个施工过程，i+1表示后一个施工过程）。

流水步距的大小，对工期有着较大的影响。一般来说，在施工段不变的条件下，流水步距越大，工期越长；流水步距越小，则工期越短。流水步距还与前后两个相邻施工过程流水节拍的大小、施工工艺技术要求、是否有技术和组织间歇时间、施工段数目、流水施工的组织方式等有关。

（四）流水施工基本方式

建筑工程的流水施工要求有一定的节拍，才能步调和谐，配合得当。流水施工的节奏是由流水节拍决定的。由于建筑工程的多样性，各分部分项的工程量差异较大，要使所有的流水施工都组织成统一的流水节拍是很困难的。在大多数情况下，各施工过程的流水节拍不一定相等，甚至一个施工过程本身在各施工段上的流水节拍也不相等。因此形成了不同节奏特征的流水施工。

1.有节奏流水

有节奏流水是指同一施工过程在各施工段上的流水节拍都相等的一种流水施工方式。根据不同施工过程之间的流水节拍是否相等，有节奏流水又可分为等节奏流水和异节奏流水。

（1）等节奏流水。等节奏流水是指同一施工过程在各施工段上的流水节拍都相等，并且不同施工过程之间的流水节拍也相等的一种流水施工方式，即各施工过程的流水节拍等于常数，故也称全等节拍流水。

（2）异节奏流水。异节奏流水是指同一施工过程在各施工段上的流水节拍都相等，不同施工过程之间的流水节拍不完全相等的一种流水施工方式。

2.无节奏流水

无节奏流水是指同一施工过程在各施工段上的流水节拍不完全相等的一种流水施工方式。

在实际工作中，有节奏流水，尤其是等节奏流水往往是难以组织的，而无节奏流水则是常见的。无节奏流水只要保证各施工过程的工艺顺序合理就可以。

八、横道图

横道图，即甘特图，也可称为条状图。以横竖轴表格的形式，将时间与活动（项目）相结合，表示一个任务、计划，或者项目的完成情况(进度)。横道图在工程进度计划制订、项目管理等方面运用非常频繁，是项目管理人员的必备工具之一。

表格由左右两部分组成，左边部分反映拟建工程所划分的施工项目、工程量、定额、劳动量或台班量、工作班制、施工人数及工作持续时间等计算内容，右边部分则用水平线段反映各施工项目的搭接关系和施工进度，其中的格子根据需要可以是一格表示一天或若干天。

左边部分计算完毕后，即可编制施工进度计划的初步方案。一般的编制方法有以下两种。

（一）根据施工经验直接安排的方法

这是根据经验资料及有关计算，直接在进度表上画出进度线的方法。这种方法比较简单实用。但施工项目多时，不一定能达到最优计划方案。其一般步骤是：先安排主导分部工程的施工进度，然后再将其余分部工程尽可能配合主导分部工程，最大限度地合理搭接起来，使其相互联系，形成施工进度计划的初步方案。

在主导分部工程中，应优先安排主导施工项目的施工进度，力求其施工班组能连续施工，而其余施工项目尽可能与它配合、搭接或平行施工。

（二）按工艺组合组织流水施工的方法

这种方法是将某些在工艺上有关系的施工过程归并为一个工艺组合，组织各工艺组合内部的流水施工，然后将各工艺组合最大限度地搭接起来，组织分别流水。

九、网络图

（一）双代号网络图

用一个箭线表示一个施工过程，施工过程名称写在箭线上面，施工持续时间写在箭线下面，箭尾表示施工过程开始，箭头表示施工过程结束。在箭线的两端分别画一个圆圈作为节点，并在节点内进行编号，用箭尾节点号码i和箭头节点号码j作为这个施工过程的代号。

由于各施工过程均用两个代号表示，所以叫作双代号表示疗法。用这种表示方法把一项计划中的所有施工过程按先后顺序及其相互之间的逻辑关系，从左到右绘制成的网状图形，就叫作双代号网络图。用这种网络图表示的计划叫作双代号网络计划。

双代号网络图由箭线、节点和线路三个要素组成，现将其含义和特性叙述如下。

1.箭线

（1）一个箭线表示一个施工过程（或一件工作）。箭线表示的施工过程可大可小。在总体（或控制性）网络计划中，箭线可表示一个单位工程或一个工程项目；在单位工程网络计划中，一个箭线可表示一个分部工程（如基础工程、主体工程、装修工程等）；在实施性网络计划中，一个箭线可表示一个分项工程（如挖土、垫层、浇筑混凝土等）。

（2）每个施工过程的完成都要消耗一定的时间及资源。只消耗时间不消耗资源的混凝土养护、砂浆找平层干燥等技术间歇，如单独考虑时，也应作为一个施工过程来对待。各施工过程均用实箭线来表示。

（3）在双代号网络图中，为了正确表达施工过程的逻辑关系，有时必须使用一种虚箭线。虚箭线是既不消耗时间，也不消耗资源的一个虚拟的施工过程（称虚拟工作），一般不标注名称，持续时间为零。它在双代号网络图中起施工过程之间逻辑连接或逻辑断路作用。用虚箭线表示。

（4）箭线的长短不表示持续时间的长短（时标网络例外）。箭线的方向表示施工过程的进行方向，应保持自左向右的总方向。为使图形整齐，表示施工过程的箭线宜画成水平箭线或由水平线段和竖直线段组成的折线箭线。虚工作可画成水平的或竖直的虚箭线，也可画成折线形虚箭线。

（5）网络图中，凡是紧接于某施工过程箭线箭尾端的各过程，叫作该过程的“紧前过程”；紧接于某施工过程箭头端的各过程，叫作该过程的“紧后过程”。

2.节点

在双代号网络图中，用圆圈表示的各箭线之间的连接点，称为节点。节点表示前面施工过程结束和后面施工过程开始的瞬间。

（1）节点的分类。网络图的节点有起点节点、终点节点、中间节点。网络图的第一个节点为起点节点，它表示一项计划（或工程）的开始。网络图的最后一个节点称为终点节点，它表示一项计划（或工程）的结束。其余节点都称为中间节点。任何一个中间节点既是其紧前各施工过程的结束节点，又是其紧后各施工过程的开始节点。

（2）节点的编号。网络图中的每一个节点都要编号。编号的顺序是：从起点节点开始，依次向终点节点进行。编号的原则是：每一个箭线的箭尾节点代号i必须小于箭头节点代号j（即$i<j$）；所有节点的代号不能重复出现。

3.线路

从网络图的起点节点到终点节点，沿着箭线方向顺序通过一系列箭线与节点的通路，称为线路。网络图中的线路可依次用该线路上的节点代号来记述。网络图可有多条线路，每条不同的线路所需的时间之和往往各不相等，其中时间之和最大者称为“关键线路”，其余的线路为非关键线路。位于关键线路上的施工过程称为关键施工过程，这些施工过程的持续时间长短直接影响整个计划完成的时间。关键施工过程在网络图中通常用粗箭线或双箭线或彩色箭线表示。有时，在一个网络图中也可能出现几条关键线路，即这几条关键线路的施工持续时间相等。

（二）网络图的绘制

网络图的绘制是网络计划方法应用的关键。要正确绘制网络图，必须正确反映逻辑关系，遵守绘图的基本规则。

1.逻辑关系

逻辑关系是指网络计划中所表示的各个施工过程之间的先后顺序。这种顺序关系可划分为两大类：一类是施工工艺的关系，称为工艺逻辑；另一类是施工组织的关系，称为组织逻辑。

（1）工艺逻辑。工艺逻辑是由施工工艺所决定的各个施工过程之间客观上存在的先后顺序关系。对于一个具体的分部工程来说，当确定了施工方法以后，则该分部工程的各个施工过程的先后顺序一般是固定的，有的绝对不能颠倒。

（2）组织逻辑。组织逻辑是施工组织安排中，考虑劳动力、机具、材料或工期等影响，在各施工过程之间主观上安排的先后顺序关系。这种关系不受施工工艺的限制，不是工程性质本身决定的，而是在保证施工质量、安全和工期等前提下，可以人为安排的顺序关系。

2.绘图规则

（1）在一个网络图中，只允许有一个起点节点和一个终点节点。

（2）在网络图中，不允许出现循环回路，即不允许从一个节点出发，沿箭线方向再返回到原来的节点。

（3）在一个网络图中，不允许出现一个代号代表一个施工过程。

（4）在网络图中，不允许出现无指向箭头或有双向箭头的连线。在网络图中，应尽量减少交叉箭线，当无法避免时，应采用过桥法或断线法表示。

（5）在网络图中，不允许出现没有箭尾节点的箭线和没有箭头节点的箭线。

（6）网络图必须按已定的逻辑关系绘制。

3.绘制步骤

（1）绘草图。绘出一张符合逻辑关系的网络图草图，其步骤是：首先画出从起点节点出发的所有箭线；接着从左至右依次绘出紧接其后的箭线，直至终点节点；最后检查网络图中各施工过程的逻辑关系。

（2）整理网络图。使网络图条理清楚、层次分明。

十、施工进度计划的实施

实施施工进度计划，要做好三项工作，即编制年、月、季、旬、周进度计划和施工任务书，通过班组实施；做好施工记录，掌握现场施工实际情况；落实跟踪控制进度计划。

（一）编制年月、季、旬、周作业计划和施工任务书，通过班组实施

施工组织设计中编制的施工进度计划，是按整个项目（或单位工程）编制的，也带有一定的控制性，但还不能满足施工作业的要求。实际作业时是按年季、月、旬、周作业计划和施工任务书执行的。

作业计划除依据施工进度计划编制外，还应依据现场情况及年季、月、旬、周的具体要求编制。计划以贯彻施工进度计划、明确当期任务及满足作业要求为前提。

施工任务书是一份计划文件，也是一份核算文件，又是原始记录。它把作业计划下达到班组，并将计划执行与技术管理、质量管理、成本核算、原始记录、资源管理等融合为一体。

施工任务书一般由工长根据计划要求、工程数量、定额标准、工艺标准、技术要求、质量标准、节约措施、安全措施等为依据进行编制。

任务书下达班组时，由工长进行交底。交底内容为：交任务、交操作规程、交施工方法、交质量、交安全、交定额、交节约措施、交材料使用、交施工计划、交奖罚要求等，做到任务明确，报酬预知，责任到人。

施工班组接到任务书后，应做好分工，安排完成，执行中要保质量，保进度，保安全，保节约，保工效高。任务完成后，班组自检，在确认已经完成后，向工长报请验收。工长验收时查数量、查质量、查安全、查用工、查节约，然后回收任务书，交作业队登记结算。

（二）做好施工记录，掌握现场施工实际情况

在施工中，如实记载每项工作的开始日期、工作进程和完成日期，记录每日完成数量，施工现场发生的情况，干扰因素的排除情况。可为计划实施的检查、分析、调整、总

结供原始资料。

（三）落实跟踪控制进度计划

检查作业计划执行中的问题，找出原因，并采取措施解决；督促供应单位按进度要求供应资料；控制施工现场临时设施的使用；按计划进行作业条件准备；传达决策人员的决策意图。

十一、施工进度计划的检查

（一）检查方法

施工进度的检查与进度计划的执行是融合在一起的。计划检查是对计划执行情况的总结，是施工进度调整和分析的依据。

进度计划的检查方法主要是对比法，即实际进度与计划进度对比，发现偏差，进行调整或修改计划。

1.用横道计划检查

双线表示计划进度，在计划图上记录的单线表示实际进度。

2.利用网络计划检查

（1）记录实际作业时间。例如，某项工作计划为8天，实际进度为7天。

（2）记录工作的开始时期和结束时期。

（3）标注已完成工作。可以在网络图上用特殊的符号、颜色记录其完成部分，如阴影部分为已完成部分。

（二）检查内容

根据不同需要可进行日检查或定期检查。检查的内容包括：

（1）检查期内实际完成和累计完成工程量。

（2）实际参加施工的人力、机械数量与计划数。

（3）窝工人数、窝工机械台班数及其原因分析。

（4）进度偏差情况。

（5）进度管理情况。

（6）影响进度的原因及分析

（三）检查报告

通过进度计划检查，项目经理部应向企业提交月度施工进度计划执行情况检查报告，其内容包括：

（1）进度执行情况综合描述。

（2）实际施工进程图。

（3）工程变更对进度影响。

（4）进度偏差的状况与导致偏差的原因分析。

（5）解决问题的措施。

（6）计划调整意见。

十二、施工进度计划的调整

（一）施工进度的调整内容

施工进度计划的调整，以施工进度计划检查结果进行调整，调整的内容包括：施工内容、工程量、起止时间、持续时间、工作关系、资源供应。

（1）调整内容。调整上述六项中之一项或多项，还可以将几项结合起来调整，例如，将工期与资源、工期与成本、工期资源及成本结合起来调整。只要能达到预期目标，调整越少越好。

（2）关键线路长度的调整方法。当关键线路的实际长度比计划长度提前时，首先要确定是否对原计划工期予以缩短。如果不缩短，可以利用这个机会降低资源强度或费用，方法是选择后续关键工作中资源占用量大的或直接费用高的予以延长，延长的长度不应超过已完成的关键工作提前的时间量。当关键线路的实际进度计划比计划进度落后时，计划调整的任务是采取措施把失去的时间抢回来。

（3）非关键路线时差的调整。时差调整的目的是更充分地利用资源，降低成本，满足施工需要，时差调整的幅度不得大于计划总时差。

（4）增减工作项目。增减工作项目均不应打乱原网络计划总的逻辑关系。由于增减工作项目，只能改变局部的逻辑关系，此局部改变不影响总的逻辑关系。增加工作项目，只是对原遗漏或不具体的逻辑关系进行补充；减少工作项目，只是对提前完成了的工作项目或原不应设置的而设置了的工作项目予以删除。只有这样才是真正调整而不是“重编”。增减工作项目之后重新计算时间参数。

（5）逻辑关系调整。施工方法或组织方法改变之后，逻辑关系也应调整。

（6）持续时间的调整。原计划有误或实现条件不充分时，方可调整。调整的方法是更新估算。

（7）资源调整。资源调整应在资源供应发生异常时进行。所谓异常，即因供应满足不了需要（中断或强度降低），影响了计划工期的实现。

（二）施工进度计划调整

（1）施工进度调整应及时有效。

（2）使用网络计划进行调整，应利用关键线路。

（3）利用网络计划时差调整。调整后的进度计划要及时向班组及有关人员下达，防止继续执行原进度计划。

（4）调整后编制的施工进度计划及时下达。

第四节　施工项目进度计划的总结

施工进度计划完成后，项目经理部要及时进行施工进度控制总结。

一、施工进度计划控制总结的依据

（1）施工进度计划。

（2）施工进度计划执行的实际记录。

（3）施工进度计划检查结果。

（4）施工进度计划的调整资料。

二、施工进度计划总结内容

施工进度计划总结内容包括合同工期目标及计划工期目标完成情况、施工进度控制经验、施工进度控制中存在的问题及分析、科学的施工进度计划方法的应用情况、施工进度控制的改进意见。

三、施工进度控制经验

经验是指对成绩及其原因进行分析，为以后进度控制提供可借鉴的本质的、规律性的东西。分析进度控制的经验可以从以下几个方面进行：

（1）编制什么样的进度计划才能取得较大效益。

（2）优化计划更有实际意义。包括优化方法、目标、计算、电子计算机应用等。

（3）怎样实施、调整与控制计划。包括记录检查、调整、修改、节约、统计等措施。

（4）进度控制工作的创新。

（5）施工进度控制中存在问题及分析。

施工进度控制目标没有实现，或在计划执行中存在缺陷。应对存在的问题进行分析，分析时可以定量计算，也可以定性地分析。对产生问题的原因要从编制和执行计划中去找。

问题要找清，原因要查明，不能解释不清，遗留问题到下一控制循环中解决。施工进度控制一般存在以下问题：工期拖后、资源浪费、成本浪费、计划变化太大等。

施工进度控制中出现上述问题的原因一般是计划本身的原因、资源供应和使用中的原因、协调方面的原因、环境方面的原因。

（6）施工进度控制的改进意见。对施工进度控制中存在的问题，进行总结，提出改进方法或意见，在以后的工程中加以应用。

第六章　建筑工程项目质量管理

第一节　建筑工程项目质量管理概述

本节主要学习建筑工程项目管理的基本概念，质量管理体系的建立、运行及意义，工程项目建设阶段对质量形成的影响，建筑工程质量形成的影响因素。

一、基本概念

（一）质量管理

质量管理是指“确定质量方针、目标和职责并在质量体系中通过诸如质量策划、质量控制、质量保证和质量改进使其实施的全部管理职能的所有活动”。质量管理是下述管理职能中的所有活动。

（1）确定质量方针和目标。

（2）确定岗位职责和权限。

（3）建立质量体系并使之有效运行。

（二）质量体系

质量体系是指“为实施质量管理所需的组织结构、程序、过程和资源”。

（1）组织结构是一个组织为行使其职能按某种方式建立的职责、权限及其相互关系，通常以组织结构图予以规定。

（2）资源包括人员、设备、设施、资金、技术和方法，质量体系应提供适宜的各项资源以确保过程和产品的质量。

（3）一个组织所建立的质量体系应既满足本组织管理的需要，又满足顾客对本组织的质量体系要求，但主要目的应是满足本组织管理的需要。顾客仅仅评价组织质量体系中与顾客订购产品有关的部分，而不是组织质量体系的全部。

（4）质量体系和质量管理的关系是，质量管理需要通过质量体系来运作，建立质量体系并使之有效运行是质量管理的主要任务。

（三）质量方针

质量方针是“由组织的最高管理者正式发布的该组织总的质量宗旨和方向”。

（1）企业最高管理者主持制定质量方针并形成文件。质量方针是企业的质量宗旨和方向，它体现了企业的经营目标和顾客的期望及需求，是企业质量行为的准则。质量方针的制定应充分体现质量管理八项原则的思想。

（2）企业质量方针的内涵。

①它是企业总的质量宗旨和方向；

②它是以质量管理八项原则为基础的；

③它对满足要求作出承诺，这些要求可能来源于顾客或法律法规或企业内部发展需要所作出的承诺；

④它对持续改进质量管理体系的有效性作出承诺。

（3）质量方针为企业制定和评审质量目标提供了框架。质量目标是在质量方针的指引下针对质量管理中的关键性内容制定的。

（4）企业的最高管理者应保证质量方针在企业内部得到充分的贯彻，使全体员工对其内涵得到充分的理解，并在实际工作中得到充分的实施。

（5）企业的最高管理者应适时对质量方针的适宜性进行评审，必要时进行修订，以适应内部管理和外部环境变化的需要。

（四）质量目标

质量目标是“在质量方面所追求的目的”。

（1）企业的最高管理者主持和制定企业的质量目标并形成文件，此外，相关的职能部门和基层组织也应建立各自相应的质量目标。

（2）企业的质量目标是对质量方针的展开，是企业在质量方面所追求的目标，通常依据企业的质量方针来制定。企业的质量目标要高于现有水平，且经过努力应该是可以达到的。

（3）企业的质量目标必须包括满足产品要求所需要的内容。它反映了企业对产品要求的具体追求目标，既要有满足企业内部所追求的质量品质目标，也要不断满足市场、顾客的要求，它是建立在质量方针基础上的。

（4）质量目标应是可测量的，因此质量目标应该在相关职能部门和项目上分解展开，建立自己的质量目标，在作业层进行量化，以便于操作。以下级质量目标的完成来确保上级质量目标的实现。

（五）质量策划

质量策划是“质量管理中致力于设定质量目标并规定必要的作业过程和相关资源以实现其质量目标的部分”。

最高管理者应对实现质量方针、目标和要求所需的各项活动和资源进行质量策划，并且策划的结果应该用文件的形式表现。

质量策划是质量管理中的策划活动，是组织领导和管理部门的质量职责之一。组织要在市场竞争中处于优胜地位，就必须根据市场信息、用户反馈意见、国内外发展动向等因素，对产品实现等过程进行策划。

（六）质量控制

质量控制是指“为达到质量要求所采取的作业技术和活动”。

（1）质量控制的对象是过程，控制的结果应能使被控制对象达到规定的质量要求。

（2）为了使被控制对象达到规定的质量要求，就必须采取适宜的、有效的措施，包括作业技术和方法。

（七）质量保证

质量保证是指“为了提供足够的信任表明实体能够满足质量要求，而在质量体系中实施并根据需要进行证实的全部有计划和有系统的活动”。

（1）质量保证不是买到不合格产品以后的保修、保换、保退，质量保证定义的关键是“信任”，对达到预期质量要求的能力提供足够的信任。

（2）信任的依据是质量体系的建立和有效运行。因为这样的质量保证体系具有持续稳定地满足规定质量要求的能力，它将所有影响质量的因素都采取了有效的方法进行控制，因此具有减少、消除、预防不合格产品的机制。

（3）供方规定的质量要求，包括产品的、过程的和质量体系的要求，必须完全反映顾客的需求才能使顾客产生足够的信任。

（4）质量保证分为外部和内部两个方面：内部质量保证是企业向自己的管理者提供信任；外部质量保证是供方向顾客或第三方认证机构提供信任。

（八）质量改进

质量改进是指“质量管理中致力于提高有效性和效率的部分”。

质量改进的目的是向组织自身和顾客提供更多的利益，如更低的消耗、更多的收益、更新的产品和服务。质量改进是通过整个组织范围内的活动和过程的效果及效率的提高来实现的。组织内的任何一个活动和过程的效果以及效率的提高都会导致一定程度的质量改进。质量改进是质量管理的支柱之一。

（九）PDCA循环工作方法

PDCA循环是指由计划（Plan）、实施（Do）、检查（Check）和处理（Action）四个阶段组成的工作循环，它是一种科学管理程序和方法。

（1）计划阶段（这个阶段包含以下四个步骤）。

第一步，分析质量现状，找出存在的质量问题。第二步，分析产生质量问题的原因和影响因素。第三步，找出影响质量的主要因素。第四步，制定改善质量的措施，提出行动计划。

（2）实施阶段（这个阶段只有一个步骤）。

第五步，组织对质量计划的实施。为此首先做好计划的交底、落实。落实包括组织落实、技术落实、资源落实。同时计划的落实要依靠质量管理体系。

（3）检查阶段（这个阶段只有一个步骤）。

第六步，检查计划实施后的效果，即检查计划是否实施、有无按照计划执行、是否达到预期目的。

（4）处理阶段（这个阶段包含两个步骤）。

第七步，总结经验，巩固成绩。通过上步检查，把确有效果的措施和在实施中取得的好经验，通过修订相应的工艺文件、作业标准和质量管理规章加以总结，作为后续工作的指导。第八步，提出本次循环尚未解决的问题转入下一循环。

PDCA循环是不断进行的，每循环一次，就实现一定的质量目标，解决一些质量问题，使得质量水平有所提高。这样周而复始，不断循环，使质量水平不断提高。

二、质量管理体系的建立、运行及意义

（一）质量管理体系的建立

（1）企业质量管理体系的建立，是在确定市场及顾客需求的前提下，按照八项质量管理原则制定企业的质量方针、质量目标、质量手册、程序文件、质量记录等体系文件，并将质量目标分解落实到相关层次、相关岗位的职能、职责中，形成企业质量管理体系的执行系统。

（2）企业质量管理体系的建立要求组织对不同层次的员工进行培训，使体系的运行要求、工作内容为员工所理解，从而为全员参与的质量管理体系运行创造条件。

（3）企业质量管理体系的建立需识别并提供实现质量目标和持续改进所需的资源，

包括人员、基础设施、环境、信息等。

（二）质量管理体系的运行

（1）企业质量管理体系的运行是在生产及服务的全过程，按质量管理体系文件所制定的程序、标准、工作要求及目标分解的岗位职责进行运作。

（2）在企业质量管理体系运行过程中，按照各类体系文件的要求，监视、测量和分析过程的有效性和效率，做好文件规定的质量记录，持续收集、记录并分析过程的数据和信息，全面反映产品质量和过程符合要求，并具有可追溯的效能。

（3）按照体系文件规定的办法进行质量管理评审和考核。对过程运行的评审考核工作，应针对发现的主要问题，采取必要的改进措施，使这些过程达到所策划的结果并实现对过程的持续改进。

（4）落实质量管理体系的内部审核程序，有组织、有计划地开展内部质量审核活动，其主要目的如下：

①评价质量管理程序的执行情况及适用性；

②揭露过程中存在的问题，为质量改进提供依据；

③建立质量管理体系运行的信息；

④向外部审核单位提供体系有效的证据。

为确保系统内部审核的效果，企业领导应充分发挥其职能，制定政策，完善计划，组织内审人员，落实内审条件，对审核发现的问题采取纠正措施，逐步完善质量体系。

（三）建立和有效运行质量管理体系的意义

ISO9000标准是一套精心设计、结构严谨、定义明确、内容具体、适用性很强的管理标准。它不受具体行业和企业性质等制约，为质量管理提供指南，为质量保证提供通用的质量要求，具有广泛的应用空间。其作用表现为以下几点：

（1）提高供方企业的质量信誉。

（2）促进企业完善质量管理体系。

（3）增强企业的国际市场竞争能力。

（4）有利于保护消费者利益。

三、工程项目建设阶段对质量形成的影响

工程建设项目实施需要依次经过由建设程序所规定的各个不同阶段；工程建设的不同阶段，对工程建设项目质量的形成所起的作用则各不相同。对此可分述如下。

（一）项目可行性研究阶段对工程建设项目质量的影响

项目可行性研究是运用工程经济学原理，在对项目投资有关技术、经济、社会、环境等各方面条件进行调查研究的基础上，对各种可能的拟建投资方案及其建成投产后的经济效益、社会效益和环境效益进行技术分析论证，以确定项目建设的可行性，并提出最佳投资建设方案作为决策、设计依据的一系列工作过程。项目可行性研究阶段的质量管理工作是确定项目的质量要求，因而这一阶段必然会对项目的决策和设计质量产生直接影响，它是影响工程建设项目质量的首要环节。

（二）项目决策阶段对工程质量的影响

项目决策阶段质量管理工作的要求是确定工程建设项目应当达到的质量目标及水平。工程建设项目建设通常要求从总体上同时控制工程投资、质量和进度。但鉴于上述三项目标互为制约的关系，要做到投资、质量、进度三者的协调统一，达到业主最为满意的质量水平，必须在项目可行性研究的基础上通过科学决策，来确定工程建设项目所应达到的质量目标及水平。

没有经过资源论证、市场需求预测，盲目建设、重复建设，建成后不能投入生产和使用，所形成的合格而无用途的产品，从根本上是对社会资源的极大浪费，不具备质量适用性的特征。同样，盲目追求高标准，缺乏质量经济性考虑的决策，也将对工程质量的形成产生不利影响。因而决策阶段提出建设实施方案是对项目目标及其水平的决定，项目在投资、进度目标约束下，预定质量标准的确定，它是影响工程建设项目质量的关键阶段。

（三）设计阶段对工程建设项目质量的影响

工程建设项目设计阶段质量管理工作的要求是根据决策阶段业已确定的质量目标和水平，通过工程设计使之进一步具体化。总体规划关系土地的合理使用、功能组织和平面布局、竖向设计、总体运输及交通组织的合理性、工程设计具体确定建筑产品或工程目的物的质量标准值，直接将建设意图变为工程蓝图，将实用、美观、经济融为一体，为建设施工提供标准和依据。建筑构造与结构的合理性、可靠性及可施工性都直接影响工程质量。

设计方案技术上是否可行，经济上是否合理，设备是否完善配套，结构使用是否安全可靠，都将决定项目建成之后的实际使用状况，因此设计阶段必然影响项目建成后的使用价值和功能的正常发挥，它是影响工程建设项目质量的决定性环节。

（四）施工阶段对工程建设项目质量的影响

工程建设项目施工阶段，是根据设计文件和图纸的要求，通过施工活动而形成工程实体的连续过程。因此施工阶段质量管理工作的要求是保证形成工程合同与设计方案要求的工程实体质量，这一阶段直接影响工程建设项目的最终质量，它是影响工程建设项目质量的关键环节。

（五）竣工验收阶段对工程建设项目质量的影响

工程建设项目竣工验收阶段的质量管理工作要求是通过质量检查评定、试车运转等环节考核工程质量的实际水平是否与设计阶段确定的质量目标水平相符，这一阶段是工程建设项目自建设过程向生产使用过程发生转移的必要环节，它体现的是工程质量水平的最终结果。因此工程竣工验收阶段影响工程能否最终形成生产能力，是影响工程建设项目质量的最后一个重要环节。

四、建筑工程质量形成的影响因素

影响施工工程项目的因素主要包括五大方面，即建筑工程的4M1E。主要指人（Man）、材料（Material）、机械（Machine）、方法（Method）和环境（Environment）。在施工过程中，事前对这五方面的因素严加控制，是施工管理中的核心工作，是保证施工项目质量的关键。

（一）人的质量意识和质量能力对工程质量的影响

人是质量活动的主体，对建设工程项目而言，人是泛指与工程有关的单位、组织和个人。

（1）建设单位、勘察设计单位、施工承包单位、监理及咨询服务单位。

（2）政府主管及工程质量监督检测单位。

（3）策划者、设计者、作业者、管理者等。

建筑业实行企业经营资质管理、市场准入制度、职业资格注册制度、持证上岗制度及质量责任制度等，规定按资质等级承包工程任务，不得越级、不得跨靠、不得转包，严禁无证设计、无证施工。

人的工作质量是工程项目质量的一个重要组成部分，只有首先提高工作质量，才能保证工程质量，而工作质量的高低，又取决于与工程建设有关的所有部门和人员。因此，每个工作岗位和每个人的工作都直接或间接地影响着工程项目的质量。提高工作质量的关键，在于控制人的素质，人的素质包括很多方面，主要有思想觉悟、技术水平、文化修养、心理行为、质量意识、身体条件等。

（二）建筑材料、构配件及相关工程用品的质量因素

材料是指在工程项目建设中所使用的原材料、半成品、成品、构配件和生产用的机电设备等，这些皆是建筑生产的劳动对象。建筑质量的水平在很大程度上取决于材料工业的发展，原材料及建筑装饰材料及其制品的开发，导致人们对建筑消费需求日新月异的变化，因此正确合理地选择材料，控制材料构配件及工程用品的质量规格、性能、特性是否符合设计规定标准，直接关系到工程项目的质量形成。

材料质量是形成工程实体质量的基础，使用的材料质量不合格，工程质量也肯定不会符合标准要求。加强材料的质量控制，是保证和提高工程质量的重要保障，是控制工程质量影响因素的有效措施。

（三）机械对工程质量的影响

机械是指工程施工机械设备和检测施工质量所用的仪器设备。施工机械是实现工业化、加快施工进度的重要物质条件，是现代机械化施工中不可缺少的设施，它对工程质量有着直接影响。所以，在施工机械设备选型及性能参数确定时，都应考虑到它对保证工程质量的影响，特别要注意考虑它经济上的合理性、技术上的先进性和使用操作及维护上的方便性。

质量检验所使用的仪器设备，是评价和鉴定工程质量的物质基础，它对工程质量评定的准确性和真实性、对确保工程质量有着重要作用。

（四）方法对工程质量的影响

方法（或工艺）是指对施工方案、施工工艺、施工组织设计、施工技术措施等的综合。施工方案的合理性、施工工艺的先进性、施工设计的科学性、技术措施的适用性，对工程质量均有重要影响。

施工方案包括工程技术方案和施工组织方案。前者指施工的技术、工艺、方法和机械、设备、模具等施工手段的配置，后者指施工程序、工艺顺序、施工流向、劳动组织之间的决定和安排。通常的施工顺序是先准备后施工、先场外后场内、先地下后地上、先深后浅、先主体后装修、先土建后安装等，都应在施工方案中明确，并编制相应的施工组织设计。这两种方案都会对工程质量的形成产生影响。

在施工工程实践中，往往由于施工方案考虑不周和施工工艺落后而拖延工程进度，影响工程质量，增加工程投资。为此，在制定施工方案和施工工艺时，必须结合工程的实际，从技术、组织、管理、措施、经济等方面进行全面分析、综合考虑，确保施工方案技术上可行，经济上合理，且有利于提高工程质量。

（五）工程项目的施工环境

影响工程质量的环境因素较多。有工程技术环境，包括地质、水文、气候等自然环境及施工现场的通风、照明、安全卫生防护设施等劳动作业环境；工程管理环境，也就是由工程承包发包合同结构所派生的多单位、多专业共同施工的管理关系，组织协调方式及现场施工质量控制系统等构成的管理环境，如质量保证体系、质量管理制度等；劳动环境，如劳动组合、作业场所、工作面等。环境因素对工程质量的影响，具有复杂而多变的特点，如气象条件变化万千，温度、湿度、大风、暴雨、酷暑、严寒都直接影响工程质量。又如前一道工序就是后一道工序的环境，前一分项工程、分部工程就是后一分项工程、分部工程的环境。

因此，根据工程特点和具体条件，应对影响工程质量的环境因素，采取有效的措施严加控制。

第二节　建筑工程施工质量控制

一、建筑工程项目质量计划编制的依据和原则

由于建筑企业的产品具有单件性、生产周期长、空间固定性、露天作业及人为影响因素多等特点，使得工程实施过程繁杂、涉及面广且协作要求多。因此编制项目质量计划时针对项目的具体特点，要有所侧重。一般的项目质量计划的编制依据和原则可归纳为以下几个方面：

（1）项目质量计划应符合国家及地区现行有关法律、法规和标准、规范的要求。

（2）项目质量计划应以合同的要求为编制前提。

（3）项目质量计划应体现出企业质量目标在项目上的分解。

（4）项目质量计划对质量手册、程序文件中已明确规定的内容仅作引用和说明如何使用即可，而不需要整篇搬移。

（5）如果已有文件的规定不适合或没有涉及内容，在质量计划中做出规定或补充。

（6）按工程大小、结构特点、技术难易程度、具体质量要求来确定项目质量计划的详略程度。

二、建筑工程项目质量计划编制的意义及作用

企业根据GB/T 19000标准建立的质量管理体系，为其生产、经营活动提供了科学严密的质量管理方法和手段。然而，对于建筑企业，特别是具体的项目而言，由于其产品的特殊性，仅有一个总的质量管理体系是远远不够的，还需要制订一个针对性极强的控制和保证质量的文件——项目质量计划。项目质量计划既是项目实施现场质量管理的依据，又是向顾客保证工程质量承诺的输出，因此编制项目质量计划是非常重要的。

项目质量计划的作用可归纳为以下三个方面：

（1）为操作者提供了活动指导文件，指导具体操作人员如何工作，完成哪些活动。

（2）为检查者提供检查项目，是一种活动控制文件，指导跟踪具体施工，检查具体结果。

（3）提供活动结果证据。所有活动的时间、地点、人员、活动项目等均以实记录，得到控制并经验证。

三、建筑工程项目质量计划与施工组织设计的关系

施工组织设计是针对某一特定工程项目，指导工程施工全局、统筹施工过程，在建筑安装施工管理中起中轴作用的重要技术经济文件。它对项目施工中劳动力、机械设备、原材料和技术资源及工程进度等方面均科学合理地进行统筹，着重解决施工过程中可能遇到的技术难题，其内容包括工程进度、工程质量、工程成本和施工安全等，在施工技术和必要的经济指标方面比较具体，而在实施施工管理方面描述得较为粗浅，不便于指导施工过程。

项目质量计划侧重于对施工现场的管理控制，对某个过程，某个工序，由什么人，如何去操作等做出了明确规定；对项目施工过程影响工程质量的环节进行控制，以合理的组织结构、培训合格的在岗人员和必要的控制手段，保证工程质量达到合同要求。但在经济技术指标方面很少涉及。

但是，二者又有一定的相同点。项目的施工组织设计和项目质量计划都是以具体的工程项目为对象并以文件的形式提出的；编制的依据都是政府的法律法规文件、项目的设计文件、现行的规范和操作规程、工程的施工合同，以及有关的技术经济资料、企业的资源配置情况和施工现场的环境条件；编制的目的都是强化项目施工管理和对工程施工的控制。但是二者的作用、编制原则、内容等方面有较大的区别。

施工组织设计是建筑企业多年来长期使用、行之有效的方法，融入项目质量计划的内容后，与传统习惯不相宜，建设单位亦不接受。但以施工组织设计和项目质量计划独立编制的企业情况来看，二者存在相当的交叉重复现象，不但增加了编写的工作量，使用起来

也不方便。为此，在处理二者关系时，应以施工组织设计为主，项目质量计划作为施工组织设计的补充，对施工组织设计中已明确的内容，在项目质量计划中不再赘述，对施工组织设计中没有或未做详细说明的，在项目质量计划中则应做出详细规定。

此外，项目质量计划与建筑企业现行的各种管理技术文件有着密切关系，对于一个运行有效的企业质量管理体系来说，其质量手册、程序文件通常都包含了项目质量计划的基本内容。因此在编制项目质量计划前应熟悉企业的质量管理体系文件，看哪些内容能直接引用或采用，需要详细说明的内容或文件有哪些。在项目质量计划编制过程中，应将这些通用的程序文件和补充的内容有机地结合起来，以达到所规定的要求。

在编写项目质量计划时还要处理好项目质量计划与质量管理体系、质量体系文件、质量策划、产品实现的策划之间的关系，保持项目质量计划与现行文件之间在要求上的一致性。当项目质量计划中的某些要求，由于顾客要求等因素必须高于质量体系要求时，要注意项目质量计划与其他现行质量文件的协调。项目质量计划的要求可以高于但不能低于通用质量体系文件的要求。

项目质量计划的编写应体现全员参与的质量管理原则，编写时应由本项目部的项目总工程师主持，质量、技术、资料和设备等有关人员参加编制。合同无规定时，由项目经理批准生效；合同有规定时，可按规定的审批程序办理。

项目质量计划的繁简程度与工程项目的复杂性相适应，应尽量简练，便于操作，无关的过程可以删减，但应在项目质量计划的前言中对删减进行说明。

总之，项目质量计划是项目实施过程中的法规性文件，是进行施工管理，保证工程质量的管理性文件。认真编制、严格执行对确保建筑企业的质量方针、质量目标的实现有着重要的意义。

四、设计质量控制的任务和依据

工程建设通常是先对拟建项目的建设条件、建设方案等进行比较，论证推荐方案实施的必要性、可行性、合理性，进而提出可行性研究报告，报经上级有关部门批准后，该工程建设项目才进入实质性的建设阶段。工程项目设计是工程建设的第一阶段，是工程建设质量控制的起点，这个阶段质量控制得好，就为保证整个工程建设质量奠定了基础。否则，带着“先天不足”进入后续工作，即便是以后各项工序均控制得很好，工程建成后也不能确保其质量。因此，工程建设设计质量的控制是工程建设全面质量控制最重要的环节。

工程设计阶段的质量控制要解决的问题是确保工程设计质量、投资、进度三者之间的关系，其中质量是最重要的，使工程设计尽量做到适用、经济、美观、安全、节能、节约用地、生态环保和可持续发展等综合协调工作。

（一）设计阶段的质量控制的任务

工程建设项目的规模不同、重要性不同，设计阶段的划分和任务也不相同。一般工程建设项目可分为扩大初步设计阶段和施工图设计阶段；重要的工程建设项目可分为初步设计、技术设计和施工图设计三个阶段。

1.初步设计阶段的任务

初步设计是在已批准的建设项目可行性研究报告的基础上开展工作。其基本任务是：进一步论证建设项目在技术上的可行性和在经济上的合理性；确定主要建筑物的形式、控制尺寸及总体布置方案；确定主体工程的施工方法、施工总进度、施工总布置方案；确定施工现场的总平面布置、道路、绿化、小区设施和施工辅助设施方案等。初步设计应提交初步设计图纸及其有关设计说明等设计文件。

2.技术设计阶段的任务

技术设计是在已批准的建设项目初步设计的基础上开展工作。其基本任务应视工程项目的具体情况、特点和需要而确定。一般主要包括：对重大技术方案进行分析、研究、设计；对构筑物某关键部位采用的新结构、新材料、新工艺、具体尺寸进行研究确定等。

3.施工图设计阶段的任务

施工图设计是在已批准的建设项目技术设计（或初步设计）的基础上开展工作。其基本任务是：按照初步设计（或技术设计）所确定的设计原则、结构方案、控制尺寸和建筑施工进度的需要，分期分批地绘制出施工详图，提供给工程项目施工承包商等在施工中使用。

（二）设计质量控制的任务

工程建设的行业不同（如工业与民用工程、公路与桥梁工程、水利水电工程等），其建设特点也不同，设计质量控制的具体内容和任务也各有差异。在设计阶段，监理方对设计质量控制起着主导作用，设计质量控制通常应当包括以下内容：

（1）根据可行性研究报告和行业工程设计规范、标准、法规，编制“设计要求”文件。

（2）根据业主的委托，协助业主编制设计招标文件。

（3）协助业主在组织设计招标中，对设计投标者进行资质审查。

（4）可以参加评标工作，选择设计中标单位。

（5）可以根据业主的委托，与设计承包商签订设计承包合同。

（6）代表业主向设计承包商进行技术交底。

（7）对设计方案的合理性，以及图纸和说明文件的正确性予以确认，即进行设计过程的质量控制。

（8）控制设计中供应施工图的速度。

（三）设计质量控制和评定的依据

经国家决策部门批准的设计任务书，是工程项目设计阶段质量控制及评定的主要依据。而设计合同根据项目任务书规定的质量水平及标准，提出了工程项目的具体质量目标。因此，设计合同是开展设计工作质量控制及评定的直接依据。此外，以下各项资料也作为设计质量控制及评定的依据：

（1）有关工程建设及质量管理方面的法律、法规。例如，有关城市规划、建设用地、市政管理、环境保护、三废治理、建筑工程质量监督等方面的法律、行政法规和部门规章，以及各地政府在本地区根据实际情况发布的地方法规和规章。

（2）有关工程建设项目的技术标准，各种设计规范、规程、设计标准，以及有关设计参数的定额、指标等。

（3）经有关主管部门批准的项目可行性研究报告、项目评估报告、项目选址报告等资料和文件。

（4）有关建设工程项目或个别建筑物的模型试验报告及其他有关试验报告。

（5）反映项目建设过程及使用寿命周期的有关自然、技术、经济、社会协作等方面情况的数据资料。

（6）有关建设主管部门核发的建设用地规划许可证、征地移民报告。

（7）有关设计方面的技术报告，如工程测量报告、工程地质报告、水文地质报告、气象报告等。

五、设计方案和设计图纸的审核

（一）设计方案的审核

设计方案的审核是控制设计质量最重要的环节。工程实践证明，只有重视和加强设计方案的审核工作，才能保证项目设计符合设计纲要的要求，才能符合国家有关工程建设的方针、政策，才能符合现行建筑设计标准、规范，才能适应我国的基本国情和符合工程实际，才能达到工艺合理、技术先进，才能充分发挥工程项目的社会效益、经济效益和环境效益。

设计方案审核意味着对设计方案的批准生效，应当贯穿初步设计、技术设计或扩大初步设计阶段。其主要包括总体方案的审核和各专业设计方案的审核两部分。

对方案的审核应是综合分析，将技术与效果、方案与投资等有机结合起来，通过多方案的技术和经济的论证和审核，从中选择最优方案。

1.总体方案审核

总体方案的审核，主要在初步设计时进行，重点审核设计依据、设计规模、产品方案、工艺流程、项目组成、工程布局、设施配套、占地面积、协作条件、三废治理、环境保护、防灾抗灾、建设期限、投资概算等方面的可靠性、合理性、经济性、先进性和协调性，是否满足决策质量目标和水平。

工程项目的总体方案审核，具体包括以下内容：

（1）设计规模。对生产性工程项目，其设计规模是指年生产能力；对非生产性工程项目，则可用设计容量来表示，如医院的床位数、学校的学生人数、歌剧院的座位数、住宅小区的户数等。

（2）项目组成及工程布局。主要是总建筑面积及组成部分的面积分配。

（3）采用的生产工艺和技术水平是否先进，主要工艺设备选型等是否科学合理。

（4）建筑平面造型及立面构图是否符合规划要求，建筑总高度等是否达到标准。

（5）是否符合当地城市规划及市政方面的要求。

2.专业设计方案审核

专业设计方案的审核，是总体方案审核的细化审核。其重点是审核设计方案设计参数、设计标准、设备和结构选型、功能和使用价值等方面，是否满足适用、经济、美观、安全、可靠等要求。

专业设计方案审核，应从不同专业的角度分别进行，一般主要包括以下十个方面：

（1）建筑设计方案审核。是专业设计方案审核中的关键，为以下各专业设计方案的审核打下良好基础。其主要包括平面布置、空间布置、室内装修和建筑物理功能。

（2）结构设计方案。关系建筑工程的先进性、安全性和可靠性，是专业设计方案的另一重点。主要包括：主体结构体系的选择；结构方案的设计依据及设计参数；地基基础设计方案的选择；安全度、可靠性、抗震设计要求；结构材料的选择等。

（3）给水工程设计方案。审核主要包括：给水方案的设计依据和设计参数；给水方案的选择；给水管线的布置；所需设备的选择等。

（4）通风、空调设计方案。审核主要包括：通风、空调方案的设计依据和设计参数；通风、空调方案的选择；通风管道的布置和所需设备的选择等。

（5）动力工程设计方案。审核主要包括：动力方案的设计依据和设计参数；动力方案的选择；所需设备、器材的选择等。

（6）供热工程设计方案。审核主要包括：供热方案的设计依据和设计参数；供热方案的选择；供热管网的布置；所需设备、器材的选择等。

（7）通信工程设计方案。审核主要包括：通信方案的设计依据和设计参数；通信方案的选择；通信线路的布置；所需设备、器材的选择等。

（8）厂内运输设计方案。审核主要包括：厂内运输的设计依据和设计参数；厂内运输方案的选择；运输线路及构筑物的布置和设计；所需设备、器材和工程材料的选择等。

（9）排水工程设计方案。审核主要包括：排水方案的设计依据和设计参数；排水方案的选择；排水管网的布置；所需设备、器材的选择等。

（10）三废治理工程设计方案。审核主要包括：三废治理方案的设计依据和设计参数；三废治理方案的选择；工程构筑物及管网的布置与设计；所需设备、器材和工程材料的选择等。

对设计方案的审核，并不是一个简单的技术问题，也不是一个简单的经济问题，更不能就方案论方案，而应当综合加以分析研究，将技术与效果、方案与投资等有机地结合起来，通过多方案的技术经济的论证和审核，从中选择最优方案。

（二）设计图纸的审核

设计图纸是设计工作的最终成果，也是工程施工的标准和依据。设计阶段质量控制的任务，最终还要体现在设计图纸的质量上。因此，设计图纸的审核，是保证工程质量关键的环节，也是对设计阶段的质量评价。

审核人员通过对设计文件的审核，确认并保证主要设计方案和设计参数在设计总体上正确，设计的基本原理符合有关规定，在实施中能做到切实可行，符合业主和本工程的要求。设计图纸的审核，主要包括业主对设计图纸的审核和政府机构对设计图纸的审核。

1.业主对设计图纸的审核

（1）初步设计阶段的审核。由于初步设计是决定工程采用的技术方案的阶段，所以，这个阶段设计图纸的审核，侧重于工程所采用的技术方案是否符合总体方案的要求，以及是否能达到项目决策阶段确定的质量标准。

（2）技术设计阶段的审核。技术设计是在初步设计的基础上，对初步设计方案的具体化，因此，对技术设计阶段图纸的审核，侧重于各专业设计是否符合预定的质量标准和要求。

还需指出，由于工程项目要求的质量与其所支出的资金是呈正相关的，因此，业主（监理工程师）在初步设计及技术设计阶段审核方案或图纸时，需要同时审核相应的概算文件。只有符合预定的质量标准，而投资费用又在控制限额内时，以上两阶段的设计才能得以通过。

（3）施工图设计的审核。施工图是对建筑物、设备、管线等所有工程对象物的尺寸、布置、选用材料、构造、相互关系、施工及安装质量要求的详细图纸和说明，是指导施工的直接依据，因而也是设计阶段质量控制的一个重点。对施工图设计的审核，应侧重于反映使用功能及质量要求是否得到满足。

施工图设计的审核，主要包括建筑施工图、结构施工图、给排水施工图、电气施工图和供热采暖施工图的审核。

2.政府机构对设计图纸的审核

政府机构对设计图纸的审核，与业主（监理工程师）的审核不同，这是一种控制性的宏观审核。主要内容包括以下三个方面：

（1）是否符合城市规划方面的要求。如工程项目的占地面积及界线、建筑红线、建筑层数及高度、立面造型及与所在地区的环境协调等。

（2）工程建设对象本身是否符合法定的技术标准。如在安全、防火、卫生、防震、三废治理等方面是否符合有关标准的规定。

（3）有关专业工程的审核。如对供水、排水、供电、供热、供天然气、交通道路、通信等专业工程的设计，应主要审核是否与工程所在地区的各项公共设施相协调与衔接等。

六、施工质量控制的目标

施工阶段是形成工程实体的阶段，也是最终形成工程产品质量和工程项目使用价值的重要阶段。由于工程施工阶段有工期长、露天作业多、受自然条件影响大、影响质量的因素多等特点，因此施工阶段的质量控制尤为重要。施工阶段的质量控制，不但是承包商和监理工程师的核心工作内容，也是工程项目质量控制的重点。

工程项目施工阶段是工程实体形成的阶段，也是工程产品质量和使用价格形成的阶段。建筑施工企业的所有质量工作也要在项目施工过程中形成。因此，施工阶段的质量控制，不仅是承包人和监理工程师的核心工作内容，也是工程项目质量控制的重点。明确各主体方的施工质量控制目标就显得格外重要。

（1）施工质量控制的总体目标是贯彻执行建设工程项目质量法规和强制性标准，正确配置施工生产要素和采用科学管理的方法，实现工程项目预期的使用功能和质量标准。这是工程参与各方的共同责任。

（2）建设单位的质量控制目标是通过施工全过程的全面质量监督和管理、协调和决策，保证竣工项目达到投资决策所确定的质量标准。

（3）施工单位的质量控制目标是通过施工全过程的全面质量自控，保证交付满足施工合同及设计文件所规定的质量标准（含工程质量创优要求）的建设工程产品。

（4）监理单位在施工阶段的质量目标是通过审核施工质量文件、报告、报表及现场旁站检查、平行检测、施工指令和结算支付控制等手段的应用，监控施工承包单位的工程质量，协调施工关系，正确履行工程质量的监督责任，以保证工程质量达到施工合同和设计文件所规定的质量标准。

七、施工项目质量控制的对策

对施工项目而言，质量控制就是为了确保合同所规定的质量标准所采取的一系列检测、监控措施、手段和方法。在进行施工项目质量控制的过程中，为确保工程质量其主要对策如下。

（一）以人的工作质量确保工程质量

工程质量是人（包括参与工程建设的组织者、指挥者和操作者）所创造的。人的政治思想素质、责任感、事业心、质量关、业务能力、技术水平等均直接影响工程质量。统计资料表明，88%的质量安全事故是人的失误造成的。为此，我们对工程质量的控制始终应“以人为本”，狠抓人的工作质量，避免人的失误；充分调动人的积极性，发挥人的主导作用，增强人的质量观和责任感，使每个人牢牢树立“百年大计，质量第一”的思想，认真负责地做好本职工作，以优异的工作质量来创造优质的工程质量。

（二）严格控制投入品的质量

任何一项工程施工，均需投入大量的各种原材料、成品、半成品、构配件和机械设备，要采用不同的施工工艺和施工方法，这是构成工程质量的基础。投入品质量不符合要求，工程质量也就不可能符合标准，所以，严格控制投入品的质量，是确保工程质量的前提。为此，对投入品的订货、采购、检查、验收、取样、试验均应进行全面控制，从组织货源、优选供货厂家，直到使用认证，做到层层把关；对施工过程中所采用的施工方案要进行充分论证，做到工艺先进、技术合理、环境协调，这样才有利于安全文明施工，有利于提高工程质量。

（三）严格执行《工程建设标准强制性条文》

《工程建设标准强制性条文》是工程建设全过程中的强制性规定，具有强制性和法律效力；是参与建设各方主体执行工程建设强制性标准的依据，也是政府对执行工程建设强制性标准情况实施监督的依据。严格执行《工程建设标准强制性条文》，是贯彻《建设工程质量管理条例》和现行建筑工程施工质量验收规范、标准的有力保证，也是确保工程质量和施工安全的关键，还是规范建设市场，完善市场运行执行，依法经营、科学管理的重大举措。

（四）全面控制施工过程，重点控制工序质量

任何一个工程项目都是由分项工程、分部工程所组成，要确保整个工程项目的质量，达到整体优化的目的，就必须全面控制施工过程，使每个分项、分部工程都符合质量标准。而每个分项、分部工程，又是通过一道道工序来完成的，由此可见，工程质量是在工序中创造的，为此，要确保工程质量就必须重点确保工序质量。根据《建筑工程施工质量验收统一标准》（GB 50300—2013）规定，各施工工序应按施工技术标准进行质量控制，每道工序完成后，经施工单位自检符合规定后，才能进行下道工序施工。

（五）贯彻"以预防为主"的方针

"以预防为主"，防患于未然，把质量问题消灭于萌芽之中，这是现代化管理的观念。预防为主就是要加强对影响质量因素的控制，对投入品质量的控制；就是要从对质量的事后检验把关，转向对质量的事前控制、事中控制；从对产品质量的检查，转向对工作质量的检查、对工序质量的检查、对中间产品的检查。这些是确保施工质量的有效措施。

（六）严把检验批质量检验评定关

检验批的质量等级是分项工程、分部工程、单位工程质量等级评定的基础；检验批的质量等级不符合质量标准，分项工程、分部工程、单位工程的质量也不可能评为合格；而检验批质量等级评定正确与否又直接影响分项工程、分部工程、单位工程质量等级的真实性和可靠性。为此，在进行检验批质量检验评定时，一定要坚持质量标准，严格检查，用数据说话，避免出现判断错误。

（七）严防系统性因素的质量变异

系统性因素，如使用不合格的材料、违反操作规程、混凝土达不到设计强度等级、机械设备发生故障等，必然会造成不合格产品或工程质量事故。系统性因素的特点是易于识别、易于消除，是可以避免的。只要我们增强质量观念，提高工作质量，精心施工，完全可以预防系统性因素引起的质量变异。为此，工程质量的控制，就是把质量变异控制在偶然性因素引起的范围内，要严防或杜绝由系统性因素引起的质量变异，以免造成工程质量事故。

八、施工项目质量控制的过程

任何工程都是由分项工程、分部工程和单位工程所组成，施工项目是通过一道道工序来完成的。所以，施工项目的质量控制是从工序质量到分项工程质量、分部工程质量、单

位工程质量的系统控制过程，也是一个由对投入品的质量控制开始，直到完成工程质量检验为止的全过程的系统过程。

九、施工项目质量控制阶段

为了加强对施工项目的质量控制，明确各施工阶段质量控制的重点，可把施工项目质量分为事前质量控制、事中质量控制和事后质量控制三个阶段。

（一）事前质量控制

事前质量控制是指在正式施工前进行的质量控制，其控制重点是做好施工准备工作，且施工准备工作要贯穿施工全过程中。

1.施工准备的范围

（1）全场性施工准备，是以整个项目施工现场为对象而进行的各项施工准备。

（2）分项（部）工程施工准备，是以单位工程中的一个分项（部）工程或冬、雨季施工为对象而进行的施工准备。

（3）项目开工前的施工准备，是在拟建项目正式开工前所进行的一切准备。

（4）项目开工后的施工准备，是在拟建项目开工后，每个施工阶段开工前所进行的施工准备，如混合结构住宅施工，通常分为基础工程、主体工程和装饰工程等施工阶段，每个阶段的施工内容不同，其所需的物质技术条件、组织要求和现场布置也不同，因此，必须做好相应的施工准备。

2.施工准备的内容

（1）技术准备，包括：项目扩大初步设计方案的审查；熟悉和审查项目的施工图纸；项目建设地点的自然条件、技术经济条件调查分析；编制项目施工图预算和施工预算；编制项目施工组织设计等。

（2）物质准备，包括建筑材料准备、构配件和制品加工准备、施工机具准备、生产工艺的准备等。

（3）组织准备，包括建立项目组织机构、集结施工队伍、对施工队伍进行入场教育等。

（4）施工现场准备，包括：控制网、水准点、标桩的测量；“五通一平”；生产生活临时设施的准备；组织机具、材料进场；拟订有关试验、试制及技术进步项目计划；编制季节性施工措施；制定施工现场管理制度等。

（二）事中质量控制

事中质量控制是指在施工过程中进行的质量控制。事中控制的策略是：全面控制施工过程，重点控制工序质量。其具体措施是：工序交接有检查；质量预控有对策；施工项目有方案；技术措施有交底；图纸会审有记录；配置材料有试验；隐蔽工程有验收；计量器具校正有复核；设计变更有手续；钢筋代换有制度；质量处理有复查；成品保护有措施；行使质控有否决（如发现质量异常、隐蔽未经验收、质量问题未处理、擅自变更设计图纸、擅自代换或使用不合格材料、无证上岗未经资质审查的操作人员等，均应对质量予以否决）；质量文件有档案（凡是与质量有关的技术文件，如水准、坐标位置，测量、放线记录，沉降、变形观测记录，图纸会审记录，材料合格证明，试验报告，施工记录，隐蔽工程验收记录，设计变更记录，调试、试压记录，试车运转记录，竣工图等都要编目建档）。

（三）事后质量控制

事后质量控制收到指在完成施工过程形成产品阶段的质量控制，其具体工作内容如下：

（1）组织联动试车。

（2）准备竣工验收资料，组织自检和初步验收。

（3）按规定的质量评定标准和办法，对完成的分项、分部工程、单位工程进行质量评定。

（4）组织竣工验收。

（5）质量文件编目建档。

（6）办理工程交接手续。

十、特殊过程控制

（一）特殊过程控制定义

特殊过程控制是指对那些施工过程或工序施工质量不易或不能通过其后检验和试验而得到充分的验证，或者万一发生质量事故则难以挽救的施工对象进行施工质量控制。

特殊过程是施工质量控制的重点，设置质量控制点，目的就是依据工程项目特点，抓住影响工序质量的主要因素，进行施工质量的重点控制。

（1）质量控制点的概念。质量控制点一般是指对工程的性能、安全、寿命、可靠性等有严重影响的关键部位或对下道工序有严重影响的关键工序，这些点的质量得到了有效控制，工程质量就有了保证。

一般将国家颁布的建筑工程质量检验评定标准中规定应检的项目，作为检查工程质量的控制点。

（2）质量控制点可分为A、B、C三级。A级为最重点的质量控制点，由施工项目部、施工单位、业主或监理工程师三方检查确认；B级为重点质量控制点，由施工项目部、监理工程师双方检查确认；C级为一般质量控制点，由施工项目部检查确认。

（二）质量控制点设置原则

（1）对工程的适用性、安全性、可靠性和经济性有直接影响的关键部位设立控制点。

（2）对下道工序有较大影响的上道工序设立控制点。

（3）对质量不稳定，经常容易出现不良品的工序设立控制点。

（4）对用户反馈和过去有过返工的不良工序设立控制点。

（三）质量控制点的管理

为保证项目控制点目标的实现，要建立三级检查制度：操作人员每日的自检；两班组之间的互检；质检员的专检，上级单位、部门进行抽查；监理工程师的验收。

第三节　建筑工程项目质量统计方法

进行建筑工程质量控制，可以科学地掌握质量状态分析存在的质量问题，了解影响质量的各种因素，达到提高工程质量和经济效益的目的。

一、排列图法

排列图法又称帕氏图法或帕累托图法，也叫主次因素分析图法，是根据意大利经济学家帕累托（Pareto）提出的“关键的少数和次要的多数”的原理，由美国质量管理专家朱兰（Joseph M · Junm）运用于质量管理而发明的一种质量管理图形。其作用是寻找主要质量问题或影响质量的主要原因，以便抓住提高质量的关键，取得好的效果。

做排列图需要以准确而可靠的数据为基础，一般按以下步骤进行：

（1）按照影响质量的因素进行分类。分类项目要具体而明确，一般依产品品种、规格、不良品、缺陷内容或经济损失等情况而定。

（2）统计计算各类影响质量因素的频数和频率。

（3）画定左、右两条纵坐标，确定两条纵坐标的刻度和比例。

（4）根据各类影响因素出现的频数大小，从左到右依次排列在横坐标上。各类影响因素的横向间隔距离要相同，并画出相应的矩形图。

（5）将各类影响因素发生的频率和累计频率逐个标注在相应的坐标点上，并将各点连成一条折线。划分A、B、C类区。A类因素，对应累计频率0～80%，为影响产品质量的主要因素；B类因素，对应累计频率80%～90%，为次要因素；C类因素，对应累计频率为90%～100%，为一般因素。

（6）在排列图的适当位置，注明统计数据的日期、地点、统计者等可供参考的事项。

二、因果分析图法

因果分析图，按其形状又可称为树枝图、鱼刺图，也叫特性要因图。所谓特性，就是施工中出现的质量问题；所谓要因，就是对质量问题有影响的因素或原因。

（一）因果分析图法原理

因果分析图是一种逐步深入研究和讨论质量问题的图示方法。在工程实践中，任何一种质量问题的产生，往往是多种原因造成的。这些原因有大有小，把这些原因依照大小顺序分别用主干、大枝、中枝和小枝图形表示出来，便可一目了然、系统地观察产生质量问题的原因。运用因果分析图有助于制定对策，解决工程质量上存在的问题，从而达到控制质量的目的。

（二）因果分析图的绘制步骤

（1）先确定要分析的某个质量问题（结果），然后由左向右画粗干线，并以箭头指向所要分析的质量问题（结果）。

（2）座谈议论、集思广益、罗列影响该质量问题的原因。

（3）从整个因果分析图中寻找最主要的原因，并根据重要程度，以顺序①②③……表示。

（4）画出因果分析图并确定主要原因后，必要时可到现场做实地调查，进一步明确主要原因的项目，以便采取相应措施予以解决。

第四节　建筑工程项目质量事故及处理

一、分层法

由于影响工程质量形成的因素较多，因此，对工程质量状况的调查和质量问题的分析，必须分门别类地进行，以便准确有效地找出问题及其原因，这就是分层法的基本思想。

根据管理需要和统计目的，通常可按照以下分层方法取得原始数据。

按时间分：季节、月、日、上午、下午、白天、晚间。按地点分：地域、城市、乡村、楼层、外墙、内墙。按材料分：产地、厂商、规格、品种。按测定分：方法、仪器、测定人、取样方式。按作业分：工法、班组、工长、工人、分包商。按工程分：住宅、办公楼、道路、桥梁、隧道。按合同分：总承包、专业分包、劳务分包。

二、因果分析图法

因果分析图法，也称为质量特性要因分析法（鱼刺图法），其基本原理是对每一个质量特性或问题，逐层深入排查可能原因。然后确定其中最主要原因，进行有的放矢的处置和管理，其中，第一层面从人、机械、材料、施工方法和施工环境进行分析；第二层面、第三层面，以此类推。

使用因果分析图法时，应注意以下事项：

（1）一个质量特性或一个质量问题使用一张图分析。

（2）通常采用QC小组活动的方式进行，集思广益，共同分析。

（3）必要时邀请小组以外的有关人员参与，广泛听取意见。

（4）分析时要充分发表意见，层层深入，列出所有可能的原因。

（5）在充分分析的基础上，由各参与人员采用投票或其他方式，从中选择1~5项多数人达成共识的最主要原因。

第七章　建筑工程成本管理

第一节　建筑工程项目施工成本管理概述

建筑工程项目施工成本管理，是在保证工期和质量满足要求的情况下，采取相应的管理措施，把成本控制在计划范围内，寻求最大限度的成本节约。

一、施工成本的基本概念

成本是一种耗费，是耗费劳动的货币表现形式。工程项目是拟建或在建的建筑产品，属于生产成本，是生产过程所消耗的生产资料、劳动报酬和组织生产管理费用的总和，包括消耗的主辅材料、结构件、周转材料的摊销费或租赁费，施工机械使用费或租赁费，支付给生产工人的工资和奖金，以及现场进行施工组织与管理所发生的全部费用支出。工程项目成本是产品的主要成分，降低成本以增加利润是项目管理的主要目标之一。成本管理是项目管理的核心。

施工项目成本是指建筑企业以施工项目为成本核算对象的施工过程中所耗费的全部生产费用的总和。其包括主材料、辅材料、结构件、周转材料的费用，生产工人的工资，机械使用费，组织施工管理所发生的费用等。施工项目成本是建筑企业的产品成本，也称为工程成本。

（1）以确定的某一项目为成本核算对象。

（2）施工项目施工发生的耗费，称为现场项目成本，不包括企业的其他环节发生的成本费用。

（3）核算的内容包括主材料、辅材料、结构件、周转材料的费用，生产工人的工资，机械使用费，其他直接费用，组织施工管理所发生的费用等。

二、施工成本的分类

（一）按成本发生的时间来划分

1.预算成本

预算成本是指按照建筑安装工程的实物量和国家或地区制定的预算定额单价及取费标准计算的社会平均成本，是以施工图预算为基础进行分析、归集、计算确定的，是确定工程成本的基础，也是编制计划成本、评价实际成本的依据。施工图预算反映的是社会平均成本水平，其计算公式如下：

施工图预算=工程预算成本+计划利润

施工图预算确定了建筑产品的价格，成本管理是在施工图预算范围内做文章。

2.计划成本

计划成本是指项目经理部在一定时期内，为完成一定建筑安装施工任务计划支出的各项生产费用的总和。它是成本管理的目标，也是控制项目成本的标准。是在预算成本的基础上，根据上级下达的降低工程成本指标，结合施工生产的实际情况和技术组织措施而确定的企业标准成本。

3.实际成本

实际成本是指为完成一定数量的建筑安装任务，实际所消耗的各类生产费用的总和。

计划成本和实际成本都是反映施工企业成本水平的，它受企业本身的生产技术、施工条件及生产经营管理水平所制约。两者比较，可提示成本的节约和超支，考核企业施工技术水平及技术组织措施的执行情况和企业的经营成果。实际成本与预算成本比较，可以反映工程盈亏情况，了解成本节约情况。预算成本可以理解为外部的成本水平，是反映企业竞争水平的成本。

（1）实际成本比预算成本低，利润空间大。

（2）实际成本等于预算成本，只有计划利润空间，没有利润空间。

（3）实际成本高于预算成本+计划利润，施工项目出现亏损。

（二）按生产费用与工程量关系来划分

1.固定成本

固定成本是指在一定期间和一定的工程量范围内，发生的成本不受工程量增减变动的影响而相对固定的成本。如折旧费、大修理费、管理人员工资。

2.变动成本

变动成本是指发生总额随着工程量的增减变动而成正比例变动的费用。如直接用于工程的材料费。

（三）按生产费用计入成本的方式来划分

1.直接成本

直接成本是指直接耗用并直接计入工程对象的费用。

直接成本是施工过程中耗费的构成工程实体和有助于工程形成的各项费用支出，包括人工费、材料费、机具使用费等，直接费用发生时，能确定其用于哪些工程，可以直接计入该工程成本。

2.间接成本

间接成本是指企业的各项目经理部为施工准备、组织和管理施工生产所发生的全部施工间接费用的支出。其包括现场管理人员的人工费、资产使用费、工具（用具）使用费、保险费、检验试验费、工程保修费、工程排污费及其他费用等。

三、施工成本管理的特点和原则

（一）施工成本管理的特点

1.成本中心

从管理层次上讲，企业是决策中心和利润中心，施工项目是企业的生产场地，大部分的成本耗费在此发生。实际中，建筑产品的价格在合同内确定后，企业扣除产品价格中的经营性利润部分和企业应收取的费用部分，将其余部分以预算成本的形式，把成本管理的责任下达到施工项目，要求施工项目经过科学、合理、经济的管理，降低实际成本，取得相应措施。

例如，1000万元的合同，扣除300万元计划利润和规费，把剩下来的700万元任务下达到项目经理部。

2.事先控制

事先控制具有一次性特点，只许成功不许失败，一般在项目管理的起点就要对成本进行预测，制订计划，明确目标，然后以目标为出发点，采取各种技术、经济、管理措施实现目标。即所谓“先算后干，边干边算，干完再算”。

3.全员参与

施工项目成本管理的过程要求与项目的工期管理、质量管理、技术管理、分包管理、预算管理、资金管理、安全管理紧密结合起来，组成施工项目成本管理的完整网络。

施工项目中的每一项管理工作、每一个内容都需要管理人员完成，成本管理不仅仅是财务部门的事情，可以说人人参与了施工项目的成本管理，他们的工作与项目的成本直接或间接，或多或少地有关联。

4.全程监控

对事先设定的成本目标及相应措施的实施过程自始至终进行监督、控制和调整、修正。如建材价格的上涨、工程设计的修改、因建设单位责任引起的工期延误、资金的到位等变化因素发生，及时调整预算、合同索赔、增减账管理等一系列有针对性的措施。

5.内容仅局限于项目本身的费用

只是对施工项目的直接成本和间接成本的管理，根据具体情况，开展增减账的核算管理、合同索赔的核算管理等。

（二）施工成本管理的原则

1.成本最低化原则

成本最低化原则是在一定的条件下分析影响各种降低成本的因素，制定可能实现的最低成本目标，通过有效的控制和管理，使实际执行结果达到最低目标成本的要求。

2.全面成本管理原则

全面包括全企业、全员和全过程，简称“三全”。

其中，全企业指企业的领导者不但是企业成本的责任人，还是工程施工项目成本的责任人。领导者应该制定施工项目成本管理的方针和目标，组织施工项目成本管理体系的建立和维持其正常运转，创造使企业全体员工能充分参与项目成本管理、实现企业成本目标的内部环境。

3.成本责任制原则

将项目成本层层分解，即分级、分工、分人。

企业责任是降低企业的管理费用和经营费用，项目经理部的责任是完成目标成本指标和成本降低率指标。项目经理部对目标成本指标和成本降低率指标进行二次目标分解，根据不同岗位、不同管理内容，确定每个岗位的成本目标和所承担的责任，把总目标层层分解，落实到每个人，通过每个指标的完成保证总目标的实现，否则就会造成有人工作无人负责的局面。

4.成本管理有效化原则

成本管理有效化原则即行政手段、经济手段和法律手段相结合。

5.成本科学化原则

施工项目成本管理中，运用预测与决策方法、目标管理方法、量本利分析法等科学、先进的技术和方法，实现成本科学化。

四、施工成本管理的任务

施工成本管理的具体内容包括成本预测、成本计划、成本控制、成本核算、成本分析和成本考核等。施工项目经理部在项目施工过程中，通过对所发生的各种成本信息进行有组织、有系统地预测、计划、控制、核算和分析等工作，促使施工项目各种要素按照一定的目标运行，使施工项目的实际成本能够控制在预定的计划成本范围内。

（一）施工成本预测

施工成本预测就是根据成本信息和施工项目的具体情况，运用一定的专门方法，对未来的成本水平及可能发展的趋势做出科学估计，它是在工程施工以前对成本进行的估算。通过成本预测，在满足项目业主和本企业要求的前提下，选择成本低、效益好的最佳成本方案，并能够在施工项目成本形成的过程中，针对薄弱环节，加强成本控制，克服盲目性，提高预见性。因此，施工成本预测是施工项目成本决策与计划的依据。施工成本预测，通常是对施工项目计划工期内影响成本变化的各个因素进行分析，比照近期已完工施工项目或将完工施工项目的成本（单位成本），预测这些因素对工程成本中有关项目（成本项目）的影响程度，预测出工程的单位成本或总成本。

（二）施工成本计划

施工成本计划是以货币形式编制施工项目在计划期内的生产费用、成本水平、成本降低率，以及为降低成本所采取的主要措施和规划的书面方案，是建立施工项目成本管理责任制、开展成本控制和核算的基础。一般来说，一个施工成本计划应包括从开工到竣工所必需的施工成本，是施工项目降低成本的指导文件，是设立目标成本的依据。可以说，成本计划是目标成本的一种形式。

（三）施工成本控制

施工成本控制是在施工过程中，对影响项目施工成本的各种因素加强管理，采取各种有效措施，将施工中实际发生的各种消耗和支出严格控制在成本计划范围内，随时揭示并及时反馈，严格审查各项费用是否符合标准，计算实际成本和计划成本之间的差异并进行分析，采取多种形式，消除施工中的损失、浪费现象。施工成本控制应贯穿于施工项目从投标阶段开始直至项目竣工验收的全过程，是企业全面成本管理的重要环节。施工成本控制可分为事先控制、事中控制（过程控制）和事后控制。在项目的施工过程中，需按动态控制原理对实际施工成本的发生过程进行有效控制。

（四）施工成本核算

施工成本核算包括两个基本环节：一是按照规定的成本开支范围对施工费用进行归集和分配，计算出施工费用的实际发生额；二是根据成本核算对象，采用适当的方法，计算出该施工项目的总成本和单位成本。施工成本管理需要正确及时地核算施工过程中发生的各项费用，计算施工项目的实际成本。施工成本核算所提供的各种成本信息是成本预测、成本计划、成本控制、成本分析和成本考核等环节的依据。施工成本以单位工程为成本核算对象，也可按照承包工程项目的规模、工期、结构类型、施工组织和施工现场等情况，结合成本管理的要求，灵活划分成本核算对象。

（五）施工成本分析

施工成本分析是在施工成本核算的基础上，对成本的形成过程和影响成本升降的因素进行分析，以寻求进一步降低成本的途径，包括有利偏差的挖掘和不利偏差的纠正。

施工成本分析贯穿于施工成本管理的全过程，在成本的形成过程中，主要利用施工成本核算资料（成本信息），与目标成本、预算成本及类似的施工项目的实际成本等进行比较，了解成本的变动情况，同时分析主要技术经济指标对成本的影响，系统地研究成本变动的因素，检查成本计划的合理性，并通过成本分析，深入揭示成本变动的规律，寻找降低施工项目成本的途径，有效地进行成本控制。对于成本偏差的控制，分析是关键，纠偏是核心，针对分析得出的偏差发生原因，采取切实措施，加以纠正。

（六）施工成本考核

施工成本考核是指在施工项目完成后，对施工项目成本形成中的各种责任，按照施工项目成本目标责任制的有关规定，将成本的实际指标与计划、定额、预算进行对比和考核，评定施工项目成本计划的完成情况和各责任者的业绩，并给予相应的奖励和处罚。通过成本考核，做到有奖有惩，赏罚分明，有效地调动每位员工在各自施工岗位上努力完成目标成本的积极性，为降低施工项目成本和增加企业的积累，做出自己的贡献。

施工成本管理的每个环节都是相互联系和相互作用的。成本预测是成本决策的前提，成本计划是成本决策所确定目标的具体化。施工成本控制则是对成本计划的实施进行控制和监督，保证决策的成本目标的实现，而成本核算又是对成本计划是否实现的最后检验，它所提供的成本信息又对下一个施工项目成本预测和决策提供基础资料。成本考核是实现成本目标责任制的保证和实现决策目标的重要手段。

五、施工成本管理的措施

为了取得施工成本管理的理想成效，应从多方面采取措施实施管理，通常将这些措施归纳为四方面：组织措施、技术措施、经济措施、合同措施。

（一）组织措施

组织措施是从施工成本管理的组织方面采取的措施。施工成本控制是全员的活动，如实行项目经理责任制，落实施工成本管理的组织机构和人员，明确各级施工成本管理人员的任务和职能分工、权利和责任。施工成本管理不仅是专业成本管理人员的工作，而且各级项目管理人员都负有成本控制责任。

组织措施还要编制施工成本控制工作计划，确定合理详细的工作流程。要做好施工采购规划，通过生产要素的优化配置、合理使用、动态管理，有效控制实际成本；加强施工定额管理和施工任务单管理，控制活劳动和物化劳动的消耗；加强施工调度，避免因施工计划不周和盲目调度造成窝工损失、机械利用率降低、物料积压等使施工成本增加。成本控制工作只有建立在科学管理的基础上，具备合理的管理体制、完善的规章制度、稳定的作业秩序、完整准确的信息传递，才能取得成效。组织措施是其他各类措施的前提和保障，一般不需要增加什么费用，运用得当，就可以收到良好的效果。

（二）技术措施

技术措施不仅对解决施工成本管理过程中的技术问题是不可缺少的，而且对纠正施工成本管理目标偏差也有重要作用。因此，运用技术纠偏措施的关键，一是能提出多个不同的技术方案，二是对不同的技术方案进行技术经济分析。

施工过程中，降低成本的技术措施，包括进行技术经济分析，确定最佳的施工方案；结合施工方法，进行材料使用的比选，在满足功能要求的前提下，通过代用、改变配合比、使用添加剂等方法降低材料消耗的费用；确定最合适的施工机械、设备使用方案；结合项目的施工组织设计及自然地理条件，降低材料的库存成本和运输成本；提倡先进的施工技术的应用、新材料的运用、新开发机械设备的使用等。在实践中，也要避免仅从技术角度选定方案而忽视对其经济效果的分析论证。

（三）经济措施

经济措施是最易被人们所接受和采用的措施。管理人员应编制资金使用计划，确定、分解施工成本管理目标。对施工成本管理目标进行风险分析，制定防范性对策。对各种支出，应认真做好资金的使用计划，并在施工中严格控制各项开支。及时准确地记录、收集、整理、核算实际发生的成本。对各种变更，及时做好增减账，及时落实业主签证，及时结算工程款。通过偏差分析和未完工工程预测，可发现一些潜在的问题，将引起未完工程施工成本增加，对这些问题，应以主动控制为出发点，及时采取预防措施。由此可见，经济措施的运用绝不仅仅是财务人员的事情。

（四）合同措施

采用合同措施控制施工成本，应贯穿整个合同周期，包括从合同谈判开始到合同终结的全过程。首先，选用合适的合同结构，对各种合同结构模式进行分析、比较，合同谈判时，正确选用适合于工程规模、性质和特点的合同结构模式。其次，合同的条款中应仔细考虑一切影响成本和效益的因素，特别是潜在的风险因素。最后，通过对引起成本变动的风险因素的识别和分析，采取必要的风险对策，如通过合理的方式，增加承担风险的个体数量，降低损失发生的比例，最终使这些策略反映在合同的具体条款中。合同执行期间，合同管理的措施是，既要密切注视对方对合同执行的情况，以寻求合同索赔的机会，同时要密切关注自己履行合同的情况，以防止被对方索赔。

第二节　建筑工程项目施工成本计划

成本计划通常包括从开工到竣工所必需的施工成本，是以货币形式预先规定项目在进行中的施工生产耗费的计划总水平，是实现降低成本费用的指导性文件。

一、施工成本计划的类型

（一）竞争性成本计划

竞争性成本计划，是工程项目投标及签订合同阶段的估算成本计划，是以招标文件中的合同条件、投标者须知、技术规程、设计图纸或工程量清单等为依据，以有关价格条件说明为基础，结合调研和现场考察获得的情况，根据本企业的工料消耗标准、水平、价格资料和费用指标，对本企业完成招标工程所需要支出的全部费用的估算。

（二）指导性成本计划

指导性成本计划，即选派项目经理阶段的预算成本计划，是项目经理的责任成本目标；是以合同标书为依据，按照企业的预算定额标准制订的设计预算成本计划，一般情况下只确定责任总成本指标。

（三）实施性成本计划

实施性成本计划，即项目施工准备阶段的施工预算成本计划，是以项目实施方案为依据，以落实项目经理的责任目标为出发点，采用企业的施工定额，通过施工预算的编制形成的实施性施工成本计划。

竞争性成本计划是投标及签订合同阶段的“估算成本计划”。以招标文件中的合同条件、投标者须知、技术规程、设计图纸、工程量清单为依据。指导性成本计划是选派项目经理阶段的“预算成本计划”，是项目经理的“责任成本目标”，是以合同为依据，按照企业的预算定额，制订的“设计预算成本计划”。实施性成本计划是施工准备阶段的“施工预算成本计划”，以项目实施方案为依据，采用企业的施工定额，通过施工预算的编制，形成的“实施性施工成本计划”。竞争性成本计划带有成本战略性质，是投标阶段商务标书的基础；指导性成本计划和实施性成本计划，是战略性成本计划的展开和深化。

二、施工成本计划编制的原则

（一）从实际情况出发

编制成本计划必须根据国家方针政策，从企业的实际情况出发，充分挖掘企业内部潜力，使降低成本指标既积极可靠，又切实可行。施工项目管理部门降低成本的潜力在于正确合理地选择施工方案，合理组织施工，提高劳动生产率，改善材料供应，降低材料消耗，提高机械利用率，节约施工管理费用等。

（二）与其他计划结合

编制成本计划，必须与施工项目的其他各项计划（如施工方案、生产进度、财务计划、材料供应及耗费计划等）密切结合，保持平衡。成本计划一方面根据施工项目的生产、技术组织措施、劳动工资和材料供应等计划编制，另一方面影响着其他各种计划指标。每种计划指标都应考虑适应降低成本的要求，与成本计划密切配合，不能单纯考虑每种计划本身的需要。

（三）统一领导、分级管理

编制成本计划，应实行统一领导、分级管理的原则，走群众路线的工作方法，应在项目经理的领导下，以财务和计划部门为中心，发动全体职工共同参与，总结降低成本的经验，找出降低成本的正确途径，使成本计划的制订和执行具有广泛的群众基础。

（四）弹性原则

编制成本计划，应留有充分余地，保持计划的一定弹性。在计划期间，项目经理部的内部或外部的技术经济状况和供产销条件，很可能发生在编制计划时未预料的变化，尤其是在材料供应和市场价格方面，给计划拟订带来了很大的困难。因此，在编制计划时，应充分考虑到这些情况，使计划保持一定的应变能力。

三、施工成本计划的编制依据

编制施工成本计划，需要广泛收集相关资料并进行整理，作为施工成本计划编制的依据。根据有关设计文件、工程承包合同、施工组织设计、施工成本预测资料等，按照施工项目应投入的生产要素，结合各种因素的变化和拟采取的各种措施，估算项目生产费用支出的总水平，提出施工项目的成本计划控制指标，确定目标总成本。目标总成本确定后，应将总目标分解落实到各个机构、班组、便于进行控制的子项目或工序。最后，通过综合平衡，编制完成施工成本计划。

施工成本计划的编制依据如下：

（1）投标报价文件。

（2）企业定额、施工预算。

（3）施工组织设计或施工方案。

（4）人工、材料、机械台班的市场价。

（5）企业颁布的材料指导价、企业内部机械台班价格、劳动力内部挂牌价格。

（6）周转设备内部租赁价格、摊销损耗标准。

（7）已签订的工程合同、分包合同。

（8）拟采取的降低施工成本的措施。

（9）其他相关材料等。

四、施工成本计划的编制方法

施工成本计划的编制以成本预测为基础，关键是确定目标成本。计划的制订需结合施工组织设计的编制过程，通过不断地优化施工技术方案和合理配置生产要素，进行工、料、机消耗的分析，制定一系列节约成本的挖潜措施，确定施工成本计划。施工成本计划总额应控制在目标成本的范围内，使成本计划建立在切实可行的基础上。施工总成本目标确定后，通过编制详细的实施性施工成本计划把目标成本层层分解，落实到施工过程的每个环节，有效地进行成本控制。

（一）按施工成本组成编制施工成本计划的方法

施工成本可以按成本组成分解为人工费、材料费、施工机具使用费、企业管理费，按施工成本组成编制施工成本计划。

施工成本中不含规费、利润、税金，因此施工成本分解要素中也没有间接费一项。

（二）按项目组成编制施工成本计划的方法

大中型工程项目通常是由若干单项工程构成的，每个单项工程包括多个单位工程，每个单位工程又由若干个分部分项工程构成。因此，首先要把项目总施工成本分解到单项工程和单位工程中，再进一步分解为分部工程和分项工程。

完成施工项目成本目标分解之后，接下来就要具体地分配成本，编制分项工程的成本支出计划，从而得到详细的成本计划表，如表7–1所示。

表7–1　分项工程成本支出计划表

分项工程编码	工程内容	计量单位	工程数量	计划成本	本分项总计

编制成本支出计划时，要在项目方面考虑总预备费，要在主要分项工程中安排适当的不可预见费，避免在具体编制成本计划时，发现个别单位工程或工程量表中某项内容的工程量计算有较大出入，使原来的成本预算失实。并在项目实施过程中尽可能地采取一些措施。

（三）按工程进度编制施工成本计划的方法

编制按工程进度的施工成本计划，通常利用控制项目进度的网络图进一步扩充得到。在建立网络图时，一方面确定完成各项工作所需花费的时间，另一方面确定完成工作合适的施工成本支出计划。

实践中，工程项目分解为既能表示时间，又能表示施工成本支出计划的工作是不容易的。通常情况下，如果项目分解程度对时间控制合适的话，则对施工成本支出计划可能分解过细，以致不可能对每项工作确定施工成本支出计划；反之，亦然。因此，编制网络计划时，应充分考虑进度控制对项目划分的要求，还要考虑确定施工成本支出计划对项目划分的要求，做到二者兼顾。通过对施工成本目标按时间进行分解，在网络计划的基础上，获得项目进度计划的横道图，在此基础上编制成本计划。其表示方式有两种：一种是在时标网络图上按月编制的成本计划，另一种是利用时间—成本累计曲线（S形曲线）表示。

我们主要介绍时间—成本累计曲线。

时间—成本累计曲线的绘制步骤如下：

（1）确定工程项目进度计划，编制进度计划的横道图。

（2）根据单位时间内完成的实物工程量或投入的人力、物力和财力，计算单位时间（月或旬）的成本，在时标网络图上按时间编制成本支出计划，如表7–2所示。

表7–2　单位时间的投资

时间/月	1	2	3	4	5	6	7	8	9	10	11	12
投资/万元	100	200	300	500	600	800	800	700	600	400	300	200

（3）将各单位时间计划完成的投资额累计，得到计划累计完成的投资额，如表7–3所示。

表7–3　计划累计完成的投资

时间/月	1	2	3	4	5	6	7	8	9	10	11	12
投资/万元	100	200	300	500	600	800	800	700	600	400	300	200
计划累计投资/万元	100	300	600	1100	1700	2500	3300	4000	4600	5000	5300	5500

（4）按各规定时间的投资值，绘制S形曲线。

每条S形曲线都对应某一特定的工程进度计划。在进度计划的非关键线路中存在许多有时差的工序或工作，因而S形曲线（成本计划值曲线）必然包括在由全部工作都按最早开始时间开始和全部工作都按最迟必须开始时间开始的曲线所组成的“香蕉图”内。项目经理可根据编制的成本支出计划合理安排资金，同时项目经理根据筹措的资金调整S形曲线，即通过调整非关键线路上的工序项目的最早或最迟开工时间，力争将实际的成本支出控制在计划的范围内。

一般而言，所有工作都按最迟开始时间开始，对节约资金贷款利息是有利的，但也降低了项目按期竣工的保证率，因此，项目经理必须合理地确定成本支出计划，达到既节约成本支出，又能控制项目工期的目的。

第三节 施工成本控制

一、施工成本控制的意义和目的

施工项目的成本控制，通常指在项目成本的形成过程中，对生产经营所消耗的人力资源、物质资源和费用开支进行指导、监督、调节和限制，及时纠正将要发生和已经发生的偏差，把各项生产费用控制在计划成本的范围内，保证成本目标的实现。

施工项目的成本目标，有企业下达或内部承包合同规定的，也有项目自行制定的。成本目标只有一个成本降低率或降低额，即使加以分解，也是相对于明细的降本指标而言，且难以具体落实，以致目标管理流于形式，无法发挥控制成本的作用。因此，项目经理部必须以成本目标为依据，结合施工项目的具体情况，制订明细而具体的成本计划，使之成为“看得见、摸得着、能操作”的实施性文件。这种成本计划应该包括每个分部分项工程的资源消耗水平，以及每项技术组织措施的具体内容和节约数量金额，既可指导项目管理人员有效地进行成本控制，又可作为企业对项目成本检查考核的依据。

二、施工成本控制的原则

（一）开源与节流相结合的原则

降低项目成本需要一面增加收入，一面节约支出。因此，在成本控制中，也应该坚持开源与节流相结合的原则。做到每发生一笔金额较大的成本费用都要查一查有无与其相对应的预算收入，是否支大于收，在经常性的分部分项工程成本核算和月度成本核算中，要进行实际成本与预算收入的对比分析，从中探索成本节超的原因，纠正项目成本的不利偏差，提高项目成本的降低水平。

（二）全面控制原则

1.项目成本的全员控制

项目成本是一项综合性很强的指标，涉及企业内部各个部门、各个单位和全体职工的工作业绩。要想降低成本，提高企业的经济效益，必须充分调动企业广大职工“控制成本、关心降低成本”的积极性和参与成本管理的意识。做到上下结合，专业控制与群众控制相结合，人人参与成本控制活动，人人有成本控制指标，积极创造条件，逐步实行成本控制制度。这是实现全面成本控制的关键。

2.全过程成本控制

工程项目确定后，自施工准备开始，经过工程施工，到竣工交付使用后的保修期结束，整个过程都应实行成本控制。

3.全方位成本控制

成本控制不能单纯强调降低成本，必须兼顾各方面的利益：既要考虑国家利益，又要考虑集体利益和个人利益；既要考虑眼前利益，更要考虑长远利益。因此，成本控制中，决不能片面地为了降低成本而不顾工程质量，靠偷工减料、拼设备等手段，以牺牲企业的长远利益、整体利益和形象为代价，换取一时的成本降低。

（三）动态控制原则

施工项目是一次性的，成本控制应强调项目的过程控制，即动态控制。施工准备阶段的成本控制是根据施工组织设计的具体内容确定成本目标、编制成本计划、制订成本控制的方案，为今后的成本控制做准备；对于竣工阶段的成本控制，由于成本盈亏已基本成定局，即使发生了问题，也已来不及纠正。因此，施工过程阶段成本控制的好坏对项目经济效益的取得具有关键性作用。

（四）目标管理原则

目标管理是进行任何一项管理工作的基本方法和手段，成本控制应遵循这一原则，即目标设定、分解—目标的责任到位和成本执行结果—评价考核和修正目标，形成目标成本控制管理的计划、实施、检查、处理的循环。在实施目标管理的过程中，目标的设定应切合实际，落实到各部门甚至个人，目标的责任应全面，既要有工作责任，也要有成本责任。

（五）例外管理原则

例外管理是西方国家现代管理常用的方法，起源于决策科学中的“例外”原则，目前被更多地用于成本指标的日常控制。工程项目建设过程的诸多活动中，许多活动是例外的，如施工任务单和限额领料单的流转程序等，通常通过制度保证其顺利进行。但也有一些不经常出现的问题，我们称之为“例外”问题。这些“例外”问题，往往是关键性问题，对成本目标的顺利完成影响很大，因此必须予以高度重视。例如，成本管理中常见的成本盈亏异常现象，即盈余或亏损超过了正常的比例；本来是可以控制的成本，突然发生了失控现象；某些暂时的节约，有可能对今后的成本带来隐患（如由于平时机械维修费的节约，造成未来的停工修理和更大的经济损失）等，都应视为“例外”问题，因此要对其进行重点检查，深入分析，并采取相应措施加以纠正。

（六）责、权、利相结合的原则

要想使成本控制真正发挥及时有效的作用，必须严格按照经济责任制要求，贯彻责、权、利相结合的原则。

项目施工过程中，项目经理、工程技术人员、业务管理人员及各单位和生产班组都负有成本控制的责任，从而形成整个项目的成本控制责任网络。另外，各部门、各单位、各班组肩负成本控制责任的同时，还应享有成本控制的权利，即在规定的权限范围内可以决定某项费用能否开支、如何开支和开支多少，以行使对项目成本的实质性控制。项目经理还要对各部门、各单位、各班组在成本控制中的业绩进行定期的检查和考评，并与工资分配紧密挂钩，有奖有罚。实践证明，只有责、权、利相结合的成本控制，才是名实相符的项目成本控制，才能收到预期效果。

三、施工成本控制的依据

（一）工程承包合同

施工成本控制要以工程承包合同为依据，围绕降低工程成本这个目标，从预算收入和实际成本两方面，挖掘增收节支潜力，以求获得最大的经济效益。

（二）施工成本计划

施工成本计划根据施工项目的具体情况制订施工成本控制方案，既包括预定的具体成本控制目标，又包括实现控制目标的措施和规划，是施工成本控制的指导文件。

（三）进度报告

进度报告提供了每一时刻工程的实际完成量、工程施工成本实际支付情况等重要信息。施工成本控制工作通过把实际情况与施工成本计划相比较，找出两者之间的差别，分析偏差产生的原因，采取措施改进工作。此外，进度报告还有助于管理者及时发现工程实施中存在的问题，在事态还未造成重大损失之前采取有效措施，避免损失。

（四）工程变更

在项目的实施过程中，由于各方面的原因，工程变更是很难避免的。

工程变更一般包括设计变更、进度计划变更、施工条件变更、技术规范与标准变更、施工次序变更、工程数量变更等。一旦出现变更，工程量、工期、成本都将发生变化，使施工成本控制工作变得更加复杂和困难。因此，施工成本管理人员应当通过对变更要求中的各类数据的计算、分析，随时掌握变更情况，包括已发生的工程量、将要发生的工程量、工期是否拖延、支付情况等重要信息，判断变更及变更可能带来的索赔额度等。

除上述几种施工成本控制工作的主要依据以外，有关施工组织设计、分包合同等也都是施工成本控制的依据。

四、施工成本控制的方法

施工阶段是控制建设工程项目成本发生的主要阶段，通过确定成本目标并按计划成本进行施工、资源配置，对施工现场发生的各种成本费用进行有效控制。具体控制方法如下。

（一）施工成本的过程控制方法

1.施工前期的成本控制

首先抓源头，随着市场经济的发展，施工企业处于“找米下锅”的紧张状态，忙于找信息，忙于搞投标，忙于找关系。为了中标，施工企业把标价越压越低。有的工程项目，管理稍一放松，就会发生亏损，有的项目亏损额度较大。因此，做好投标前的成本预测、科学合理地计算投标价格及投标决策尤为重要。为此，在投标报价时，要认真识别招标文件涉及的经济条款，了解业主的资信及履约能力，制作投标报价做到心中有数。投标标价报出前，应组织专业人员进行评审论证，在此基础上，报企业领导决策。

为做好标前成本预测，企业要根据市场行情，不断收集、整理、完善符合本企业实际的内部价格体系，为快速准确地预测标前成本提供有力保证。同时，投标也要发生多种费用，包括标书费、差旅费、咨询费、办公费、招待费等。因此，提高中标率、节约投标费用开支，也成为降低成本开支的一项重要内容。对于投标费用，要与中标价相关联的指标挂钩，实施总额控制，规范开支范围和数额，应由一名企业领导专门负责招标投标工作及管理。

中标后，企业在合同签约时，一方面要据理力争，因为有的开发商在投标阶段将不利于施工企业的合同条件列入招标文件，并且施工企业在投标时对招标文件已确认，要想改变非常困难；另一方面要利用签约机会，对相关不利的条款与业主协商，尽可能地做到公平、合理，力争将风险降至最低程度后再与业主签约。签约后，要及时向公司领导及项目部相关部门的有关人员进行合同交底，通过不同形式的交底，使项目部的相关管理人员明确本施工合同的全部相关条款、内容，为下一步扩大项目管理的盈利点，减少项目亏损打下基础。

2.施工准备阶段的成本控制

根据设计图纸和技术资料，对施工方法、施工顺序、作业组织形式、机械设备选型、技术组织措施等进行认真的研究分析，运用价值工程原理，制订科学先进、经济合理的施工方案。根据企业下达的成本目标，以分部分项工程实物工程量为基础，结合劳动定额、材料消耗定额和技术组织措施的节约计划，在优化施工方案的指导下，编制详细而具体的成本计划，并按照部门、施工队和班组的分工进行分解，作为部门、施工队和班组的责任成本落实下去，为今后的成本控制做好准备。根据项目建设时间的长短和参加人数的多少，编制间接费用预算，对预算明细进行分解，并以项目经理部有关部门（或业务人员）责任成本的形式落实下去，为今后的成本控制和绩效考评提供依据。

3.施工过程中的成本控制

（1）人工费的控制。人工费的控制实行“量价分离”的方法，将作业用工及零星用工按定额工日的一定比例综合确定用工数量与单价，通过劳务合同进行控制。

①制定先进合理的企业内部劳动定额，严格执行劳动定额，并将安全生产、文明施工及零星用工下达到作业队进行控制。全面推行全额计件的劳动管理方法和单项工程集体承包的经济管理方法，以不超出施工图预算人工费指导为控制目标，实行工资包干制度，认真执行按劳分配的原则，使职工个人所得与劳动贡献一致，充分调动广大职工的劳动积极性，提高劳动力效率。把工程项目的进度、安全、质量等指标与定额管理结合起来，提高劳动者的综合能力，实行奖励制度。

②提高生产工人的技术水平和作业队的组织管理水平，根据施工进度、技术要求，合理配备各工种工人数量，减少和避免无效劳动。不断改善劳动组织，创造良好的工作环境，改善工人的劳动条件，提高劳动效率。合理调节各工序人数安排情况，安排劳动力时，尽量做到技术工不做普通工的工作，高级工不做低级工的工作，避免技术上的浪费，既要加快工程进度，又要节约人工费用。

③加强职工的技术培训和多种施工作业技能培训，培养一专多能的技术工人，不断提高职工的业务技术水平和熟练操作程度及作业工效。提倡技术革新并推广新技术，提升技术装备水平和工厂化生产水平，提高企业的劳动生产率。

④实行弹性需求的劳务管理制度。对于施工生产各环节上的业务骨干和基本的施工力量，要保持相对稳定；对于短期需要的施工力量，要做好预测、计划管理，通过企业内部的劳务市场及外部协作队伍进行调剂。严格做到项目部的定员随工程进度要求及时调整，进行弹性管理。打破行业、工种界限，提倡一专多能，提高劳动力的利用效率。

（2）材料费的控制。材料费控制按照“量价分离”的原则，控制材料用量和材料价格。

①材料用量的控制。在保证符合设计要求和质量标准的前提下，合理使用材料，通过

定额管理、计量管理等手段有效控制材料物资的消耗，具体方法如下。

定额控制：对于有消耗定额的材料，以消耗定额为依据，实行限额发料制度。在规定限额内分期分批领用，对于超过限额领用的材料，必须先查明原因，经过审批手续方可领料。

指标控制：对于没有消耗定额的材料，则实行计划管理和按指标控制的办法。根据以往项目的实际耗用情况，结合具体施工项目的内容和要求，制定领用材料指标，以控制材料发放。对于超过指标的材料，必须经过一定的审批手续方可领用。

计量控制：准确做好材料物资的收发计量检查和投料计量检查。

包干控制：材料使用过程中，对于部分小型及零星材料（如钢钉、钢丝等），根据工程量计算出所需材料量，将其折算成费用，由作业者包干控制。

②材料价格的控制。材料价格主要由材料采购部门控制。由于材料价格是由买价、运杂费、运输中的合理损耗等组成，因此控制材料价格主要通过掌握市场信息，应用招标和询价等方式控制材料、设备的采购价格。

施工项目的材料物资包括构成工程实体的主要材料和结构件，以及工程实体形成的周转使用材料和低值易耗品。从价值角度来看，材料物资的价值占建筑安装工程造价的60%~70%，其重要程度自然不言而喻。由于材料物资的供应渠道和管理方式各不相同，所以控制的内容和所采取的控制方法也有所不同。

（3）施工机械使用费的控制。合理选择施工机械设备，合理使用施工机械设备对成本控制具有十分重要的意义，尤其是对高层建筑的施工意义更为重大。据工程实例统计，高层建筑地面以上部分的总费用中，垂直运输机械费用占6%~10%。由于不同的起重运输机械各有不同的用途和特点，因此在选择起重运输机械时，应根据工程特点和施工条件确定采用何种不同起重运输机械的组合方式。确定采用何种组合方式时，在满足施工需要的同时，要考虑到费用的高低和综合经济效益。

施工机械使用费主要由台班数量和台班单价决定。为有效控制施工机械使用费支出，主要从以下四方面进行控制：

①合理安排施工生产，加强设备租赁计划管理，减少因安排不当引起的设备闲置。

②加强机械设备的调度工作，尽量避免窝工，提高现场设备利用率。

③加强现场设备的维修保养，避免因不正确使用造成机械设备的停置。

④做好机上人员与辅助生产人员的协调与配合，提高施工机械台班产量。

（4）施工分包费用的控制。分包工程价格的高低，必然对项目经理部的施工项目成本产生一定的影响。因此，施工项目成本控制的重要工作之一是对分包价格的控制。项目经理部应在确定施工方案的初期就要确定需要分包的工程范围。决定分包范围的因素主要是施工项目的专业性和项目规模。对分包费用的控制，主要是做好分包工程的询价、订立平等互利的分包合同、建立稳定的分包关系网络、加强施工验收和分包结算等工作。

4.竣工验收阶段的成本控制

（1）精心安排，干净利落地完成工程竣工扫尾工作。从现实情况来看，很多工程到扫尾阶段，会把主要施工力量抽调到其他在建工程，以致扫尾工作拖拖拉拉，战线拉得很长，机械、设备无法转移，成本费用照常发生，使在建阶段取得的经济效益逐步流失。因此，一定要精心安排（因为扫尾阶段工作面较小，人多了反而会造成浪费），采取“快刀斩乱麻”的方法，把竣工扫尾时间缩短到最低限度。

（2）重视竣工验收工作，顺利交付使用。在验收以前，要准备好验收所需要的各种资料（包括竣工图），送甲方备查。对验收中甲方提出的意见，应根据设计要求和合同内容认真处理，如果涉及费用，应请甲方签证，列入工程结算。

（3）及时办理工程结算。一般来说，工程结算造价按原施工图预算增减账目。施工过程中，有些按实际结算的经济业务，由财务部门直接支付的，项目预算员不掌握资料，往往会在工程结算时遗漏。因此，在办理工程结算以前，要求项目预算员和成本员进行认真全面的核对。

（4）工程保修期间，应由项目经理指定保修工作的责任者，并责成保修责任者根据实际情况提出保修计划（包括费用计划），以此作为控制保修费用的依据。

（二）赢得值法

赢得值法（Earned value Management，EVM）作为一项先进的项目管理技术，最初是美国国防部于1967年确立的，也叫挣值法。到目前为止，国际上先进的工程公司已普遍采用赢得值法进行工程项目的费用、进度综合分析控制。用赢得值法进行费用、进度综合分析控制，基本参数有三项，即已完工作预算费用、计划工作预算费用和已完工作实际费用。

1.赢得值法的三个基本参数

（1）已完成工作量的预算费用。已完成工作预算费用（Budgeted Cost for Work Performed，BCWP），指在某一时间已经完成的工作（或部分工作），以批准认可的预算为标准所需要的资金总额。由于业主是根据这个值为承包人完成的工作量支付相应的费用，也就是承包人获得（挣得）的金额，故又称赢得值或挣值。

已完成工作预算费用（BCWP）=已完成工作量×预算（计划）单价

（2）计划工作量的预算费用。计划工作预算费用（Budgeted Cost for Work Scheduled，BCWS），即根据进度计划在某一时刻应当完成的工作（或部分工作），以预算为标准所需要的资金总额，一般来说，除非合同有变更，BCWS在工程实施过程中保持不变。

计划工作预算费用（BCWS）=计划工作量×预算（计划）单价

（3）已完成工作量的实际费用。已完工作实际费用（Actual Cost for Work Performed，ACWP），即到某一时刻为止，已完成的工作（或部分工作）所实际花费的总金额。

已完工作实际费用（ACWP）=已完成工作量×实际单价

2.赢得值法的四个评价指标

在这三个基本参数的基础上，可以确定赢得值法的四个评价指标，它们也都是时间的函数。

（1）费用偏差（Cost Variance，CV）。

费用偏差（CV）=已完成工作量的预算费用（BCWP）–已完成工作量的实际费用（ACWP）

费用偏差（CV）为负值时，表示项目运行超出预算费用；费用偏差为正值时，表示项目运行节支，实际费用没有超出预算费用。

（2）进度偏差（Schedule Variance，SV）。

进度偏差（SV）=已完成工作量的预算费用（BCWP）–计划工作预算费用（BCWS）

当进度偏差（SV）为负值时，表示进度延误，即实际进度落后于计划进度；当进度偏差（SV）为正值时，表示进度提前，即实际进度快于计划进度。

（3）费用绩效指数（Cost Performance Index，CPI）。

费用绩效指数（CPI）=已完成工作量的预算费用（BCWP）/已完成工作量的实际费用（ACWP）

当费用绩效指数（CPI）<1时，表示超支，即实际费用高于预算费用；

当费用绩效指数（CPI）>1时，表示节支，即实际费用低于预算费用。

（4）进度绩效指数（Schedule Performance Index，SPI）。

进度绩效指数（SPI）=已完成工作量的预算费用（BCWP）/计划工作预算费用（BCWS）

当进度绩效指数（SPI）<1时，表示进度延误，即实际进度比计划进度拖后；

当进度绩效指数（SPI）>1时，表示进度提前，即实际进度比计划进度快。

费用（进度）偏差反映的是绝对偏差，结果很直观，有助于费用管理人员了解项目费用出现偏差的绝对数额，并依此采取一定措施，制订或调整费用支出计划和资金筹措计划。但是，绝对偏差有其不容忽视的局限性。如同样是10万元的费用偏差，对于总费用1000万元的项目和总费用1亿元的项目而言，其严重性显然是不同的。因此，费用（进度）偏差仅适合于对同一项目做偏差分析。费用（进度）绩效指数反映的是相对偏差，它不受项目层次的限制，也不受项目实施时间的限制，因而在同一项目和不同项目比较中均可采用。

在项目的费用、进度综合控制中引入赢得值法，可以克服进度、费用分开控制的缺点，即当我们发现费用超支时，很难立即知道是由于费用超出预算，还是由于进度提前；相反，当我们发现费用低于预算时，也很难立即知道是由于费用节省，还是由于进度拖延。而引入赢得值法，即可定量地判断进度、费用的执行效果。

3.偏差分析方法

偏差分析可以采用不同的表达方法，常用的有横道图法、时标网络图法、表格法、曲线法等。

（1）横道图法。横道图法进行费用偏差分析，是用不同的横道标识已完成工作量的预算费用、计划工作量的预算费用和已完成工作量的实际费用，横道的长度与其金额成正比。横道图法具有形象、直观、一目了然等优点，能准确表达出费用的绝对偏差，能用眼感受到偏差的严重性。但这种方法反映的信息量少，一般在项目的较高管理层应用。

（2）时标网络图法。时标网络图以水平时间坐标尺度表示工作时间。时标的时间单位根据需要可以是天、周、月等。在时标网络计划中，实箭线表示工作，实箭线的长度表示工作持续时间，虚箭线表示虚工作，波浪线表示工作与其紧后工作的时间间隔。

（3）表格法。表格法是进行偏差分析最常用的一种方法。它将项目编码、名称、各费用参数以及费用偏差数综合归纳在表格中，直接在表格中进行比较。由于各偏差参数都在表中列出，使得费用管理者能够综合地了解并处理这些数据。用表格法分析费用偏差的示例，如表7–4所示。

表7–4　费用偏差分析表（表格法）

项目编码	（1）	011	012	013
项目名称	（2）	土方工程	打桩工程	基础工程
单价	（3）			
计划单价	（4）			
拟完工程量	（5）			
计划工作预算费用	（6）=（4）×（5）	50	66	80
已完工程量	（7）			
已完成工作量的预算费用	（8）=（4）×（7）	60	100	60
实际单价	（9）			

续表

其他款项	（10）			
已完成工作量的实际费用	（11）=（7）×（9）+（10）	70	80	80
费用局部偏差	（12）=（11）-（6）	10	-20	20
费用局部偏差程度	（13）=（22）÷（8）	1.17	0.8	1.33
费用累计偏差	（14）=∑（12）			
费用累计偏差程度	（15）=∑（11）+∑（8）			
进度局部偏差	（16）=（6）-（8）	-10	-34	20
进度局部偏差程度	（17）=（6）+（8）	0.83	0.66	1.33
进度累计偏差	（18）=∑（16）			
进度累计偏差程度	（19）=∑（6）+∑（8）			

用表格法进行偏差分析具有如下优点：

①灵活性、适用性强。可根据实际需要设计表格，进行增减项。

②信息量大。可以反映偏差分析所需的资料，有利于费用控制人员及时采取有针对性的措施，加强控制。

③表格处理可借助于计算机，从而节约处理大量数据所需的人力，并大大提高速度。

（4）曲线法。曲线法是用投资时间曲线（S形曲线）进行分析的一种方法。通常有三条曲线，即已完成工作量的实际量的费用曲线、已完成工作量的预算费用曲线、计划工作预算费用曲线。已完成工作量的实际量的费用与已完成工作预算费用两条曲线之间的竖向距离表示投资偏差，计划工作预算费用与已完成工作量的预算费用曲线之间的水平距离表示进度偏差。

第四节 施工成本核算

一、施工成本核算的对象和内容

（一）施工成本核算对象

施工成本核算对象，是在成本核算时选择的归集施工生产费用的目标。合理确定施工成本核算对象，是正确进行施工成本核算的前提。

一般情况下，企业应以单位工程为对象归集生产费用，计算施工成本。施工图预算是按单位工程编制的，按单位工程核算的实际成本，便于与施工预算成本比较，以便检查工程预算的执行情况，分析和考核成本节超的原因。一个企业通常要承建多个工程项目，每项工程的具体情况又各不相同，因此企业应按照与施工图预算相适应的原则，结合承包工程的具体情况，合理确定成本核算对象。

成本核算对象确定后，在成本核算过程中不得随意变更。所有原始记录都必须按照确定的成本核算对象填写清楚，以便归集和分配生产费用。

（二）施工成本核算的内容

施工成本核算是对发生的施工费用进行确认、计量，并按一定的成本核算对象进行归集和分配，计算出工程实际成本的会计工作。通过施工成本核算，反映企业的施工管理水平，确定施工耗费的补偿尺度，有效地控制成本支出，避免和减少不应有的浪费和损失。它是施工企业经营管理工作的重要内容，对于加强成本管理，促进增产节约，提高企业的市场竞争能力具有非常重要作用。

从一般意义上说，成本核算是成本运行控制的一种手段。成本核算的职能不可避免地和成本的计划职能、控制职能、分析预测职能等产生有机联系，离开了成本核算，就谈不上成本管理，也谈不上其他职能的发挥，它是项目成本管理中基本的职能。强调项目的成本核算管理，实质上也就包含了施工全过程成本管理的概念。

施工成本核算包括两个基本环节：一是按照规定的成本开支范围对施工费用进行归集和分配，计算出施工费用的实际发生额；二是根据成本核算对象，采用适当的方法，计算出施工项目的总成本和单位成本。施工成本管理需要正确及时地核算施工过程中发生的各项费用，计算施工项目的实际成本。施工项目成本核算所提供的各种成本信息是成本预测、成本计划、成本控制、成本分析和成本考核等各环节的依据。

施工成本一般以单位工程为成本核算对象，也可以按照承包工程项目的规模、工期、结构类型、施工组织和施工现场等情况，结合成本管理要求，灵活划分成本核算对象。施工成本核算的基本内容包括以下几方面：

（1）人工费核算。

（2）材料费核算。

（3）周转材料费核算。

（4）结构件费用核算。

（5）机械使用费核算。

（6）其他措施费核算。

（7）分包工程成本核算。

（8）间接费核算。

（9）项目月度施工成本报告编制。

二、施工成本核算对象的确定

成本核算对象是指在成本计算过程中，为归集和分配费用而确定的费用承担者。成本核算对象一般根据工程合同的内容、施工生产的特点、生产费用发生情况和管理上的要求确定。有的工程项目成本核算工作开展不起来，主要原因就是成本核算对象的确定与生产经营管理相脱节。成本核算对象划分要合理，实际工作中，往往划分过粗，把相互之间没有联系或联系不大的单项工程或单位工程合并起来作为一个成本核算对象，这样就不能反映独立施工的工程实际成本水平，从而不利于考核和分析工程成本的升降情况。当然，成本核算对象如果划分得过细，会出现许多间接费用需要分摊，从而增加核算工作量，难以做到成本准确。

（1）建筑安装工程一般以独立编制施工图预算的单位工程为成本核算对象。对于大型主体工程（如发电厂房本体）应以分部工程作为成本核算对象。

（2）对于规模大、工期长的单位工程，可以将工程划分为若干部位，以分部位的工程作为成本核算对象。

（3）同一工程项目，由同一单位施工，同一施工地点、同一结构类型、开工竣工时间相近、工程量较小的若干个单位工程可以合并作为一个成本核算对象。

三、施工成本核算的程序

（1）对所发生的费用进行审核，确定计入工程成本的费用和计入各项期间费用的数额。

（2）将应计入工程成本的各项费用区分为哪些是应当计入的工程成本，哪些应由其他月份的工程成本负担。

（3）将每个月应计入工程成本的生产费用在各个成本对象之间进行分配和归集，计算各工程成本。

（4）对未完工程进行盘点，以确定本期已完工程实际成本。

（5）将已完工程成本转入“工程结算成本”科目中。

（6）结转期间费用。

四、施工成本核算的方法

成本的核算过程，实际上也是各项成本项目的归集和分配过程。成本归集是指通过一定的会计制度以有序的方式进行成本数据的收集和汇总。成本的分配是指将归集的间接成本分配给成本对象的过程，也称为间接成本的分摊或分派。

（一）人工费的核算

劳动工资部门根据考勤表、施工任务书和承包结算书等，每月向财务部门提供“单位工程用工汇总表”，财务部门据以编制“工资分配表”，按受益对象计入成本和费用。对于采用计件工资制度的，一般能分清为哪个工程项目所发生的费用；对于采用计时工资制度的，计入成本的工资应按照当月工资总额和工人总的出勤工日计算的日平均工资及各工程当月实际用工数计算分配。工资附加费可以采取比例分配法。劳动保护费与工资的分配方法相同。

（二）材料费的核算

我们应根据发出材料的用途，划分工程耗用与其他耗用的界限，直接用于工程所耗用的材料才能计入成本核算对象的“材料费”成本项目。对于为组织和管理工程施工所耗用的材料及各种施工机械所耗用的材料，应分别通过“间接费用”“机械作业”等科目进行归集，然后分配到相应的成本项目中。

材料费的归集和分配方法如下。

（1）凡领用时能点清数量并分清领用对象的，应在有关领料凭证（领料单、限额领料单）上注明领料对象，其成本直接计入该成本核算对象。

（2）领用时虽能点清数量，但属于集中配料或统一下料的材料（如油漆、玻璃等）应在领料凭证上注明“工程集中配料”字样，月末根据耗用情况编制“集中配料耗用计算单”，据以分配计入各成本核算对象。

（3）对于领料时既不易点清数量，又难以分清耗用对象的材料，如砖、瓦、灰、砂、石等大堆材料，可根据具体情况，由材料员或施工现场保管员月末通过实地盘点倒算出本月实耗数量，编制“大堆材料耗用量计算单”，据以计入成本计算对象。

（4）对于周转使用的模板、脚手架等材料，应根据受益对象的实际在用数量和规定的摊销方法，计算当月摊销额，编制“周转材料摊销分配表”，据以计入成本核算对象。对于租用的周转材料，应按实际支付的租赁费计入成本核算对象。

（5）施工中的残次材料和包装物品等应回收利用，编制“废料交库单”估价入账，冲减工程成本。

（6）按月计算工程成本时，月末对已经办理领料手续而尚未耗用但下个月份仍需要继续使用的材料，应进行盘点，办理“假退料”手续，冲减本期工程成本。

（7）对于工程竣工后的剩余材料，应填写“退料单”，据以办理材料退库手续，冲减工程成本。期末，企业应根据材料的各种领料凭证，汇总编制“材料费用分配表”，作为各工程材料费核算的依据。

需要说明，企业对在购入材料过程中发生的采购费用，如果未直接计入材料成本，而是进行单独归集的（计入了“采购费用”或“进货费用”等账户），在领用材料结转材料成本的同时，应按比例结转应分摊的进货费用。按现行会计准则，材料的仓储保管费用不能计入材料成本，也不需要单独归集，而应该在发生的当期直接计入当期损益，即计入管理费用。

（三）周转材料费的核算

（1）周转材料实行内部租赁制，以租费的形式反映消耗情况，按“谁租用谁负担”的原则，核算项目成本。

（2）按周转材料租赁办法和租赁合同，由出租方与项目经理部按月结算租赁费。租赁费按租用的数量、时间和内部租赁单价计入项目成本。

（3）周转材料调入移出时，项目经理部必须加强计量验收制度，如有短缺、损坏，一律按原价赔偿，计入项目成本（短损数=进场数-退场数）。

（4）租用周转材料的进退场运费按实际发生数由调入项目负担。

（5）对于U形卡、脚手扣件等零件，除执行租赁制外，考虑到其比较容易散失的因素，故按规定实行定额预提摊耗，摊耗数计入项目成本，相应减少次月租赁基数及租费。单位工程竣工，必须进行盘点，盘点后的实物数与前期逐月按控制定额摊耗后的数量差，按实调整清算计入成本。

（6）实行租赁制的周转材料不再分配负担周转材料差价。

（四）机械使用费的核算

（1）机械设备实行内部租赁制，以租赁费形式反映消耗情况，按“谁租用谁负担”原则，核算项目成本。

（2）按机械设备租赁办法和租赁合同，由企业内部机械设备租赁市场与项目经理部按月结算租赁费。租赁费根据机械使用台班、停置台班和内部租赁单价计算，计入项目成本。

（3）机械进出场费按规定由承租项目负担。

（4）项目经理部租赁的各类中小型机械，其租赁费全额计入项目机械费成本。

（5）根据内部机械设备租赁运行规则要求，结算原始凭证由项目经理部指定专人签证开班和停班数，据以结算费用。现场机、电、修等操作工奖金由项目经理部考核支付，计入项目机械成本并分配到有关单位工程。

（6）向外单位租赁机械，按当月租赁费用全额计入项目机械费成本。

（五）其他直接费的核算

项目施工生产过程中实际发生的其他直接费，凡能分清受益对象的，应直接计入受益成本核算对象的“工程施工–其他直接费”，与若干个成本核算对象有关的，可先归集到项目经理部的“其他直接费”总账科目（自行增设），再按规定的方法分配计入有关成本核算对象的“工程施工–其他直接费”成本项目内。分配方法参照费用计算基数，以实际成本中的直接成本（不含其他直接费）扣除“三材”差价为分配依据。即人工费、材料费、周转材料费、机械使用费之和扣除高进高出价差。

（1）施工过程中的材料二次搬运费按项目经理部向劳务分公司汽车队托运包天或包月租费结算，或以汽车公司的汽车运费计算。

（2）临时设施摊销费按项目经理部搭建的临时设施总价（包括活动房）除以项目合同期求出每月应摊销额。临时设施使用一个月摊销一个月，摊完为止。项目竣工搭拆差额（盈亏）按实际调整成本计算。

（3）生产工具用具使用费。大型机动工具、用具等可以套用类似内部机械租赁办法以租费形式计入成本，也可按购置费用一次摊销法计入项目成本，并做好在用工具实物借用记录，以便反复利用。工具用具的修理费按实际发生数计入成本。

（4）除上述以外的其他直接费内容，均应按实际发生的有效结算凭证计入项目成本。

（六）施工间接费的核算

施工间接费的具体费用核算需要注意以下问题：

（1）要求以项目经理部为单位编制工资单和奖金单列支工作人员薪金。项目经理部工资总额每月必须正确核算，以此计提职工福利费、工会经费、教育经费、劳保统筹费等。

（2）劳务分公司所提供的炊事人员代办食堂承包，服务、警卫人员提供区域岗点承包服务以及其他代办服务费用计入施工间接费。

（3）内部银行的存贷款利息计入“内部利息”（新增明细子目）。

（4）施工间接费先在项目“施工间接费”总账归集，再按一定的分配标准计入受益成本核算对象（单位工程）“工程施工–间接成本”。

（七）分包工程成本核算

（1）包清工程（如前所述）纳入“人工费–外包人工费”内核算。

（2）部位分项分包工程（如前所述）纳入结构件费用核算。

（3）双包工程，指将整幢建筑物以包工包料的形式分包给外单位施工的工程。根据承包合同取费情况和发包（双包）合同支付情况，即上下合同差，测定目标盈利率。月度结算时，以双包工程已完工程价款作收入，应付双包单位工程款作支出，适当负担施工间接费，预结降低额。为稳妥起见，拟控制在目标盈利率的50%以内，也可在月结成本时作收支持平，竣工结算时，再按实调整实际成本，反映利润。

（4）机械作业分包工程，指利用分包单位专业化的施工优势，将打桩、吊装、大型土方、深基础等施工项目分包给专业单位施工的形式。

对机械作业分包产值统计的范围是，只统计分包费用，而不包括物耗价值。机械作业分包实际成本与此对应，包括分包结账单内除以工期费之外的全部工程费。

同双包工程一样，总分包企业合同差，包括总包单位管理费、分包单位让利收益等，在月结成本时，可先预结一部分，或月结时作收支持平处理，到竣工结算时，再做项目效益反映。

（5）上述双包工程和机械作业分包工程由于收入和支出比较容易辨认（计算），所以项目经理部对这两项分包工程采用竣工点交办法，即月度不结盈亏。

第五节　建筑工程项目施工成本分析

一、施工成本分析的依据

施工成本分析，一方面是根据会计核算、业务核算和统计核算提供的资料，对施工成本的形成过程和影响成本升降的因素进行分析，寻求进一步降低成本的途径；另一方面通过对成本的分析，可以从账簿、报表反映的成本现象看清成本的实质，增强项目成本的透明度和可控性，为加强成本控制，实现项目成本目标创造条件。

（一）会计核算

会计核算主要是价值核算。会计是对一定单位的经济业务进行计量、记录、分析和检查，做出预测，参与决策，实行监督，旨在实现最优经济效益的一种管理活动。它通过设置账户、复式记账、填制和审核凭证、登记账簿、成本计算、财产清查和编制会计报表等一系列有组织、有系统的方法，记录企业的一切生产经营活动，据以提出用货币反映有关各种综合性经济指标的数据。

（二）业务核算

业务核算是各业务部门根据业务工作的需要而建立的核算制度，包括原始记录和结算登记表。业务核算的范围比会计、统计核算的范围广，会计和统计核算一般是对已经发生的经济活动进行核算，业务核算不但对已经发生的，而且对尚未发生或正在发生的经济活动进行核算，以确定是否可以做，是否有经济效果。

（三）统计核算

统计核算是利用会计核算资料和业务核算资料，把企业生产经营活动客观现状的大量数据按统计方法加以系统整理，表明其规律性。

二、施工成本分析的方法

（一）成本分析的基本方法

1.比较法

比较法又称“指标对比分析法”，是通过技术经济指标的对比，检查目标的完成情况，分析产生差异的原因，挖掘内部潜力的方法，通常有以下形式：

（1）实际指标与目标指标对比。依次检查目标完成的情况，分析影响目标完成的积极因素和消极因素，及时采取措施，保证成本目标的实现。在进行实际指标与目标指标对比时，应注意目标本身有无问题。如果目标本身出现问题，则应调整目标，重新正确评价实际工作的成绩。

（2）本期实际指标与上期实际指标对比。通过本期实际指标与上期实际指标对比，查看各项技术经济指标的变动情况，反映施工管理水平的提高程度。

（3）与本行业平均水平、先进水平对比。通过对比，反映本项目的技术管理和经济管理与行业的平均水平和先进水平的差距，进而采取措施赶超先进水平。

2.因素分析法

因素分析法又称为连锁置换法或连环替代法。因素分析法是将某一综合性指标分解为各个相互关联的因素，通过测定这些因素对综合性指标差异额的影响程度，分析评价计划指标执行情况的方法。成本分析中采用因素分析法，是将构成成本的各种因素进行分解，测定各因素变动对成本计划完成情况的影响程度，据此对企业的成本计划执行情况进行评价，并提出进一步的改进措施。在进行分析时，首先要假定若干因素中的一个因素发生了变化，其他因素则不变，然后逐个替换，并分别比较其计算结果，确定各因素变化对成本的影响程度。因素分析法的计算步骤如下。

（1）将分析的某项经济指标分解为若干个因素的乘积。分解时，应注意经济指标的组成因素应能够反映形成该项指标差异的内在构成原因；否则，计算的结果就不准确。如材料费用指标可分解为产品产量、单位消耗量与单价的乘积，但不能分解为生产该产品的天数、每天用料量与产品产量的乘积。因为这种构成方式不能全面反映产品材料费用的构成情况。

（2）计算经济指标的实际数与基期数（如计划数、上期数等），形成了两个指标体系，这两个指标的差额，即实际指标减基期指标的差额，就是所要分析的对象。各因素变动对所要分析的经济指标完成情况影响合计数，应与该分析对象相等。

（3）确定各因素的替代顺序。确定经济指标因素的组成时，其先后顺序就是分析时的替代顺序。在确定替代顺序时，应从各因素相互依存的关系出发，使分析的结果有助于分清经济责任。替代的顺序是先替代数量指标，后替代质量指标；先替代实物量指标，后替代货币量指标；先替代主要指标，后替代次要指标。

（4）计算替代指标。其方法是以基期数为基础，用实际指标体系中的各因素逐步顺序地替换每次用实际数替换基数指标中的一个因素，计算出一个指标。每次替换后，实际数保留下来，有几个因素就替换几次，就可以得出几个指标。在替换时要注意替换顺序，应采取连环的方式，不能间断；否则，计算出来的各因素的影响程度之和就不能与经济指标实际数与基期数的差异额（分析对象）相等。

（5）计算各因素变动对经济指标的影响程度。将每次替代所得到的结果与这一因素替代前的结果进行比较，差额就是这一因素变动对经济指标的影响程度。

（6）将各因素变动对经济指标影响程度的数额相加，应与该项经济指标实际数与基期数的差额（分析对象）相等。

3.差额计算法

差额计算法是因素分析法的一种简化形式，利用各因素的目标值与实际值的差额计算其对成本的影响程度。

差额=计划值–实际值

4.比率法

比率法是指用两个以上的指标比率进行分析的方法，常用的比率法有以下三种。

（1）相关比率法。由于项目经济活动的各方面是互相联系、互相依存、互相影响的，因而将两个性质不同而又相关的指标加以对比，求出比率，以此考察经营成果的好坏。例如，产值和工资是两个不同的概念，但它们的关系又是投入与产出的关系。一般情况下，都希望以最少的人工费支出完成最大的产值。因此，施工成本分析中，用产值工资率指标考核人工费的支出水平，常用相关比率法。

（2）构成比率法。构成比率法又称为比重分析法或结构对比分析法。通过构成比率，考察成本总量的构成情况以及各成本项目占成本总量的比重，也可看出量、本、利的比例关系（预算成本、实际成本和降低成本的比例关系），从而为寻求降低成本的途径指明方向。

（3）动态比率法。动态比率法就是将同类指标不同时期的数值进行对比分析，求出比率，分析该项指标的发展方向和发展速度。动态比率的计算通常采用基期指数和环比指数两种方法。

（二）综合成本的分析方法

综合成本是指涉及多种生产要素，并受多种因素影响的成本费用，如分部分项工程成本、月度成本、季度成本、年度成本等。这些成本都是随着项目施工的进展而逐步形成的，与生产经营有着密切的关系。因此，做好上述成本的分析工作，将有利于促进项目的生产经营管理，提高项目的经济效益。

1.分部分项工程成本分析

分部分项工程成本分析是施工项目成本分析的基础。分部分项工程成本分析的对象是已完成的分部分项工程。分析的方法是进行预算成本、计划成本和实际成本的“三个成本”对比，分别计算实际偏差和目标偏差，分析偏差产生的原因，为今后的分部分项工程成本寻求节约途径。

分部分项工程成本分析的资料来源是，预算成本来自施工图预算，计划成本来自施工预算，实际成本来自施工任务单的实际工程量、实耗人工和限额领料单的实耗材料。

由于施工项目包括很多分部分项工程，不可能也没有必要对每个分部分项工程都进行成本分析。例如，一些工程量小、成本费用微不足道的零星工程。但是对于那些主要分部分项工程，必须进行成本分析，而且要做到从开工到竣工进行系统的成本分析。通过主要分部分项工程成本的系统分析，了解项目成本形成的全过程，为竣工成本分析和今后的项目成本管理提供一份宝贵的参考资料。分部分项工程成本分析表如表7–5所示。

表7–5　分部分项工程成本分析表

单位工程：

分部分项工程名称：　　　　工程量：　　　施工班组：　　　施工日期：

工程名称	规格	单位	单价	预算成本		计划成本		实际成本		实际与预算比较		实际与计划比较	
				数量	金额	数量	金额	数量	金额	数量	金额	数量	金额
合计													
实际与预算比较（预算=100）/%													
实际与计划比较（计划=100）/%													
节超原因说明													

2.月（季）度成本分析

月（季）度的成本分析是施工项目定期的、经常性的中间成本分析。对具有一次性特点的施工项目来说，有着特别重要的意义。通过月（季）度成本分析，及时发现问题，以便按照成本目标指示的方向进行监督和控制，保证项目成本目标的实现。月（季）度成本分析的依据是当月（季）的成本报表。分析的方法通常有以下六方面。

（1）通过实际成本与预算成本的对比，分析当月（季）的成本降低水平；通过累计实际成本与累计预算成本的对比，分析累计的成本降低水平，预测实现项目成本目标的前景。

（2）通过实际成本与计划成本的对比，分析计划成本的落实情况，以及目标管理中的问题和不足，进而采取措施，加强成本管理，保证计划成本的落实。

（3）通过对各成本项目的成本分析，了解成本总量的构成比例和成本管理的薄弱环节。例如，在成本分析中，发现人工费、机械费和间接费等项目大幅度超支，就应该对这些费用的收支配比关系认真研究，采取对应的增收节支措施，防止再超支。如果是属于预算定额规定的“政策性”亏损，则应从控制支出着手，把超支额压缩到最低限度。

（4）通过主要技术经济指标的实际与计划的对比，分析产量、工期、质量、“三材”节约率、机械利用率等对成本的影响。

（5）通过对技术组织措施执行效果的分析，寻求更加有效的节约途径。

（6）分析其他有利条件和不利条件对成本的影响。

3.年度成本分析

企业成本要求一年结算一次，不得将本年成本转入下一年度。而项目成本则以项目的寿命周期为结算期，要求从开工、竣工到保修期结束连续计算，最后结算出成本总量及盈亏。由于项目的施工周期一般比较长，除要进行月（季）度成本的核算和分析外，还要进行年度成本的核算和分析。满足企业汇编年度成本报表的需要，也是项目成本管理的需要。通过年度成本的综合分析，总结一年来成本管理的成绩和不足，为今后的成本管理提供经验和教训，从而对项目成本进行更有效的管理。

年度成本分析的依据是年度成本报表。年度成本分析的内容，除月（季）度成本分析的六方面以外，重点是针对下一年度的施工进展情况规划切实可行的成本管理措施，保证施工项目成本目标的实现。

4.竣工成本的综合分析

凡是有几个单位工程而且是单独进行成本核算（成本核算对象）的施工项目，其竣工成本分析应以各单位工程竣工成本分析资料为基础，再加上项目经理部的经营效益（如资金调度、对外分包等所产生的效益）进行综合分析。如果施工项目只有一个成本核算对象（单位工程），应以该成本核算对象的竣工成本资料作为成本分析的依据。

单位工程竣工成本分析应包括以下三方面内容：

（1）竣工成本分析。

（2）主要资源节超对比分析。

（3）主要技术节约措施及经济效果分析。

通过以上分析，可以全面了解单位工程的成本构成和降低成本的来源，对今后同类工程的成本管理具有参考价值。

第八章　建筑工程资源管理

第一节　建筑工程项目资源管理概述

一、项目资源管理的概念

项目资源是对项目实施中使用的人力资源、材料、机械设备、技术、资金和基础设施等的总称。资源是人们创造出产品（形成生产力）所需要的各种要素，亦称生产要素。

项目资源管理是对项目所需的各种资源进行的计划、组织、指挥、协调和控制等系统活动。项目资源管理的复杂性主要表现在以下几方面：

（1）工程实施所需资源的种类多、需要量大。

（2）建设过程对资源的消耗极不均衡。

（3）资源供应受外界影响很大，具有一定的复杂性和不确定性，且资源经常需要在多个项目间进行调配。

（4）资源对项目成本的影响最大。

加强项目管理，必须对投入项目的资源进行市场调查与研究，做到合理配置，并在生产中强化管理，以尽量少的消耗获得产出，达到节约物化劳动和活劳动、减少支出的目的。

二、项目资源管理的作用

资源的投入是项目实施必不可少的前提条件，若资源的投入得不到保证，考虑得再周详的项目计划（如进度计划）与安排也不能实行。例如，由于资源供应不及时就会造成工程项目活动不能正常进行，不能及时开工或整个工程停工，浪费时间，出现窝工现象。在项目实施过程中，如果未能采购符合规定的材料，将造成质量缺陷；若采购超量、采购过早，将造成浪费、仓储费用增加等。如果不能合理地使用各项资源或不能经济地获取资源，都会给项目造成损失。

按照项目一次性特点和自身规律，通过项目各种资源管理，可实现资源的优化配置，做到动态管理，降低工程成本，提高经济效益。

（1）进行资源优化配置，即适时、适量、位置适宜地配备或投入资源，以满足施工需要。

（2）进行资源的优化组合，即投入项目的各种资源，在使用过程中搭配适当，协调地发挥作用，有效地形成生产力。

（3）在项目实施过程中，对资源进行动态管理。项目的实施过程是一个不断变化的过程，对各种资源的需求也在不断变化。因此，各种资源的配置和组合也就需要不断调整，这就需要动态管理。动态管理的基本内容就是按照项目的内在规律，有效地计划、配置、控制和处理各种资源，使其在项目中合理流动。动态管理是优化配置和组合的手段和保证。

（4）在项目运转过程中，应合理地节约使用资源（劳动力、材料、机械设备、资金），以达到减少资源消耗的目的。

三、项目资源管理的主要过程

建筑工程项目资源管理的主要过程包括编制资源计划、组织资源的配置、合理实施资源的控制、及时在资源使用后进行分析与处理。

（1）编制资源计划。编制资源计划的目的是对资源投入量、投入时间、投入步骤做出合理安排，以满足施工项目实施的需要。计划是优化配置和组合的前提和手段。

（2）资源的配置。资源的配置是按编制的计划，从资源的来源、投入施工项目的供应过程进行管理，使计划得以实现，使施工项目的需要得到保证。

（3）资源的控制。资源控制即根据每种资源的特性，科学地制定相应的措施，对资源进行有效组合，协调投入，合理使用，不断纠正偏差，以尽可能少的资源来满足项目的需求，从而达到节约的目的。

（4）进行资源使用效果的分析与处理。一方面，从一次项目的实施过程来讲，是对本次资源管理过程的反馈、分析与资源管理的调整；另一方面，又为管理提供信息反馈和信息储备，以指导以后（或下一项目）的管理工作。

从一个完整的建筑工程项目管理过程的角度或建筑业企业持续稳定发展的角度来看，项目资源管理应该是不断循环、不断提升、不断完善的动态管理过程。

四、项目资源管理的主要内容

（1）人力资源管理。在工程项目资源中，人力资源是各生产要素中“人”的因素，具有非常重要的作用。人力资源主要包括劳动力总量，各专业、各级别的劳动力，操作工、修理工以及不同层次和职能的管理人员。

人力资源泛指能够从事生产活动的体力劳动者和脑力劳动者，在项目管理中包括不同层次的管理人员和参与作业的各种工人。人是生产力中最活跃的因素，人具有能动性和社会性等。项目人力资源管理是指项目组织对该项目的人力资源进行科学地计划、适当地培训教育、合理地配置、有效地约束和激励、准确地评估等方面的一系列管理工作。

项目人力资源管理的任务是根据项目目标，不断获取项目所需人员，并将其整合到项目组织中，使之与项目团队融为一体。项目中人力资源的使用，关键在于明确责任，调动职工的劳动积极性，提高工作效率。从劳动者个人的需要和行为科学的观点出发，责、权、利相结合，多采取激励措施，并在使用中重视对他们的培训，提高他们的综合素质。

（2）材料管理。一般工程中，建筑材料占工程造价的70%左右，加强材料管理对保证工程质量、降低工程成本都将起到积极作用。项目材料管理的重点在现场、在使用、在节约和核算，尤其是节约，其潜力巨大。建筑材料主要包括原材料、设备和周转材料。其中，原材料和设备构成工程建筑的实体。周转材料，如脚手架材、模板材、工具、预制构配件、机械零配件等，都因在施工中有独特作用而自成一类，其管理方式与材料基本相同。

（3）机械设备管理。工程项目的机械设备主要是指项目施工所需的施工设备、临时设施和必需的后勤供应。施工设备包括塔吊、混凝土拌和设备、运输设备等。临时设施包括施工用仓库、宿舍、办公室、工棚、厕所、现场施工用供排系统（水电管网、道路等）。机械设备管理往往实行集中管理与分散管理相结合的办法，主要任务是正确选择机械设备，保证机械设备在使用中处于良好状态，减少机械设备闲置、损坏，提高施工机械化水平和使用效率。机械设备管理的关键在于提高机械使用效率，而提高机械使用效率必须提高机械设备的利用率和完好率。利用率的提高靠人，完好率的提高靠保养和维修。

（4）技术管理。技术是指人们在改造自然、改造社会的生产和科学实践中积累的知识、技能、经验，以及体现这些的劳动资料。技术具体包括操作技能、劳动手段、生产工艺、检验试验方法及管理程序和方法等。任何物质生产活动都是建立在一定技术基础上的，也是在一定技术要求和技术标准的控制下进行的。随着生产的发展，技术水平也在不断提高。工程项目的单件性、复杂性、受自然条件的影响等特点，决定了技术管理在工程项目管理中的作用尤其重要。工程项目技术管理是对各项技术工作要素和技术活动过程的管理。其中，技术工作要素包括技术人才、技术装备、技术规程等。工程项目技术管理的任务是正确贯彻国家的技术政策，贯彻上级对技术工作的指示与决定；研究认识并利用技术规律，科学地组织各项技术工作，充分发挥技术的作用；确立正常的生产技术秩序，文明施工，以技术保证工程质量；努力提高技术工作的经济效果，使技术与经济有机地结合起来。

（5）资金管理。资金也是一种资源，从流动过程来讲，首先是投入，即将筹集到的资金投入到施工项目上；其次是使用，也就是支出。资金的合理使用是施工有序进行的重要保证，这也是常说的“资金是项目的生命线”的原因。

工程项目资金管理包括编制资金计划、筹集资金、投入资金（项目经理部收入）、资金使用（支出）、资金核算与分析等环节。资金管理应以保证收入、节约支出、防范风险为目的，重点是收入与支出问题，收支之差涉及核算、筹资、利息、利润、税收等问题。

第二节 建筑工程项目人力资源管理

一、人力资源计划

人力资源需求计划是为了实现项目目标而对所需人力资源进行预测，并为满足这些需要而预先进行系统安排的过程，应遵守有关法规，结合项目规模、建筑特点、人员素质与劳动效率要求、组织机构设置、生产管理制度等进行计划编制。

工程项目人力资源的确定包括项目管理人员、专业技术人员的确定和劳动需求计划的确定。

（1）项目管理人员、专业技术人员的确定。根据岗位编制计划，参考类似工程经验进行管理人员、技术人员需求预测。在人员需求方面，应明确需求的职务名称、人员需求数量、知识技能等方面的要求，招聘的途径，选择的方法和程序，希望到岗的时间等，最终形成一个有员工数量、招聘成本、技能要求、工作类别，以及为满足管理需要的人员数量和层次的分列表。

管理人员需求计划编制一定要提前做好工作分析。工作分析是指通过观察和研究，对特定的工作职务做出明确的规定，并规定这一职务的人员应具备什么素质的过程，具体包括工作内容、责任者、工作岗位、工作时间、如何操作、为何要做。根据工作分析的结果，编制工作说明书，制定工作规范。

（2）劳动力需求计划的确定。劳动力需求计划是确定建设工程规模和组织劳动力进场的依据。编制时，根据工种工程量汇总表所列的各个建筑物不同专业工种的工程量，查劳动定额，便可得到各个建筑物不同工种的劳动量，再根据总进度计划中各单位工程或分部工程的专业工种工作持续时间，即可得到某单位工程在某时段里的平均劳动力数量。同样方法可计算出各主要工种在各个时期的平均工人数。最后，将总进度计划图表纵坐标方向上各单位工程同工种的人数叠加在一起并连成一条曲线，即为某工种的劳动力动态曲线。

二、劳动力的分配原则

（1）配置劳动力时，应让工人有超额完成的可能，以获得奖励，进而激发工人的劳动热情。

（2）尽量使劳动力和劳动组织保持稳定，防止频繁调动。劳动组织的形式有专业班组、混合班组、大包队。但当原劳动组织不适应工程项目任务要求时，项目经理部可根据工程需要，打乱原派遣到现场的作业人员建制，对有关工种工人重新进行优化组合。

（3）为保证作业需要，工种组合、技工与壮工比例必须适当、配套。

（4）尽量使劳动力配置均衡，使劳动资源消耗强度适当，以方便管理，达到节约的目的。

（5）每日劳动力需求量最好是在正常操作条件下所需各工种劳动力的近似估计，有些因素，如学习过程、天气条件、劳动力周转、旷工、病假和超工时工作制度，都会影响每日劳动力需求总和。虽然很难量化这些变量，但为编制计划，建议每类劳动力增加5%左右以适应上述变化可能导致劳动力不足的情况。如果可能的话，适当加班能降低每日劳动需求量，最多可达15%。

三、劳动力的动态管理

劳动力的动态管理是根据施工全过程中生产任务和施工条件的变化对劳动力进行跟踪平衡、协调，以解决劳务失衡、劳务与生产脱节的管理。目的是实现劳动力的优化组合。

（一）劳动管理部门对劳动力的动态管理起主导作用

由于企业对劳动力进行集中管理，所以劳动管理部门在动态管理中起主导作用。它的主要工作内容如下：

（1）根据项目经理部提出的劳动力需要量计划，签订劳务合同，并按合同派遣队伍。

（2）根据施工任务的需要和变化，从社会劳务市场中招募和遣返（辞退）民工。

（3）对劳动力进行企业范围内的调度、平衡和统一管理。当施工项目中的承包任务完成后收回作业人员，重新进行平衡、派遣。

（4）负责对企业劳务人员的工资进行管理，实行按劳分配，兑现合同中的经济利益条款，进行符合规章制度及合同约定的奖罚。

（二）项目经理部是项目施工范围内劳动力动态管理的直接责任者

劳动用工中，合同工和临时工比重大，人员素质较低，劳动熟练程度参差不齐，而且室外作业及高空作业较多，使劳动管理具有一定的复杂性。为了提高劳动生产率，充分有效地发挥和利用人力资源，项目经理部有责任做好如下工作。

（1）对进场劳务人员进行入场教育，讲解工程施工要求，进行技术交底，组织安全考试。

（2）在施工过程中，项目经理部的管理人员应加强对劳务发包队伍的管理，按照企业有关规定进行施工，严格执行合同条款，不符合质量标准、技术规范和操作要求的应及时纠正，对严重违约的按合同规定处理。

（3）按合同进行经济核算，支付劳动报酬。在签订劳务合同时，通常根据包工资、包管理费的原则，在承包造价的范围内，扣除项目经理部的现场管理工资额和应向企业上缴的管理费分摊额，对承包劳务费进行合同约定。项目经理部按核算制度，按月结算，向劳务部门支付。

（4）工程结束后，由项目经理部对分包劳务队进行评价，并将评价结果报企业有关管理部门。在施工过程中，项目经理部的管理人员应加强对劳务分包队伍的管理，重点考核是否按照组织有关规定进行施工，是否严格执行合同条款，是否符合质量标准和技术规范操作要求。

四、人力资源的开发和培训

（一）人力资源的开发

人力资源除了包括智力劳动能力和体力劳动能力，还包括人的现实劳动能力和潜在劳动能力。人的现实劳动能力是指人能够直接、迅速投入劳动过程，并对社会经济的发展做出贡献的劳动能力。也有一部分人由于某些原因暂时不能直接参与特定的劳动，必须经过人力资源的开发等过程才能形成劳动能力，这就是潜在劳动能力。如对文化素质较低的人进行培训，使其具备现代生产技术所需要的劳动能力，从而能够上岗操作，这就属于人力资源的开发过程。

人力资源的开发需要组织通过学习、训导的手段，提高员工的技能和知识，增进员工工作能力和潜能的发挥，最大限度地使员工的个人素质与工作相匹配，进而促进员工现在和将来工作绩效的提高。严格地说，人力资源的开发是一个系统化的行为改变过程，工作行为的有效提高是人力资源开发的关键所在。

人力资源开发主要指通过传授知识、转变观念或提高技能来改善当前或未来管理工作绩效的活动。培训是人力资源开发的主要手段，培训是指对新雇员或现有雇员传授其完成本职工作所必需的基本技能的过程。

（二）人力资源的培训

1.管理人员的培训

（1）岗位培训。岗位培训是对一切从业人员根据岗位或者职务对其具备的全面素质的不同需要，按照不同的劳动规范，本着干什么学什么、缺什么补什么的原则进行的培训活动。岗位培训旨在提高职工的本职工作能力，使其成为合格的劳动者，并根据生产发展和技术进步的需要，不断提高其适应能力。如项目经理培训，基层管理人员和土建、装饰、水暖、电气工程的专业培训，以及其他岗位的业务、技术干部的培训。

（2）继续教育。继续教育包括建立以“三总师”（总工、总经、总会）为主的技术、业务人员继续教育体系，采取按系统、分层次、多形式的方法，对具有一定学历以上的处级以上职务的管理人员进行继续教育。还有各种执业资格人员（如结构师、建造师、监理师、造册师等）的业内教育。

（3）学历教育。培养企业高层次的专门管理和技术人才，并让其毕业后回本企业继续工作，可以选派部分人员到高等院校深造。

2.工人的培训

（1）班组长的培训。按照国家建设行政主管部门制定的班组长岗位规范，应对班组长进行培训，通过培训最终达到班组长100%持证上岗。

（2）技术工人等级培训。应开展中高级工人的考评和工人技师的评聘。

（3）特殊工种作业人员的培训。根据国家有关特种作业人员必须单独培训、持证上岗的规定，应对从事登高、焊接、塔式起重机驾驶、爆破等工种作业人员进行培训，保证100%持证上岗。

（4）对外埠施工队伍的培训。按照各省、区、市有关外地务工人员必须进行岗位培训的规定，应对所使用的外地务工人员进行培训，颁发省、区、市统一制发的外地务工经商人员就业专业训练证书。

五、人力资源的激励

（一）人员激励的作用

激励意为激发、鼓励，调动人的热情和积极性。从心理来看，激励是人的动机系统被激发起来，处于一种激活状态，对行为有着强大的推动力量。从心理和行为的过程来看，激励是由一定的刺激激发人的动机，使人产生一种内驱力，并向所期望的目标前进的心理和行为过程。

激励的核心作用是调动员工工作的积极性。只有充分调动了员工的工作积极性，才能取得理想的工作绩效，保证组织目标的实现。总的来说，激励的作用有以下三点：

（1）激励有助于组织形成凝聚力。组织是一个工作团队，工作的展开、团队的成长与发展壮大，依赖于组织成员的凝聚力。激励是形成凝聚力的一种基本方式。通过恰当的激励，可以使人们理解和接受组织目标并认同它，使组织目标成为组织成员的信念，进而转化为组织成员的动机，推动人们为实现组织目标而努力。

（2）激励有助于提高员工工作的自觉性、主动性和创造性。通过恰当的激励，可以使组织的员工认识到实现组织最大利益的同时能为自己带来利益，使员工的个人目标和组织目标紧密地联系起来。员工的工作自觉性越强，其工作的主动性和创造性越能得到发挥。

（3）激励有助于员工保持良好的业绩。通过恰当的激励，可以使员工充分发挥潜力，利用各种机会提高自己的工作能力，并激发员工的工作热情。

（二）人员激励实践

项目管理组织的有效运作需要每一个组织成员都能够有效地发挥出作用。而让各位员工能够积极努力地工作，除了严格的工作规章和工作纪律外，还必须通过对人员的激励，来调动人员的主观能动性，加强自律性。

激励的过程很复杂，表现为多种激励模式。人的需要在外界的刺激下形成动机，动机进一步引发人的行为。动机是激励人去行动的主观原因，经常以愿望、兴趣、理想等形式表现出来，它是个人发动和维持其行为，使其导向某一目标的一种心理状态。为了有效地将人的动机和项目提供的工作机会、工作条件和工作报酬等紧密地结合起来，管理者在实施激励手段的过程中必须首先了解目标的设置是否能够满足员工的需要，只有这样才能有效地激发员工的目标导向行为。由于员工的需要存在个体差异性和动态性，而且只有在满足其最迫切的需要时，激励的强度才最大，因此，管理者只有在掌握所有能够满足这些需要的前提下，有针对性地采取激励措施，才能收到实效。组织内的管理人员应该注意研究和掌握员工的需要结构，把握其个性和共性，了解员工和员工之间需要的差异。在此基础上，根据掌握的资源进行有的放矢的激励。对于收入水平较高的人群，特别是知识分子和管理干部，则晋升其职务，授予其职称或荣誉，提供相宜的教育条件，以及尊重其人格，鼓励其创新，放手让其工作以收到更好的激励效果；对于低工资人群，奖金、友情的作用就十分重要；对于从事笨重、危险、环境恶劣的体力劳动的员工，搞好劳动保护，改善其劳动条件，增加岗位津贴，重视、关心等都是有效的激励手段。组织管理人员如何看待其员工，决定着他们所采用的管理方式。

因此，管理者对人的本性的假设指导和控制着他们对员工的激励行为，决定着组织所采用的激励方法。组织中需要的激励方法有三类，即物质激励、精神激励和生涯发展激励。物质激励的手段有薪金、奖励、红利、股权、奖品等，这是一种正面激励的手段，目的是肯定员工的某些行为以调动员工的积极性。精神激励也是一种正面的诱导和鼓励，与物质激励不同的是，精神激励是从创造良好的工作氛围和人际环境，从提高员工觉悟的角度去激发员工的动机，正确引导其行为。而生涯发展激励就是通过帮助员工规划个人的职业生涯计划，并为其提供成才的机会，以此提高员工的忠诚度、工作的积极性和创造性。

利益与责任应该是统一的，建筑业企业在与项目经理签订“项目管理目标责任书”时，一定要明确项目层的利益。当工程项目完成并交给用户后，企业的项目考核评价委员会需要对项目的管理行为、项目管理效果及项目管理目标实现程度进行检验和评定，使项目经理和项目经理部的经营效果和经营责任制得到公平、公正的评判和总结。企业一定要根据评价来兑现“项目管理目标责任书”的奖惩承诺，使人员激励落到实处。

第三节　建筑工程项目材料管理

一、工程项目材料管理的概念及内容

工程项目材料管理就是对工程建设所需的各种材料、构件、半成品，在一定品种、规格、数量和质量的约束条件下，实现特定目标的计划、组织、协调和控制的管理。其内容如下。

（1）计划。对实现工程项目所需材料的预测，使这一约束条件技术上可行、经济上合理，在工程项目的整个施工过程中，力争需求、供给和消耗始终保持平衡、协调和有序，确保目标实现。

（2）组织。根据确定的约束条件，如材料的品种、数量等，组织需求与供给的衔接、材料与工艺的衔接，并根据工程项目的进度情况，建立高效的管理体系，明确各自的责任，实现既定目标。

（3）协调。工程项目施工过程中，各子过程（如支模、架钢筋、浇筑混凝土等）之间的衔接，产生了众多的结合部。为避免结合部出现管理的真空，以及可能的种种矛盾，必须加强沟通，协调好各方面的工作和利益，统一步调，使项目施工过程均衡、有序地进行。

（4）控制。针对工程项目材料的流转过程，运用行政、经济和技术手段，通过制定程序、规程、方法和标准，规范行为、预防偏差，使该过程处于受控状态下；通过监督、检查，发现、纠正偏差，保证项目目标的实现。

项目材料管理主要包括材料计划管理、材料采购管理、使用环节管理、材料储存与保管、材料节约与控制等内容。

二、材料管理计划

（一）材料需用计划

项目经理部应及时向企业物资部门提供主要材料、大宗材料需用计划，由企业负责采购。工程材料需用计划一般包括整个项目（或单位工程）和各计划期（年、季、月）的需用计划。准确确定材料需要数量是编制材料计划的关键。

（1）整个项目（或单位工程）材料需用量计划。根据施工组织设计和施工图预算，整个项目材料需用量计划应于开工前提出，作为备料依据，它反映单位工程及分部、分项工程材料的需要量。材料需用量计划编制方法是将施工进度计划表中各施工过程的工程量按材料名称、规格、数量及使用时间汇总而得。

（2）计划期材料需用量计划。根据施工预算、生产进度及现场条件，按工期计划期提出材料需用量计划作为备料依据。计划需用量是指一定生产期（年、季、月）的材料需要量，主要用于组织材料采购、订货和供应，编制的主要依据是单位工程（或整个项目）的材料计划、计划期的施工进度计划及有关材料消耗定额。因为施工的露天作业、消耗的不均匀性，必须考虑材料的储备问题，合理确定材料期末储备量。

根据不同的情况，可分别采用直接计算法或间接计算法确定材料需用量。

（1）直接计算法。在工程任务明确、施工图纸齐全的情况下，可直接按施工图纸计算出分部、分项工程实物工程量，套用相应的材料消耗定额，逐条逐项计算各种材料的需用量，然后汇总编制材料需用计划，最后按施工进度计划分期编制各期材料需用计划。

（2）间接计算法。对于工程任务已经落实但设计尚未完成、技术资料不全、不具备直接计算需用量条件的情况，为了事前做好备料工作，可采用间接计算法。当设计图纸等技术资料具备后，再按直接计算法进行计算调整。

间接计算法有概算指标法、比例计算法、类比计算法、经验估算法。

（二）材料总需求计划的编制

1.编制依据

编制材料总需求计划时，其主要依据是项目设计文件、项目投标书中的《材料汇总表》、项目施工组织计划、当期物资市场采购价格及有关材料消耗定额等。

2.编制步骤

（1）计划编制人员与投标部门进行联系，了解工程投标书中该项目的《材料汇总表》。

（2）计划编制人员查看经主管领导审批的项目施工组织设计，了解工程工期安排和机械使用计划。

（3）根据企业资源和库存情况，对工程所需物资的供应进行策划，确定采购或租赁的范围；根据企业和地方主管部门的有关规定确定供应方式（招标或非招标，采购或租赁）；了解当期市场价格情况。

（4）进行具体编制。

（三）材料计划期（季、月）需求计划的编制

1.编制依据

计划期材料计划主要用来组织本计划期（季、月）内材料的采购、订货和供应等，其编制依据主要是施工项目的材料计划、企业年度方针目标、项目施工组织设计和年度施工计划、企业现行材料消耗定额、计划期内的施工进度计划等。

2.确定计划期材料需用量

确定计划期（季、月）内材料的需用量常用以下两种方法：

（1）定额计算法。根据施工进度计划中各分部、分项工程量获取相应的材料消耗定额，求得各分部、分项的材料需用量，然后汇总求得计划期各种材料的总需用量。

（2）卡段法。根据计划期施工进度的形象部位，从施工项目材料计划中选出与施工进度相应部分的材料需用量，然后汇总求得计划期各种材料的总需用量。

3.编制步骤

季度计划是年度计划的滚动计划和分解计划，因此，欲了解季度计划，必须先了解年度计划。年度计划是物资部门根据企业年初制订的方针目标和项目年度施工计划，通过套用现行的消耗定额编制的年度物资供应计划，是企业控制成本、编制资金计划和考核物资部门全年工作的主要依据。

月度需求计划也称备料计划，是由项目技术部门依据施工方案和项目月度计划编制的下月备料计划，也可以说是年、季度计划的滚动计划，多由项目技术部门编制，经项目总工审核后报项目物资管理部门。

其编制步骤大致如下：

第一步，了解企业年度方针目标和本项目全年计划目标。

第二步，了解工程年度的施工计划。

第三步，根据市场行情，套用企业现行定额，编制年度计划。

第四步，编制材料备料计划。

三、材料供应计划

（一）材料供应量计算

材料供应计划是在确定计划期需用量的基础上，预计各种材料的期初储存量、期末储备量，经过综合平衡后，计算出材料的供应量，然后再进行编制。

材料供应量=材料需用量+（期末储备量–期初库存量）（8–1）

式中，期末储备量主要是由供应方式和现场条件决定的。一般情况下，也可按下式（8–2）计算。

某项材料储备量=某项材料的日需用量×（该项材料的供应间隔天数+运输天数+入库检验天数+生产前准备天数）（8–2）

（1）材料供应计划的编制只是计划工作的开始，更重要的是组织计划的实施。而实施的关键问题是实行配套供应，即对各分部、分项工程所需的材料品种、数量、规格、时间及地点组织配套供应，不能缺项，也不能颠倒。

（2）要实行承包责任制，明确供求双方的责任与义务，以及奖惩规定，签订供应合同，以确保施工项目顺利进行。

（3）材料供应计划在执行过程中，如遇到设计修改、生产或施工工艺变更时，应做相应的调整和修订，但必须有书面依据，制定相应的措施，并及时通告有关部门，要妥善处理并积极解决材料的余缺，以避免和减少损失。

（二）材料供应计划的编制内容

（1）材料供应计划的编制，要注意从数量、品种、时间等方面进行平衡，以达到配套供应、均衡施工。计划中要明确物资的类别、名称、品种（型号）、规格、数量、进场时间、交货地点、验收人和编制日期、编制依据、送达日期、编制人、审核人、审批人。

（2）在材料供应计划执行过程中，应定期或不定期地进行检查，以便及时发现问题，及时处理解决。主要检查内容包括供应计划落实的情况、材料采购情况、订货合同执行情况、主要材料的消耗情况、主要材料的储备及周转情况等。

四、材料控制

材料控制包括材料供应单位的选择及采购供应合同的订立、出厂或进场验收、储存管理、使用管理及不合格品处置等。施工过程是劳动对象“加工”“改造”的过程，是材料使用和消耗的过程。在此过程中，材料管理的中心任务就是检查、保证进场施工材料的质量，妥善保管进场的物资，严格、合理地使用各种材料，降低消耗；保证实现管理目标。

（一）材料供应

为保证供应材料的合格性，确保工程质量，则要对生产厂家及供货单位进行资格审查。审查内容有生产许可证、产品鉴定证书、材质合格证明、生产历史、经济实力等。采购合同内容除双方的责、权、利外，还应包括采购对象的规格、性能指标、数量、价格、附件条件和必要的说明。

（二）材料进场验收

材料进场验收的目的是划清企业内部和外部经济责任，防止进料中的差错事故和因供货单位、运输单位的责任事故造成企业不应有的损失。

1.材料进场验收的要求

材料进场验收的要求主要有：

（1）材料验收必须做到认真、及时、准确、公正、合理。

（2）严格检查进场材料的有害物质含量检测报告，按规范应复验的必须复验，无检测报告或复验不合格的应予退货。

2.材料验收准备

材料进场前，应根据平面布置图进行存料场地及设施的准备。在材料进场时，必须根据进料计划、送料凭证、质量保证书或产品合格证进行质量和数量验收。

3.材料验收的方法

（1）双控把关。为了确保进场材料合格，对预制构件、钢木门窗、各种制品及机电设备等大型产品在组织送料前由两级材料管理部门业务人员会同技术质量人员先行看货验收；进库时，由保管员和材料业务人员再一起进行组织验收方可入库。对于水泥、钢材、防水材料、各类外加剂实行检验双控，既要有出厂合格证，还要有实验室的合格试验单，方可接收入库以备使用。

（2）联合验收把关。对直接送到现场的材料及构配件，收料人员可会同现场的技术质量人员联合验收；进库物资由保管员和材料业务人员一起组织验收。

（3）收料员验收把关。收料员对有包装的材料及产品应认真进行外观检验，查看规格、品种、型号是否与来料相符，宏观质量是否符合标准，包装、商标是否齐全完好。

（4）提料验收把关。总公司、分公司两级材料管理的业务人员到外单位及材料公司各仓库提送料，要认真检查验收所提料的质量，索取产品合格证和材质证明书。送到现场（或仓库）后，应与现场（仓库）的收料员（保管员）进行交接验收。

4.材料进场质量验收

材料进场质量验收工作按质量验收规范和计量检测规定进行，并做好记录和标识，办理验收手续。施工单位对进场的工程材料进行自检合格后，还应填写《工程材料/构配件/设备报审表》，报请监理工程师进行验收。对不合格的材料应更换、退货或让步接收（降低使用），严禁使用不合格材料。

（1）一般材料的外观检验，主要检验规格、型号、尺寸、色彩、方正、完整性及有无开裂。

（2）专用、特殊加工制品的外观检验，应根据加工合同、图纸及资料进行质量验收。

（3）内在质量验收，由专业技术员负责，按规定比例抽样后，送专业检验部门检验力学性能、化学成分、工艺参数等技术指标。

5.材料进场数量验收

数量验收主要是核对进场材料的数量与单据量是否一致。材料的种类不同，点数或量方的方法也不相同。

（1）对计重材料的数量验证，原则上以进货方式进行验收。

（2）以磅单验收的材料应进行复磅或监磅，磅差范围不得超过国家规范，超过规范的应按实际复磅重量验收。

（3）对于以理论重量换算交货的材料，应按照国家验收标准规范做检尺计量换算验收，理论数量与实际数量的差超过国家标准规范的，应作为不合格材料处理。

（4）不能换算或抽查的材料一律过磅计重。

（5）计件材料的数量验收应全部清点件数。

6.材料进场抽查检验

（1）应配备必要的计量器具，对进场、入库、出库材料严格计量把关，并做好相应的验收记录和发放记录。

（2）对有包装的材料，除按包件数实行全数验收外，属于重要、专用的易燃易爆、有毒物品应逐项逐件点数、验尺和过磅。属于一般通用的，可进行抽查，抽查率不得低于10%。

（3）砂石等大堆材料按计量换算验收，抽查率不得低于10%。

（4）水泥等袋装的材料按袋点数，袋重抽查率不得低于10%。散装的除采取措施卸净外，还应按磅单抽查。

（5）构配件实行点件、点根、点数和验尺的验收方法。

（三）材料保管

1.材料发放及领用

材料发放及领用是现场材料管理的中心环节，标志着料具从生产储备转向生产消耗，必须严格执行领发手续，明确领发责任，采取不同的领发形式。凡有定额的工程用料，都应实行限额领料。

2.现场材料保管

（1）材料保管、保养过程中，应定期对材料数量、质量、有效期限进行盘查核对。对盘查中出现的问题，应有原因分析、处理意见及处理结果反馈。

（2）施工现场中的易燃易爆、有毒有害物品和建筑垃圾必须符合环保要求。

（3）对于怕日晒雨淋、对温度及湿度要求高的材料必须入库存放。

（4）对于可以露天保存的材料，应按其材料性能上铺下垫，做好围挡。建筑物内一般不存放材料，确需存放时，必须经消防部门批准，并设置防护措施后方可存放，并标志清楚。

3.材料使用监督

材料管理人员应该对材料的使用进行分工监督，检查是否认真执行领发手续，是否合理堆放材料，是否严格按设计参数用料，是否严格执行配合比，是否合理用料，是否做到工完料净、工完退料、场退地清、谁用谁清，是否按规定进行用料交底和工序交接，是否按要求保管材料等。检查是监督的手段，检查要做到情况有记录、问题有（原因）分析、责任定明确、处理有结果。

4.材料回收

班组余料应回收，并及时办理退料手续，处理好经济关系。设施用料、包装物及容器在使用周期结束后应组织回收，并建立回收台账。

（四）周转性材料管理

1.管理范围

（1）模板：大模板、滑模、组合钢模、异型模、木胶合板、竹模板等。

（2）脚手架：钢管、钢架管、碗扣、钢支柱、吊篮、竹塑板等。

（3）其他周转性材料：卡具、附件等。

2.堆放

（1）大模板应集中码放，采取防倾斜等安全措施，设置区域围护并标志。

（2）组合钢模板、竹木模板应分规格码放，便于清点和发放，一般码十字交叉垛，高度应控制在180cm以下，并标志。

（3）钢脚手架管、钢支柱等应分规格顺向码放，周围用围栏固定，减少滚动，便于管理，并标志。

（4）周转性材料零配件应集中存放，装箱、装袋，做好防护，减少散失并标志。

3.使用

周转性材料如连续使用，每次使用完都应及时清理、除污，涂刷保护剂，分类码放，以备再用。如不再使用，应及时回收、整理和退场，并办理退租手续。

第四节　建筑工程项目机械设备管理

一、项目机械设备管理的特点

随着建筑施工机械化水平的不断提高，工程项目施工对机械设备的依赖程度越来越高，机械设备业已成为影响工程进度、质量和成本的关键因素之一。

机械设备是工程项目的主要项目资源，与工程项目的进度、质量、成本费用有着密切的关系。建筑工程项目机械管理就是按优化原则对机械设备进行选择，合理使用与适时更新，因此建筑工程项目机械设备管理的任务是正确选择机械，保证其在使用过程中处于良好的状态，减少闲置、损坏，提高使用率及产出水平。

作为工程项目的机械设备管理，应根据工程项目管理的特点来进行。由于项目经理部不是企业的一个固定的管理层次，没有固定的机械设备，故工程项目机械设备管理应遵循企业机械设备管理规定来进行。对由分包方进场时自带设备及企业内外租用的设备进行统一的管理，同时必须围绕工程项目管理的目标，使机械设备管理与工程项目的进度管理、质量管理、成本管理和安全管理紧密结合。

二、施工机械设备的获取

施工机械设备的获取方式有以下几种：

（1）从本企业专业机械租赁公司租用已有的施工机械设备。

（2）从社会上的建筑机械设备租赁市场租用设备。

（3）进入施工现场的分包工程施工队伍自带施工机械设备。

（4）企业为本工程新购买施工机械设备。

三、施工机械设备的选择

施工机械设备选择的总原则是切合需要、经济合理。

（1）对施工设备的技术经济进行分析，选择满足生产、技术先进且经济合理的施工设备。结合施工项目管理规划，分析购买和租赁的分界点，进行合理配备。如果设备数量多，但相互之间使用不配套，不仅机械性能不能充分发挥，而且会造成浪费。

（2）现场施工设备的配套必须考虑主导机械和辅助机械的配套关系，综合机械化组列中前后工序施工设备之间的配套关系，大、中、小型工程机械及劳动工具的多层次结构的合理比例关系。

（3）如果多种施工机械的技术性能可以满足施工工艺要求，还应对各种机械的下列特性进行综合考虑：工作效率、工作质量、施工费和维修费、能耗、操作人员及其辅助工作人员、安全性、稳定性、运输、安装、拆卸及操作的难易程度、灵活性、机械的完好性、维修难易程度、对气候条件的适应性、对环境保护的影响程度等。

四、项目机械设备的优化配置

设备优化配置，就是合理选择设备，并适时、适量地投入设备，以满足施工需要。设备在运行中应搭配适当，协调发挥作用，形成较高的生产率。

（一）选择原则

施工项目设备选择的原则是切合需要、实际可能、经济合理。设备选择的方法有很多，但必须以施工组织为依据，并根据进度要求进行调整。不同类型的施工方案要计算出不同类设备完成单位实物工作量成本费，以其最小者为最佳经济效益。

（二）合理匹配

选择设备时，先根据某一项目特点选择核心设备，再根据充分发挥核心设备效率的原则配以其他设备，组成优化的机械化施工机群。在这里，一是要求核心设备与其他设备的工作能力应匹配合理；二是按照排队理论合理配备其他设备及相应数量，以充分发挥核心设备的能力。

五、项目机械设备的动态管理

实行设备动态管理，确保设备流动高效、有序、动而不乱，应做到以下几点。

（一）坚持定机、定人、人随机走的原则，坚持操作证制度

项目与机械操作手签订设备定机、定人责任书，明确双方的责任与义务，并将设备的效益与操作手的经济利益联系起来，对重点设备和多班作业的设备实行机长制和严格的交接班制度，在设备动态管理中求得机械操作手和作业队伍的相对稳定。

（二）加强设备的计划管理

（1）由项目经理部会同设备调控中心编制施工项目机械施工计划，内容包括由机械完成的项目工程量、机械调配计划等。

（2）依据机械调配计划制订施工项目机械年度使用计划，由设备调控中心下达给设备租赁站，作为与该项目经理部签订设备租赁合同的依据。

（3）机械作业计划由项目经理部编制、执行，起到具体指导施工和检查、督促施工任务完成的作用，设备租赁站亦根据此计划制订设备维修、保养计划。

（三）加强设备动态管理的调控和保障能力

项目应配备先进的通信和交通工具，具有一定的监测手段，集中一批具有较高业务素质的管理人员和维修人员，以便及时了解设备使用情况，迅速处理、排除故障，保证设备正常运行。

（四）坚持零件统一采购制度

选择有一定经验、思想文化素质较高的配件采购人员，选择信誉好、实力强的专业配件供应商，或按计划从原生产厂批量进货，从而保证配件的质量，取得价格上的优惠。

（五）加强设备管理的基础工作

建立设备档案制度，在设备动态管理的条件下，尤其应加强设备动态记录、运转记录、修理记录，并加以分析整理，以便准确地掌握设备状态，制订修理、保养计划。

（六）加强统一核算工作

实行单机核算，并将考核成绩与操作手、维修人员的经济利益挂钩。

六、项目机械设备的使用与维修

（一）使用前的验收

对进场设备进行验收时，应按机械设备的技术规范和产品特点进行，而且应检查外观

质量、部件结构和设备行驶情况、易损件（特别是四轮一带）的磨损情况，发现问题及时解决，并做好详细的验收记录和必要的设备移交手续。

（二）项目机械设备使用的注意事项

（1）必须设专（兼）职机械管理员，负责租赁工程机械的管理工作。

（2）建立项目组机械员岗位责任制，明确职责范围。

（3）坚持“三定”制度，发现违章现象必须坚决纠正。

（4）按设备租赁合同对进出场设备进行验收交接。

（5）设备进场后，要按施工平面布置图规定的位置停放和安装，并建立台账。

（6）机械设备安装场地应平整、清洁、无障碍物，排水良好，操作棚及临时用电架设应符合要求，实现现场文明施工。

（7）检查督促操作人员严格遵守操作规程，做好机械日常保养工作，保证机械设备良好、正常运转，不得失保、失修、带病作业。

（三）机械设备的磨损

机械设备的磨损可分为三个阶段。

第一阶段：磨合磨损。该阶段包括制造或大修理中的磨合磨损和使用初期的走合磨损，这段时间较短。此时，只要执行适当的磨合期使用规定就可降低初期磨损，延长机械使用寿命。

第二阶段：正常工作磨损。这一阶段，零件经过走合磨损，表现为粗糙度提高，磨损较少，在较长时间内基本处于稳定的均匀磨损状态；这个阶段后期，条件逐渐变坏，磨损也逐渐加快，进入第三阶段。

第三阶段：事故性磨损。此时，由于零件配合的间隙扩展而负荷加大，磨损激增，可能很快磨损。如果磨损程度超过了极限而未能及时修理，就会引起事故性损坏，造成修理困难和经济损失。

（四）机械设备的日常保养

保养工作主要是定期对机械设备有计划地进行清洁、润滑、调整、紧固、排除故障、更换磨损失效的零件，使机械设备保持良好的状态。

在设备的使用过程中，有计划地进行设备的维护保养是非常关键的工作。由于设备某些零部件润滑不良、调整不当或存在个别损坏等原因，往往会缩短设备部件的使用时间，进而影响到设备的使用寿命。

例行保养属于正常使用管理工作，它不占用机械设备的运转时间，由操作人员在机械运转间隙进行；而强制保养是隔一定周期，需要占用机械设备运转时间而停工进行的保养。

（五）机械设备的修理

机械设备的修理，是指对机械设备的自然损耗进行修复，排除机械运行的故障，对零部件进行更换、修复。机械设备的修理可分为大修、中修和零星小修。

大修是对机械设备进行全面的解体检查修理，保证各零部件质量和配合要求，维持良好的技术状态，恢复可靠性和精度等工作性能，以延长机械的使用寿命。

零星小修一般是临时安排的修理，其目的是消除操作人员无力排除的突然故障、个别零件损坏或一般事故性损坏等问题，一般都是和保养相结合，不列入修理计划之中。

第五节　建筑工程项目技术管理

一、项目技术管理的概念

运用系统的观点、理论与方法对项目的技术要素与技术活动过程进行的计划、组织、监督、控制、协调等全工程、全方位的管理称为项目技术管理。

二、项目技术管理的内容

建筑工程施工是一种复杂的多工种操作的综合过程，其技术管理所包含的内容也较多，主要分为施工准备阶段、工程施工阶段、竣工验收阶段。各阶段的主要内容及工作重点如下。

（一）施工准备阶段

本阶段主要是为工程开工做准备，及时搞清工程程序、要求，主要做好以下工作：

（1）确定技术工作目标。根据招标书的要求、投标书的承诺、合同条款及国家有关标准和规范，拟定相应技术工作目标。

（2）图纸会审。工程图纸中经常出现相互矛盾之处或施工图无法满足施工需要，所以图纸会审工作往往贯穿于整个施工过程。准备阶段主要是所需的图纸要齐全，主要项目及线路走向、标高、相互关系要搞清，设计意图明确，以确保需开工项目具备正确、齐全的图纸。

（3）编制施工组织设计，积极准备，及早确定施工方案，确定关键工程施工方法，下发制度并培训相关知识，明确相关要求，使施工人员均有一个清晰的概念，知道自己该如何做，同时申请开工。

（4）复核工程定位测量。应做好控制桩复测、加桩、地表、地形复测，测设线路主要桩点，确保线路方向明确、主要结构物位置清楚。该项工作人员应投入足够的时间和精力，确保工作及时。尤其对于地表、地形复测影响较大的情况，应加以重视。

在施工准备阶段进行上述工作的同时，要做好合同管理工作。招标投标时，清单工程量计算一般较为粗略，项目也有遗漏，所以本阶段的合同管理工作应着重统计工程量，并应与设计、清单对比，计算出指标性资料，以便于领导做决策。尤为重要的是，应认真研究合同条款，清楚计量程序，制定出发生干扰、延期、停工等索赔时的工作程序及应具备的记录材料。

（二）工程施工阶段

（1）审图、交底与复核工作。该工作必须要细致，应讲清易忽视的环节。对于结构物，尤其是小结构物，应注意与地形复核。

（2）隐蔽工程的检查与验收。

（3）试验工作。应及早建立实验室，及早到当地技术监督部门认证标定，同时及早确定原材料并做好各种试验，以满足施工的需要。

（4）编制施工进度计划，并注意调整工作重点、工作方法，落实各种制度，以确保工作体系正常运行。

（5）遇到设计变更或特殊情况，及时做出反应。特殊情况下，注意认真记录好有关资料，如明暗塘、清淤泥、拆除，当遇有结构、停工、耽误、地方干扰等变化情况，应有书面资料及时上报，同时应及时取得现场监理的签认。

（6）计量工作。计量工作包括计量技术和计量管理，具体内容包括计量人员职责范围，仪器仪表使用、运输、保管，制定计量工作管理制度，为施工现场正确配置计量器具，合理使用、保管并定期进行检测和及时修理或更换计量器具，确保所有仪表与器具精度、检测周期和使用状态符合要求。

（7）资料收集整理归档。这项工作目前越来越重要，应做到资料与工程施工同步进行，力求做到工程完工，资料整理也签认完毕。不但便于计量，也使工程项目有可追溯性。建立详细的资料档案台账，确保归档资料正确、工整、齐全，为竣工验收做准备。

（三）竣工验收阶段

（1）工程质量评定、验交和报优工作。如果有条件，可请业主、设计人员等依据平时收集的资料申报优质工程。

（2）工程清算工作。依据竣工资料、联系单等进行末次清算。

（3）资料收集、整理。对于工程日志，工程大事记录，质检、评定资料，工程照片，监理及业主来文、报告、设计变更、联系单、交底单等，应收集齐全，整理整齐。

三、项目技术管理制度

（一）图纸审查制度

1.审查内容

图纸审查主要是为了学习和熟悉工程技术系统，并检查图纸中出现的问题。图纸包括设计单位提交的图纸及根据合同要求由承包人自行承担设计和深化的图纸。图纸审查的步骤包括学习、初审、会审三个阶段。

2.问题处理

对于图纸审查中提出的问题，应详细记录整理，以便与设计单位协商处理。在施工过程中，应严格按照合同要求执行技术核定和设计变更签证制度，所有设计变更资料都应纳入工程技术档案。

（二）技术交底制度

技术交底是在前期技术准备工作的基础上，在开工前以及分部、分项工程及重要环节正式开始前，对参与施工的管理人员、技术人员和现场操作工人进行的一次性交底，其目的是使参与施工的人员对施工对象从设计情况、建筑施工特点、技术要求、操作注意事项等方面有一个详细的了解。

（三）技术复核制度

凡是涉及定位轴线、标高、尺寸、配合比、皮数杆、预留洞口、预埋件的材质、型号、规格，预制构件吊装强度等技术数据，都必须根据设计文件和技术标准的规定进行复核检查，并做好记录和标识别，以避免因技术工作疏忽、差错而造成工程质量不达标或安全事故。

（四）施工项目管理规划审批制度

施工项目管理实施规划必须经企业主管部门审批，才能作为建立项目组织机构、施工部署、落实施工项目资源和指导现场施工的依据。当实施过程中主、客观条件发生变化，需要对施工项目管理实施规划进行修改、变更时，应报请原审批人同意后方可实施。

（五）工程洽商、设计变更管理制度

施工项目经理部应明确责任人，做到使设计变更所涉及的内容和变更项所在图纸编号节点编号清楚，内容详尽，图文结合，明确变更尺寸、单位、技术要求。工程洽商、设计变更涉及技术、经济、工期诸多方面，施工企业和项目部应实行分级管理，明确各项技术洽商分别由哪一级、谁负责签证。

（六）施工日记制度

施工日记既可用于了解、检查和分析施工的进展变化、存在的问题与解决问题的结果，又可用于辅助证实施工索赔、施工质量检验评定及质量保证等原始资料形成过程的客观真实性。

四、施工项目技术管理的工作内容

（一）施工技术标准和规范的执行

（1）在施工技术方面，已颁发的一整套国家或行业技术标准和技术规范是建立和维护正常的生产和工作程序应遵守的准则，具有强制性，对工程实施具有重要的指导作用。

（2）企业应自行制定反映企业自身技术能力和要求的企业标准，企业标准应高于国家或行业的技术标准。

（3）为了保证技术规范的落实，企业应组织各级技术管理人员学习和理解技术规范，并在实践中做总结，对技术难题进行技术攻关，使企业的施工技术不断提高。

（二）技术原始记录

技术原始记录包括建筑材料、构配件、工程用品及施工质量检验、试验、测量记录，图纸会审和设计交底、设计变更、技术核定记录，工程质量与安全事故分析与处理记录，施工日记等。

（三）技术档案与科技情报

1.技术档案

技术档案包括设计文件（施工图）、施工项目管理规划、施工图放样、技术措施，以及施工现场其他实际运作形成的各类技术资料。

2.科技情报

科技情报的工作任务是及时收集与施工项目有关的国内外科技动态和信息，正确、迅速地报道科技成果，交流实践经验，为实现改革和推广新技术提供必要的技术资料，主要包括以下内容：

（1）建立信息机构，将情报工作制度化、经常化。

（2）积极开展信息网络活动，大力收集国内外同行业的科技资料，尤其是先进的科技资料和信息，并及时提供给生产部门。

（3）组织科技资料与信息的交流，介绍有关科技成果和新技术，组织研讨会，研究推广应用项目及确定攻关难题。

（四）计量工作

计量工作包括计量技术和计量管理，具体内容有计量人员职责范围，仪表与器具使用、运输、保管，制定计量工作管理制度，为施工现场正确配置计量器具，合理使用、保管并定期进行检测和及时修理或更换计量器具，确保所有仪表与器具精度、检测周期和使用状态符合要求。

第六节　建筑工程项目资金管理

项目资金管理是指对项目建设资金的预测、筹集、支出、调配等活动进行的管理。资金管理是整个基本建设项目管理的核心。如果资金管理得当，则会有效地保障资金供给，保证基本建设项目建设的顺利进行，取得预期或高于预期的成效；反之，若资金管理不善，则会影响基本建设项目的进展，造成浪费和损失，影响基本建设项目目标的实现，甚至会导致整个基本建设项目的失败。

项目资金管理的主要环节有资金收入预测、资金支出预测、资金收支对比、资金筹措、资金使用管理。

一、项目资金管理的原则

（一）计划管理原则

资金管理必须实行计划管理，根据预定的计划，以项目建设为中心，以提高资金效益为出发点，通过编制来源计划、使用计划，保证资金供给，控制资金的管理与使用，保证实现预定的项目效益目标。

（1）在资金的供应上要科学、合理，既能保证项目建设的需要，又能维持资金的正常周转，提高资金的使用效率。

（2）在资金的占用比例上要相互协调，防止一种资金占用过多而造成闲置，另一种资金数量过少而影响项目进度。

（3）在资金供应时间上要与项目建设的需要相互衔接，保持收支平衡。

（二）依法管理原则

资金管理必须遵守国家有关财经方面的法律、法规，严守财经纪律。必须按照专项资金管理的规定，坚持专款专用，严禁挪用，杜绝贪污、浪费现象的发生。

（三）封闭管理原则

投入基本建设项目的资金都属于指定了专项用途的专项资金，在管理使用上必须按指定的用途实行封闭管理。具体包括如下几项：

（1）专款专用：不能以任何理由挪作他用。

（2）按实列报：项目竣工后，应严格进行决算审计，以经过审计后的支出数作为实际支出数列报。

（3）单独核算：必须按项目分别核算，严格划清资金使用界限，各类专款也不得混淆挪用。

（4）及时报账：每年度结束时，要及时报送项目本年度资金使用情况和项目进度等；项目建成后，要及时办理项目决算审计及完工结账手续。

二、项目资金的使用管理

工程项目资金应以保证收入、节约支出、降低风险和提高经济效益为目的。承包人应在财务部门设立项目专用账号进行项目资金收支预测，统一对外收支与结算。项目经理部负责项目资金的使用管理。项目经理部应编制年、季、月资金收支计划，上报企业主管部门审批实施。项目经理部应根据企业授权，配合企业财务部门及时进行计收，主要进行如下工作：

（1）新开工项目按工程施工合同收取预付款或开办费。

（2）根据月度统计报表编制“工程进度款结算单”，于规定日期报送监理工程师审批结算，如甲方不能按期支付工程进度款且超过合同支付的最后期限，项目经理部应向甲方出具付款违约通知书，并按银行的同期贷款利率计算利息。

（3）根据工程变更记录和证明甲方违约的材料，及时计算索赔金额，列入工程进度款结算单。

（4）对于甲方委托代购的工程设备或材料，必须签订代购合同，收取设备订货预付款或代购款。

（5）工程材料价差应按规定计算，及时请甲方确认，与进度款一起收取。

（6）工期奖、质量奖、措施奖、不可预见费及索赔款，应根据施工合同规定，与工程进度款同时收取。

（7）工程进度款应根据监理工程师认可的工程结算金额及时回收。

项目经理部按公司下达的用款计划控制资金使用，以收定支，节约开支。应按会计制度规定设立财务台账记录资金收支情况，加强财务核算，及时盘点盈亏。

项目经理部应坚持做好项目的资金分析，进行计划收支与实际收支对比，找出差异，分析原因，改进资金管理。项目竣工后，结合成本核算与分析进行资金收支情况和经济效益总分析，上报企业财务主管部门备案。企业应根据项目的资金管理效果，对项目经理部进行奖惩。项目经理部应定期召开有监理、分包、供应、加工各单位代表参加的碰头会，协调工程进度、配合关系、业主供料及资金收付等事宜。

三、项目资金的控制与监督

（1）投资总额的控制。基本建设项目一般周期较长、金额较大，人们往往因主客观因素，不可能一开始就确定一个科学、一成不变的投资控制目标。因此，资金管理部门应在投资决策阶段、设计阶段、建设施工阶段，把工程建设所发生的总费用控制在批准的额度以内，随时进行调整，以最少的投入获得最大的效益。当然，在投资控制中也不能单纯地考虑减少费用，而应正确处理好投资、质量和进度三者的关系。只有这样，才能达到提高投资效益的根本目的。

（2）投资概算、预算、决算的控制。“三算”之间是层层控制的关系，概算控制预算，预算控制决算。设计概算是投资的最高限额，一般情况下不允许突破。施工预算是在设计概算基础上所做的必要调整和进一步具体化。竣工决算是竣工验收报告的重要组成部分，是综合反映建设成果的总结性文件，是基建管理工作的总结。因此，必须建立和健全“三算”编制、审核制度，加强竣工决算审计工作，提高“三算”质量，以达到控制投资总费用的目的。

（3）加强资金监管力度。一方面，项目部严格审批程序，具体是项目各部门提出建设资金申请；项目分管领导组织评审，有关单位参加；项目经理最后决策。另一方面，要明确经济责任，按照经济责任制规定签署《经济责任书》，并监督执行，将考核结果作为责任人晋升、奖励及处罚的依据。

第九章 民用建筑施工测量

第一节 民用建筑施工测量概述

一、概述

民用建筑是指住宅、医院、办公楼和学校等，民用建筑施工测量就是按照设计要求，配合施工进度，将民用建筑的平面位置和高程测设出来。民用建筑的类型、结构和层数各不相同，因而施工测量的方法和精度要求也有所不同，但施工测量的过程基本一样，主要包括建筑物定位、细部轴线放样、基础施工测量和墙体施工测量等。在进行施工测量前，应做好各种准备工作。

民用建筑施工测量的主要工作目的是按照工程施工阶段和工序要求，为施工提供定位服务，是照图施工的主要技术手段。施工测量的质量直接决定了建筑物能否满足设计要求，另外施工测量是每个施工工序的施工前提依据，施工测量的进度直接影响工程施工的进度，因此施工测量需要又快又好地为工程施工服务。

为了保证在建工程的整体精度，施工测量通常也需要按照测量的基本原则，先进行施工区域的控制测量，再根据控制测量的成果进行工程细部位置测设。对建筑工程来说，从开工到竣工验收，施工测量是贯穿始终的。从施工前期的场地平整测量，到建筑物基础定位放线和基础施工测量，再到主体工程的轴线投测和标高控制，一直到工程的竣工验收阶段的竣工测量和竣工图的编绘；另外在每个施工阶段，通常还需要进行阶段竣工测量验收。

在工程建设勘测设计阶段所建立的控制网，是为测图而建立的，有时并未考虑施工的需要，所以控制点的分布、密度和精度都难以满足施工测量的要求；另外，在平整场地时，大多控制点被破坏。因此，施工之前，在建筑场地应重新建立专门的施工控制网。为建立民用建筑施工控制网而进行的测量工作，称为民用建筑施工控制测量。

（一）施工控制网分类

施工控制网分为平面控制网和高程控制网两种。

1.施工平面控制网

施工平面控制网经常采用的形式有三角网、导线网（导线）、建筑方格网和建筑基线四种形式。具体采用哪种施工平面控制网的形式，应根据建筑总平面图、建筑场地的大小、地形，施工方案等因素进行综合考虑。

三角形网，又分为测角网、测边网、边角网，适用于地势起伏较大、通视条件较好的施工场地。

2.施工高程控制网

施工高程控制网需要根据施工场地的大小和工程要求分级建立，常采用水准网。

（二）施工控制网的特点

（1）控制点的密度大，精度要求较高，使用频繁，受施工的干扰多，这就要求控制点的位置应分布恰当，方便使用，并且在施工期间保证控制点尽量不被破坏。因此，控制点的选择、测定及桩点的保护等工作，应与施工方案、现场布置统一考虑确定。

（2）在施工控制测量中，局部控制网的精度往往比整体控制网的精度高。如前所述，某个单元工程的局部控制网的精度可能是整个系统工程中精度最高的部分，因此，也就没有必要将整体控制网都建成与局部同样高的精度。由此可见，大范围的整体控制网只是给局部控制网传递一个起始点坐标和起始方位角，而局部控制网可以布置成自由网的形式。

二、熟悉图样

设计图样是施工测量的主要依据，测设前应充分熟悉各种有关的设计图样，以便了解施工建筑物与相邻地物的相互关系，以及建筑物本身的内部尺寸关系，准确无误地获取测设工作中所需要的各种定位数据。与测设工作有关的设计图样主要有以下几类。

（一）建筑总平面图

建筑总平面图给出建筑场地上所有建筑物和道路的平面位置及其主要点的坐标，标出相邻建筑物之间的尺寸关系，注明各栋建筑物地坪高程，是测设建筑物总体位置和高程的重要依据。要注意其与相邻建筑物、用地红线、道路红线及高压线等的间距是否符合要求。

（二）建筑平面图

建筑平面图标明了建筑物首层、标准层等各楼层的总尺寸，以及楼层内部各轴线之间的尺寸关系。它是测设建筑物细部轴线的依据，要注意其尺寸是否与建筑总平面图的尺寸相符。

（三）基础平面图及基础详图

基础平面图及基础详图标明了基础形式、基础平面布置、基础中心或中线的位置、基础边线与定位轴线之间的尺寸关系、基础横断面的形状和大小以及基础不同部位的设计标高等，它是测设基槽（坑）开挖边线和开挖深度的依据，也是基础定位及细部放样的依据。

（四）立面图和剖面图

立面图和剖面图标明了室内地坪、门窗、楼梯平台、楼板、屋面及屋架等的设计高程，这些高程通常是以 ± 0.000标高为起算点的相对高程，它是测设建筑物各部位高程的依据。

在熟悉图样的过程中，应仔细核对各种图样上相同部位的尺寸是否一致，同一图样上总尺寸与各有关部位尺寸之和是否一致，以免发生错误。

从建筑物的立面图和剖面图中，可以查取基础、地坪、门窗、楼板、屋架和屋面等设计高程，这是高程测设的主要依据。其中，建筑总平面图、建筑平面图和基础平面图是施工定位和放线的基本依据。

三、施工准备工作

在施工测量之前，项目部应建立健全测量组织和质量保证体系，落实检查制度，并核对设计图纸，检查总尺寸和分尺寸是否一致、总平面图和大样详图尺寸是否一致，不符之处要向设计单位提出，并进行修正。然后对施工现场进行实地踏勘，根据实际情况编制测设详图，计算测设数据。对施工测量所使用的仪器、工具应进行检验、校正；否则不能使用。工作中必须注意人身和仪器的安全，特别是在高空和危险地区进行测量时，必须采取防护措施。

（一）现场踏勘

为了解施工现场上地物、地貌及现有测量控制点的分布情况，应进行现场踏勘，以便根据实际情况考虑测设方案。

利用建筑总平面图，实地踏勘施工现场，全面了解现场情况，对施工场地上的平面控制点和水准点进行检核。施工平面控制点和水准点由设计单位或业主单位提供，是施工测量的基准，必须保证其数据的准确性。一般来说，施工平面控制点应提供三个以上，水准点应提供两个以上，平面控制点主要检查其位置的准确性，可利用其中两个为基准，实测第三点坐标与提供的已知值比较，比较偏差在允许范围即可。水准点可利用其中一点为基准，实测两个水准点之间的高差，比较实测高差与提供已知高差之间的差值，在允许范围内即可。如果经过检核发现提供的平面控制点和水准点有误，应由设计单位或业主单位重新提供。

（二）场地整理

清理和整理施工场地，清除影响施工测量的其他不必要的障碍物，以便后期进行相关的测设工作。

（三）制订施工测量方案

根据设计要求、定位条件、现场地形和施工方案等因素，制订测设方案，包括测设方法、测设数据计算和绘制测设略图。

（四）仪器和工具

对测量所使用的仪器和工具进行检核，保证用于施工测量的仪器和工具的准确性。施工测量用的水准仪、经纬仪、全站仪、铅垂仪和钢尺等应每年到有检测资质的单位进行检定，并取得检定证书，以备工程监理核查，同时测量仪器和工具的检定证书是工程竣工资料的一部分，应引起重视。

四、确定测设方案和准备测设数据

在熟悉设计图样、掌握施工计划和施工进度的基础上，结合现场条件和实际情况，拟订测设方案。测设方案包括测设方法、测设步骤、采用的仪器工具、精度要求、时间安排等。

在每次现场测设之前，应根据设计图样和测量控制点的分布情况，准备好相应的测设数据并对数据进行检核，需要时还可绘出测设略图，把测设数据标注在略图上，使现场测设时更方便快速，并减少出错的可能。

五、民用建筑施工场地平整测量

建筑工程开工后，一般应先进行场地平整。场地平整工作主要分为两个内容：一是将建筑施工场地平整到设计标高；二是计算施工场地平整过程中开挖或回填的土方量。场地平整测量要与土方量计算的方法相适应，土方量计算的方法有方格网法、三角网法、断面法等，其中方格网法应用最广，下面就以方格网法介绍场地平整测量工作。

（一）原始地貌测量与开挖控制测量

该部分工作就是将工程施工范围内的天然地面改造成工程图纸上要求的设计位置，以满足后期工程施工的要求。此阶段的测量工作是原始地貌测量，利用原始地貌测量的结果和设计图纸上的平场设计标高，可以算出施工范围内各处的开挖或回填深度，作为土方工程施工的依据。

在实际工作中，有的工程在此施工阶段可能不进行原始地貌测量，而是用该区域的地形图和工程设计图纸控制土方工程的开挖和回填深度，如果测量地形图的时间与工程施工时间间隔较长时，地形图可能与原始地貌不符。另外，地形图上的高程点密度有时不能满足土方工程施工的需要以及土方计算的精度要求，因此在平场施工进行之前，应进行原始地貌测量，具体可分为以下几个内容。

1.方格网设计

原始地貌测量之前，应先设计方格网，方格网间距根据实际情况可选择5m × 5m、10m × 10m、20m × 20m，而且方格网轴线应与建筑物主要轴线平行或垂直。方格网设计应根据平场设计图纸，先确定平场范围，然后利用AutoCAD进行设计。设计方格网时，要确定出方格网的主要轴线设计坐标。

2.方格网测设

方格网测设方法是，先测设方格网的主要框架（30m × 30m轴线或50m × 50m轴线），根据主要框架交点的设计坐标，用全站仪坐标放样法测设其位置。各其他格网交点可根据测设的主要框架用钢尺量距内插得到，各格网点位置应用石灰粉或滑石粉在地面做好“+”标示。

3.原始地貌测量

方格网测设完毕后，应及时进行格网点的高程测量，高程测量可以用水准仪或全站仪进行，测量时应依行或依列依次进行，边测量边记录格网点的高程，在测量和记录过程中应注意检查，避免遗漏或记录与实际不符。该高程测量数据作为后期土方计算和施工的重要依据，应保证其真实性和准确性，同时应妥善保管。

4.土方施工中标高控制测量

在土方施工过程中，应按开挖的进度分阶段进行测量检查和复核，以免超挖，同时控制好放坡和边坡的坡度。

（二）场地平整竣工测量

建筑施工场地平整到设计标高后，应进行土方工程竣工测量。需要将第一阶段的方格网重新恢复（第一阶段的方格网和第二阶段的方格网是同一个方格网），测设方法与第一阶段相同，理论上要求两阶段方格网的同一格网点在水平面上的投影应重合。方格网恢复后，应及时进行格网点的高程测量，高程测量可以用水准仪或全站仪进行，测量时应依行或依列依次进行，边测量边记录格网点的高程，在测量和记录过程中应注意检查，避免遗漏或记录与实际不符。上述测量数据作为土方工程竣工测量的结果，既可以检查土方施工阶段超挖或欠挖的部位，也可作为土方量计算的重要依据，应保证其真实性和准确性，同时应妥善保管。

第二节　建筑物的定位和放线

建筑物的定位和放线工作是建筑工程的基础性工作，同时，建筑物的定位和放线工作也是建筑工程的质量保障，它的质量影响着整个施工过程，更重要的是，它对建筑工程最终的质量起着至关重要的作用。

建筑施工场地平整到设计位置时，应将拟建建筑物的位置测设到施工场地内，并把建筑物的主要轴线测设到地面上，以便后期施工工作的进行。

建筑物四周外廓主要轴线的交点决定了建筑物在地面上的位置，称为定位点或角点，建筑物的定位就是根据设计条件，将这些轴线交点测设到地面上，作为细部轴线放线和基础放线的依据。

一、建筑物的定位

建筑物的定位，是指根据测设略图将建筑物外墙轴线交点（简称角桩）测设到地面上，并以此作为基础测设（放样）和细部测设（放样）的依据。

由于设计条件和现场条件不同，建筑物的定位方法也有所不同，下面介绍三种常见的定位方法。

（一）根据控制点定位

如果待定位建筑物的定位点设计坐标是已知的，且附近有高级控制点可供利用，可根据实际情况选用极坐标法、角度交会法或距离交会法来测设定位点。在这三种方法中，极坐标法适用性最强，是用得最多的一种定位方法。

（二）根据建筑方格网和建筑基线定位

如果待定位建筑物的定位点设计坐标是已知的，且建筑场地已设有建筑方格网或建筑基线，可利用直角坐标法测设定位点，当然也可用极坐标法等其他方法进行测设，但直角坐标法所需要的测设数据的计算较为方便，在用经纬仪和钢尺实地测设时，建筑物总尺寸和四大角的精度容易控制和检核。

（三）根据与原有建筑物和道路的关系定位

如果设计图上只给出新建筑物与附近原有建筑物或道路的相互关系，而没有提供建筑物定位点的坐标，周围又没有测量控制点、建筑方格网和建筑基线可供利用，可根据原有建筑物的边线或道路中心线，将新建筑物的定位点测设出来。

具体测设方法随实际情况的不同而不同，但基本过程是一致的，就是在现场先找出原有建筑物的边线或道路中心线，再用经纬仪和钢尺将其延长、平移、旋转或相交，得到新建筑物的一条定位轴线，然后根据这条定位轴线，用经纬仪测设角度（一般是直角），用钢尺测设长度，得到其他定位轴线或定位点，最后检核四个大角和四条定位轴线长度是否与设计值一致。

二、建筑物的放线

（一）放线的概述

建筑物的放线是指根据现场上已测设好的建筑物定位点，详细测设其他各轴线交点的位置，并将其延长到安全的地方做好标志，然后以细部轴线为依据，按基础宽度和放坡要求用白灰撒出基础开挖边线。

（二）测设方式

1.设交点桩

在外墙轴线周边测设出中间轴线的交点桩。

需要注意的是，为了避免误差的积累，在用钢尺测设每条边上轴线尺寸的过程中，钢尺的零点应始终在起点上。放线结束后，应检查轴线间的水平距离和设计距离的相对误差不超过1/2000，否则应重新测设。

2.引测轴线

在基槽或基坑开挖时，定位桩和细部轴线桩均会被挖掉，为了使开挖后各阶段施工能准确地恢复各轴线位置，应把各轴线延长到开挖范围以外的地方并做好标志，这个工作称为引测轴线，具体有设置龙门板和轴线控制桩两种形式。

（1）龙门板法。

①在建筑物四角和中间隔墙的两端，距基槽边线约2m以外，牢固地埋设大木桩，称为龙门桩，并使桩的一侧平行于基槽。

②根据附近水准点，用水准仪将±0.000标高测设在每个龙门桩的外侧上，并画出横线标志。如果现场条件不允许，也可测设比±0.000高或低一定数值的标高线，同一建筑物最好只用一个标高，如果地形起伏大用两个标高时，一定要标注清楚，以免使用时发生错误。

③在相邻两龙门桩上钉设木板，称为龙门板，龙门板的上沿应和龙门桩上的横线对齐，使龙门板的顶面标高在一个水平面上，并且标高为±0.000，或比±0.000高低一定的数值，龙门板顶面标高的误差应在±5mm以内。

④根据轴线桩，用经纬仪将各轴线投测到龙门板的顶面，并钉上小钉作为轴线标志，称为轴线钉，投测误差应在±5mm以内。对小型的建筑物，也可用拉细线绳的方法延长轴线，再钉上轴线钉，如事先已打好龙门板，可在测设细部轴线的同时钉设轴线钉，以减少重复安置仪器的工作量。

⑤用钢尺沿龙门板顶面检查轴线钉的间距，其相对误差不应超过1/3000。

恢复轴线时，将经纬仪安置在一个轴线钉上方，照准相应的另一个轴线钉，其视线即为轴线方向，往下转动望远镜，便可将轴线投测到基槽或基坑内。也可用白线将相对的两个轴线钉连接起来，借助于垂球，将轴线投测到基槽或基坑内。

（2）轴线控制桩法。

由于龙门板需要较多木料，而且占用场地，使用机械开挖时容易被破坏，因此也可以在基槽或基坑外各轴线的延长线上测设轴线控制桩，作为以后恢复轴线的依据。即使采用了龙门板，为了防止被碰动，对主要轴线也应测设轴线控制桩。

轴线控制桩一般设在开挖边线4m以外的地方，并用水泥砂浆加固。最好是附近有固定建筑物和构筑物，这时应将轴线投测在这些物体上，使轴线更容易得到保护。但每条轴线至少应有一个控制桩是设在地面上的，以便今后能安置经纬仪来恢复轴线，轴线控制桩的引测主要采用经纬仪法，当引测到较远的地方时，要注意采用盘左和盘右两次投测取中数法引测，以减少引测误差和避免错误的出现。

（三）撒开挖边线

先按基础剖面图给出的设计尺寸，计算基槽的开挖宽度。根据计算结果，在地面上以轴线为中线往两边各量出长度，拉线并撒上白灰，即为开挖边线。如果是基坑开挖，则只需按最外围墙体基础的宽度、深度、放坡以及操作面确定开挖边线。

三、建筑物的基础的定位和放线的工作内容

（一）建筑物的垫层中线的测设工作

首先，我们应该做好相关的铺垫工作，也就是进行建筑物的基础垫层工作。没有良好地完成建筑物的基础垫层工作，我们将无法着手建筑物的基础的定位和放线工作。而进行建筑物的垫层中线的测设工作则是根据轴线控制线用一定的方法，把轴线投测到垫层面上，并用墨线弹出墙中心线和基础边线，作为砌筑基础的依据。由于整个墙身的堆砌都是以此线为准，所以我们要进行严格的校核。值得一提的是，建筑物的垫层中线的测设工作是后续的建筑物的施工的基本依据，它起着承上启下的关键作用，我们要高度重视建筑物的垫层中线的测设工作。

（二）建筑物的垫层面的测量和设定工作

在进行建筑物的垫层中线的测设工作之后，我们要进行建筑物的垫层面的测量和设定工作。建筑物的垫层面的测量和设定工作就是依据需要借助一定的工具进行一定的控制。建筑物的垫层面的测量和设定工作在整个建筑物的施工过程中其作用也不容忽视，我们要做好相关的工作。

（三）建筑物的基础墙的测量和设定工作

在进行建筑物的基础墙的测量和设定工作时，我们要把墙中心线投在垫层上，用水准仪去检测各个墙角垫层面标高之后，我们即可开始建筑物的基础墙的测量和设定工作，建筑物的基础墙的高度是用基础的数据来控制的。基础的数据是用一根普通的木杆制成的，在杆上事先按照设计尺寸将建筑物的基础墙的灰缝的厚度一一画出来，然后标注上相应的皮数，并标明建筑物的防潮层等的标高位置。进行建筑物的基础墙的基础数据的测量工作时，可以先在立杆处打一根木桩，用水准仪在木桩侧面定出一条高于垫层标高某一数值的水平线，然后将测量物上标高相同于木桩上的水平线对齐，并用钉把测量物与木桩钉在一起，作为建筑物的基础墙砌筑的标高的依据。建筑物的基础的施工结束后，应检查建筑物的基础面的标高是否符合设计的要求。可用水准仪测出建筑物的基础面上若干点的高程，并与设计高程相比较。这项工作极其重要，它不仅影响着建筑物的墙体堆砌工作，而且影

响着建筑物的整个施工过程，并且对整个建筑工程的质量和水平起到一定的约束作用。

四、建筑物的基础定位和放线的步骤

（一）建筑物的基础定位工作

房屋建筑工程开工之后的第一次放线就是进行建筑物的基础定位工作，第一次放线工作是整个施工过程的基础性工作，首先我们应该高度重视房屋建筑工程开工之后的第一次放线工作，其次我们应该注重建筑物的基础定位的工作人员的专业性，建筑物的基础定位的工作人员的专业性包括三方面。其一是建筑物的基础定位的工作人员的专业素质，我们的建筑物的基础定位的工作人员必须是具备很强的专业能力和丰富的专业知识，能够从事相关的建筑物的基础定位工作。其二是建筑物的基础定位的工作人员的实践技能，这就需要相关的建筑工程的负责企业的培训工作做到位，在建筑物的基础定位的工作人员正式上岗之前，我们的相关企业应该做好相关的培训工作，加强建筑物的基础定位的工作人员的实际工作技能，通过培训使建筑物的基础定位的工作人员更加适应相关的工作。其三是建筑物的基础定位的工作人员的职业道德素质，这一点对于建筑物的基础定位工作非常重要，它影响着建筑物的基础定位工作的质量和水平。我们在进行建筑物的基础定位的工作人员的招聘时应该注重建筑物的基础定位工作的应聘者的道德素质，其次是在建筑物的基础定位工作的岗前培训时，我们应该普及相关的道德知识，使得建筑物的基础定位的工作人员进一步强化相关的职业道德知识。并且强烈要求建筑物的基础定位的工作人员在实际的工作中进行落实，最重要的是建立一定的监督机制。

（二）建筑物的基础施工放线

在进行完建筑物的基础定位工作之后，我们应该做好建筑物的定位桩的相关工作，在建筑物定位桩设定之后，应该由施工单位的专业测量人员、施工现场负责人及监理共同对基础工程进行放线及测量复核（监理人员主要是旁站监督、验证），最后放出所有建筑物轴线的定位桩（根据建筑物大小也可轴线间隔放线），所有轴线定位桩是根据规划部门的定位桩及建筑物底层施工平面图进行放线的。建筑物的基础放线工作的放线工具为“经纬仪”。在建筑物的基础定位放线工作完成之后，由建筑工程的施工现场的测量员及施工员依据建筑物的基础定位的轴线放出建筑物的基础定位的边线，进行建筑物的基础开挖工作。我们应该使用符合相关标准的放线工具，我们使用的符合相关标准的建筑物的基础放线工作主要有经纬仪、龙门板、线绳、线坠子及钢卷尺。工程量比较小的建筑工程可能没有相关的建筑物的专业测量员，也就是建筑物的施工员放线。我们需要注意的是，建筑物的基础轴线定位的物体在建筑物基础放线的同时，须引到拟建建筑物周围的永久建筑物或固定物上，防止轴线定位的物体受到损害时用来补救。

（三）建筑物的主体施工放线

我们在进行建筑物的基础施工放线工作之后，应该对基础工程的施工进行检查，待建筑物的基础工程的施工出正负零后，紧接着就是主体一层和二层的施工，直至主体封顶的施工及放线工作，在这期间，我们使用的建筑物的相关放线工具主要有经纬仪、线坠子、线绳、墨斗和钢卷尺。我们在使用经纬仪、线坠子、线绳、墨斗和钢卷尺这些相关的工具时应该注意它的标准化，我们要根据轴线定位桩及外引的轴线基准线进行施工放线。用经纬仪将轴线打到建筑物上，在建筑物的施工层面上弹出轴线，再根据建筑物的相关轴线放出建筑物的柱子、建筑物的墙体及建筑物的边线，进行建筑工程的每一层施工都是如此，直至建筑物的主体封顶。建筑物的主体施工放线有很多种方法，条件允许的场地只要合理地进行龙门桩的安排就可以很好地完成相关建筑物的主体施工放线工作，一般建筑物的主体施工放线的龙门桩的主要用途是基础施工放线工作，基础完工后再把轴线及水平引测到基础上部四大角的侧面，用墨线弹出垂直、水平线做出三角标记，在引出之前需用基准点校验龙门桩的准确度，这样不管放几次线，只要以基础侧面的基点用仪器，用钢尺量测建筑物的标高，这样就可以到主体封顶。

建筑物的定位和基础放线工作是整个建筑工程的基础工作和关键性工作，做好建筑物的定位和基础放线工作对整个建筑工程来说至关重要。我们要注意建筑物的定位和基础放线工作的基本步骤，并且要做好每步的测量工作，只有这样我们的建筑物的定位和基础放线工作的质量才能够得到保障。

五、民用建筑物各施工细部点详细放线要求

（一）各楼层控制轴线的放线

把控制轴线从预留洞口引测到各楼层上，放出轴线位置。每次传导时控制点必须相互复核，做好记录，检查各点之间的距离、角度直至完全符合为止。

（二）墙模板的放线

根据控制轴线位置放样出墙的位置、尺寸线，用于检查墙、柱钢筋位置，及时纠偏，以利于大模板位置就位。再在其周围放出模板线300mm控制线。放双线控制以保证墙的截面尺寸及位置。然后，放出轴线，待墙拆除模板后把此线引到墙面上，以确定上层梁的位置。

（三）门窗、洞口的放线

在放墙体线的同时弹出门窗洞口的平面位置，再在绑好的钢筋笼上放样出窗门洞口的高度，用油漆标注，放置窗体洞口成型模板。外墙门窗、洞口竖向弹出通线与平面位置校核，以控制门窗、洞口位置。

（四）梁、板的放线

待墙拆模后，进行高程传递，用水准仪引测，立即在墙上用墨线弹出每层+0.500m线，不得漏弹，再根据此线向上引测出梁，板底模板100mm控制线。

（五）楼梯踏步的放线

根据楼梯踏步的设计尺寸，在实际位置两边的墙上用墨线弹出，并弹出两条梯角平行线，以便纠偏。

（六）已知水平距离放样

1.普通方法

如果放样要求精度不高时，从已知点开始，沿给定的方向量出设计给定的水平距离，在终点处打一木桩，并在桩顶标出测设的方向线，然后，仔细量出给定的水平距离，对准读数在桩顶画一垂直测设方向的短线，两线相交即为要放的点位。

为了校核和提高放样精度，以测设的点位和起点向已知点的返测水平距离，如果返测的距离与给定的距离有误差，且相对误差超过允许值时，须重新放样；如果相对误差在容许范围内，可取两者的平均值，用设计距离与平均值的差的一半作为正数，改正测设点位的位置（当改正数为正，短线向外平移，反之向内平移），即可得到正确的点位。

2.精确方法

精确测量时，要进行尺长、温度和倾斜改正。在测设之前必须根据所使用钢尺的尺长方程式计算尺长改正、温度改正，再求得应量水平长度。

3.用光电测距仪测设已知水平距离

（1）先在欲测设方向上目测安置反射棱镜，用测距仪测出的水平距离。

（2）前后移动反射棱镜，直至测出的水平距离为止。如测距仪有自动跟踪功能，可对反向棱镜进行跟踪，直到显示的水平距离为正确长度即可。

六、异形建筑全站仪定位放线

随着我国国民经济的持续、快速增长，我国建筑业也呈现出日新月异、飞速发展的态势，建筑的各种立面造型、平面造型呈现出多样化，从扇形、椭圆形2、正多边形直至风帆形、鸟巢等，这些建筑在美化城市景观、丰富城市立面天际线的同时，给建筑工作者提出了很大的挑战，如何同普通长方形建筑物一样实现对各式各样异形建筑物的快速定位放线，尽可能地不影响工程进度，是否能寻找一种通用方法对各种异形建筑物进行快速定位放线。下面就结合AutoCAD结合全站仪的使用，对快速放线法做一阐述。

（一）准备工作

1.建模

无论何种异形建筑物，设计者已将其准确地在电脑中绘制完毕，为了加快进度，可将工程的电子版工程图从设计方手中拷贝得来，也可以自行建模，通过AumCAD将工程平面信息完整、准确地录入电脑中。

2.建立坐标系

建立坐标系主要是在AutoCAD中建立坐标系。一种是绝对坐标系，在从设计院拷贝时可直接拷贝其城市规划时的总平面图，其总平面图包含工程整体的平面绝对坐标信息，将建筑物的几个主要控制角点的坐标对应即可。另一种是用户坐标系，在录入好总平面图后，在工程的西南角或西南方向找一点作为坐标原点（保证全站仪的坐标数据全部为正值），与工程的南北向平行的一条线作为Y轴，与工程的东西向平行的一条线作为X轴，建立用户坐标系。

3.引导坐标控制点进入施工现场

控制点引入主要由城市规划部门完成，其控制点做法同常规做法相同，在此要注意三点：

（1）场内至少需引入三点（能相互通视），主要便于相互复核，控制点要设在基坑周边不易变形的部位，易于基坑内放线；

（2）其坐标数据需及时记录、保存（绝对坐标和相对坐标）；

（3）控制点要注意保护，不要设在易变形的部位。

（二）实施过程

1.施测程序

施测准备→在AutoCAD中准确找出坐标数据，输入全站仪中→工程定位测量→复核相关尺寸及主要点位坐标→下一阶段测量。

2.施测准备

（1）相关仪器的校核与检定。对与工程测量相关的仪器及工具要重新进行校核与检定，仪器要具备有效的检定证书，钢尺等工具要校核无误，进行施测的人员必须取得有关部门认定的测量员上岗证书，在一项工程施测中，必须要定岗、定人、定仪器。

（2）了解、熟悉现场情况，包括基坑是否为深基坑，是放坡还是要进行基坑支护，有无地下水。控制点的布设要放在放坡及支护边线以外，控制点中间影响通视的障碍物要进行排除。

（3）编写《某工程测量放线专项施工方案》，确定本工程测量放线的总体规划和总体思路，在方案审批后，对所有参测人员进行详细、认真的交底。

3.坐标数据的录入

（1）异形建筑物的坐标数据不仅要找出建筑物四个大角处坐标，而且要找出工程各个轴线交点及主要特征点的坐标。

（2）从AutoCAD中找相应点的坐标数据时，要使用“菜单栏→标注→坐标标注”命令或在底部命令行中直接输入“ID”简定命令即可找出任意点的坐标数据。

4.工程各施工阶段的测量

（1）基础施工阶段。根据业主提供的规划坐标点，引入施工现场内三个可以相互通视的控制点，测量人员使用全站仪将场内通视好的控制点作为测站点，后视另一控制点，使用全站仪中的采集或放样命令程序对第三点进行复核，复核无误后，即可进行主要特征点的放样。放样时要选择好放样点的坐标，预先规划好放样顺序，尽量降低错误概率。在放样完成后，采用抽样法对其中任意两点距离用钢尺进行复核，任意两点间距离可以通过其坐标计算得出$[(X_2-X_1)^2+(Y_2-Y_1)^2]^{1/2}$，也可以在AutoCAD中利用“对齐标注”命令得出。将放样好的各点按图相连，即得出工程的纵横轴线网（弧形轴线可采用矢高等分法分段放出），然后对轴线网进行自检，自检合格后，将相关资料交由监理单位进行验线，验线合格后，进行具体墙、柱、梁等构件的基础放样。高程控制可采用DS_3级自动安平水准仪，按常规方法测量。

（2）±0.000以上工程的施工。±0.000以上工程施工时，由于柱钢筋要在顶板上甩出，影响全站仪的通视，故全站仪的使用受到了局限，因此，经过研究实践，制定了一套AutoCAD加平面控制网的放线方法。

在AutoCAD中对内控点进行模拟布设，内控点布置在轴线外1~2m处，在每一个施工段至少布置四个内控点，相互连通即形成平面控制网，轴线交点及楼层各特征点与平面控制网的位置关系全部用AutoCAD模拟找出，找出后在现场进行复核，复核无误后，绘制《某工程内控点布设图》。

内控点在±0.000板上相应位置预埋200mm×200mm、厚10mm的钢板，在点位上用切割机刻划十字丝，在楼层板上相应位置预留200mm×200mm孔，作为传递孔，在±0.000以上各层施工时，采用激光经纬仪或铅垂仪（较低的也可采用2kg以上线坠）作为向上传递内控点的工具，±0.000以上各层放线依据《某工程内控点布设图》放出。

（3）复核。在基础测设时可以将场内不同的控制点作为测站点对基础内各点位进行复核。在±0.000以上测设时，可利用平面控制网中各内控点相互交叉复核。

（三）安全提示

本项工作主要安全隐患在于基础施工阶段，处于基坑边的高处作业，故务必要系好安全带。要严格执行国家有关的安全操作规范、规程，要遵守施工现场的各项安全生产规定。

（四）施测时的各项限差和质量要求

（1）为保证误差在允许限差以内，各种控制测量必须按《城市测量规范》执行，操作按规范进行，各项限差必须达到几项要求：控制轴线，轴线间误差大于20m，1/7000（相对误差）；各种结构控制线相对于轴线小于±3mm；标高小于±5mm。

（2）放样工作按要求进行：仪器各项限差符合同级别仪器限差要求。钢尺量距：对倾斜测量应在满足限差要求的情况下考虑倾斜改正；垂直度观测，若采取吊垂球时应在无风的情况下，如有风而不得不采取吊垂球时，可将垂球置于水桶内。

（3）细部放样应遵循下列原则：用于细部测量的控制点或线必须经过检验；细部测量坚持由整体到局部的原则；有方格网的必须校正对角线；方向控制尽量使用距离较长的点；所有结构控制线必须清楚明确。

第三节　建筑物基础施工测量

基础开挖前，根据轴线控制桩（或龙门板）的轴线位置和基础宽度，并估计基础挖深放坡的尺寸，在地面上用白灰放出基槽边线（或称基础开挖线）。

一、开挖深度和垫层标高控制

为了控制基槽开挖深度，当基槽挖到接近槽底设计高程时，应在槽壁上测设一些水平桩，使水平桩的上表面离槽底设计高程为某一整分米数（如0.50m），用以控制挖槽深度，也可作为槽底清理和打基础垫层时掌握标高的依据。一般在基槽各拐角处均应打水平桩，线下0.50m即为槽底设计高程。

水平桩可以是木桩也可以是竹桩，测设时，以画在龙门板或周围固定地物的±0.000

标高线为已知高程点，用水准仪进行测设，小型建筑物也可用连通水管法进行测设。水平桩上的高程误差应在±10mm以内。

基槽开挖时，不得超挖基底，要随时注意挖土的深度，禁止对基底老土的扰动。要特别注意基槽挖到距离槽底0.5m左右时的标高控制，在基坑较深、工程体量较大的情况下，可以在槽底间距离5m左右和拐角处钉垂直桩，用以控制挖槽深度及作为清理槽底和铺设垫层的依据，垂直桩高程测设的允许误差为±10mm。当工程为深基坑时，由于一般采用钢丝网、锚杆混凝土护壁，则可以在槽壁打水平桩来控制槽底开挖标高。

二、在垫层上投测基础中心线

基础垫层打好后，根据龙门板上的轴线钉或轴线控制桩，用经纬仪或拉线绳挂垂球的方法，把轴线投测到垫层上，并用墨线弹出基础墙体中心线和基础墙边线，以便砌筑或浇筑基础墙。由于整个墙身的砌筑或浇筑均以此线为准，因此这是确定建筑物位置的关键环节，一定要严格校核后方可进行砌筑或浇筑施工。

三、基础标高控制

基础墙的标高一般是用基础“皮数杆”来控制的，皮数杆是用一根木杆做成，在杆上注明±0.000的位置，按照设计尺寸将砖和灰缝的厚度，分批从上往下一一画出来，此外还应注明防潮层和预留洞口的标高位置。立皮数杆时，可先在立杆处打一木桩，用水准仪在木桩侧面测设一条高于垫层设计标高某一数值（如0.2m）的水平线，然后将皮数杆上标高相同的一条线与木桩上的水平线对齐，并用钢钉把皮数杆和木桩钉在一起，这样立好皮数杆后，即可作为砌筑基础墙的标高依据。

对于采用钢筋混凝土的基础，可用水准仪将设计标高测设于模板上。

四、基础墙顶面标高检查

基础施工结束后，应检查基础墙顶面的标高是否符合设计要求（也可检查防潮层）。可用水准仪测出基础墙顶面上若干点的高程，并与设计高程比较，允许误差为 ±10mm。

第四节 墙体施工测量

一、首层楼房墙体施工测量

（一）墙体轴线测设

基础工程结束后，应对龙门板或轴线控制桩进行检查复核，以防基础施工期间发生碰动移位。复核无误后，可根据轴线控制桩或龙门板上的轴线钉，用经纬仪法或拉线法，把首层楼房的墙体轴线测设到防潮层上，并弹出墨线，然后用钢尺检查墙体轴线的间距和总长是否等于设计值，用经纬仪检查外墙轴线四个主要交角是否等于90°。符合要求后，把墙轴线伸延到基础外墙侧面上并弹线和做出标志，作为向上投测各层楼房墙体轴线的依据。同时应把门窗和其他洞口的边线，也在基础外墙侧面上做出标志。

墙体砌筑前，根据墙体轴线和墙体厚度，弹出墙体边线，照此进行墙体砌筑。砌筑到一定高度后，用吊锤线将基础外墙侧面上的轴线引测到地面以上的墙体上，以免基础覆土后看不见轴线标志。如果轴线处是钢筋混凝土柱，则在拆柱模后将轴线引测到桩身上。

（二）墙体标高测设

墙体砌筑时，其标高用墙身“皮数杆”控制。在皮数杆上根据设计尺寸，按砖和灰缝厚度画线，并标明门、窗、过梁、楼板等的标高位置。杆上标高注记从±0.000向上增加。

墙身皮数杆一般立在建筑物的拐角和内墙处，固定在木桩或基础墙上，为了便于施工，采用里脚手架时，皮数杆立在墙的外边；采用外脚手架，皮数杆应立在墙的里边。立皮数杆时，先用水准仪在立杆处的木桩或基础墙上测设±0.000标高线，测量误差在±3mm以内，然后把皮数杆上的±0.000线与该线对齐，用吊锤校正并用钉钉牢，必要时可在皮数杆上加两根钉斜撑，以保证皮数杆的稳定。

墙体砌筑到一定高度后（1.5m左右），应在内、外墙上测设+0.50m标高的水平墨线，称为“+50线”。外墙面上+50线作为向上传递各楼层标高的依据，内墙的+50线作为室内地面施工及室内装修的标高依据，也可在内外墙上测设+1.000m标高水平线，称为1米线。

二、二层以上楼房墙体施工测量

每层楼面建好后，为了保证继续往上砌筑墙体时，墙体轴线均与基础轴线在同一铅垂面上，应将基础或首层墙面上的轴线投测到楼面上，并在楼面上重新弹出墙体的轴线，检查无误后，以此为依据弹出墙体边线，再往上砌筑。在这个测量工作中，从下往上进行轴线投测是关键，一般多层建筑常用吊锤线。

将较重的锤球悬挂在楼面的边缘，慢慢移动，使锤球尖对准地面上的轴线标志，或者使锤线下部沿垂直墙面方向与底层墙面上的轴线标志对齐，吊锤线上部在楼面边缘的位置就是墙体轴线位置，在此画一条短线作为标志，便在楼面上得到轴线的一个端点，同法投测另一端点，两端点的连线即为墙体轴线。

一般应将建筑物的主轴线都投测到楼面上来，并弹出墨线，用钢尺检查轴线间的距离，其相对误差不得大于1/3000，符合要求之后，再以这些主轴线为依据，用钢尺内分法测设其他细部轴线。在困难的情况下至少要测设两条垂直相交的主轴线，检查交角合格后，用经纬仪和钢尺测设其他主轴线，再根据主轴线测设细部轴线。

吊锤线法受风的影响较大，楼层较高时风的影响更大，因此应在风小的时候作业，投测时应等待吊锤稳定下来后再在楼面上定点。此外，每层楼面的轴线均应直接由底层投测上来，以保证建筑物的总竖直度。只要注意这些问题，用吊锤线法进行多层楼房的轴线投测的精度是有保证的。

三、现浇柱的施工测量

（一）柱子垂直角度的测量控制

混凝土现浇结构几何尺寸的准确与否，关键靠正确的模板几何尺寸来保证。柱身模板支好后，须用经纬仪检查校正柱子的垂直度。由于柱子在一条线上，现场无法通视，故一般采用平行线投点法测量。

（二）模板标高的测设

柱模板垂直度校正正确说明柱子的平面位置无误，之后在模板外侧引测50标高控制线。每根柱不少于两点，并注明标高数值，作为测量柱顶标高、安装预埋件、牛腿支模等标高的依据。

柱顶标高的引测，一般选择不同行列的三根柱子，从柱子下面的50标高控制线处，根据设计柱长用钢尺沿柱身向上量取距离，在柱子上端模板上各确定一个同高程的点。然后在柱子上端脚手架平台上支水准仪，将钢尺所引测上来的高程传递到柱顶模板上。注意从一点引测，最后要闭合于另一点上，第三点用于校核。

（三）现浇结构尺寸、标高允许偏差

施工中要通过《工程测量规范》（GB 50026—2020）规定的检验方法，随时检查结构几何尺寸的偏差值，发现问题及时纠正。

四、墙体标高传递

（一）标高传递概述

多层建筑物施工中，要由下往上将标高传递到新的施工楼层，以便控制新楼层的墙体施工，使其标高符合设计要求。

（二）标高传递方式

标高传递一般有以下两种方法：

（1）利用皮数杆传递标高一层楼房墙体砌完并建好楼面后，把皮数杆移到二层继续使用。为了使皮数杆立在同一水平面上，用水准仪测定楼面四角的标高，取平均值作为二楼的地面标高，并在立杆处绘出标高线，立杆时将皮数杆的 ± 0.000线与该线对齐，然后以皮数杆为标高的依据进行墙体砌筑。如此用同样方法逐层往上传递高程。

（2）利用钢尺传递标高在标高精度要求较高时，可用钢尺从底层的+50标高线起往上直接丈量，把标高传递到第二层，然后根据传递上来的高程测设第二层的地面标高线，以此为依据立皮数杆。在墙体砌到一定高度后，用水准仪测设该层的+50标高线，再往上一层的标高可以此为准用钢尺传递，依次类推，逐层传递标高。

第五节　高层建筑施工测量

在高层建筑工程施工测量中，由于高层建筑的体形大、层数多、高度高、造型多样化、建筑结构复杂、设备和装修标准高，因此，在施工过程中对建筑物各部位的水平位置、轴线尺寸、垂直度和标高的要求都十分严格，对施工测量的精度要求也高。为确保施工测量符合精度要求，应事先认真研究和制订测量方案，拟定出各种误差控制和检核措施，所用的测量仪器应符合精度要求，并按规定认真检核。此外，由于高层建筑工程量大，机械化程度高，各工种立体交叉大，施工组织严密，因此施工测量应事先做好准备工作，密切配合工程进度，以便及时、快速和准确地进行测量放线，为下一步施工提供平面

和标高依据。

高层建筑施工测量的工作内容很多，下面主要介绍建筑物定位、基础施工、轴线投测和高程传递等几方面的测量工作。

一、高层建筑定位测量

（一）测设施工方格网

根据设计给定的定位依据和定位条件，进行高层建筑的定位放线，是确定建筑物平面位置和进行基础施工的关键环节，施测时必须保证精度，因此一般采用测设专用的施工方格网的形式来定位。施工方格网是测设在基坑开挖范围以外一定距离，平行于建筑物主要轴线方向的矩形控制网。施工方格网一般在总平面图上进行布置设计。

（二）测设主轴线控制桩

在施工方格网的四边上，根据建筑物主要轴线与方格网的间距，测设主要轴线的控制桩。测设时要以施工方格网各边的两端控制点为准，用经纬仪定线，用钢尺拉通尺量距来打桩定点。测设好这些轴线控制桩后，施工时便可方便准确地在现场确定建筑物的四个主要角点。

因为高层建筑的主轴线上往往是柱或剪力墙，施工中通视和量距困难，为了便于使用，实际上一般是测设主轴线的平行线。由于其作用和效果与主轴线完全一样，为方便起见，这里仍统一称为主轴线。

除了四廓的轴线外，建筑物的中轴线等重要轴线也应在施工方格网边线上测设出来，与四廓的轴线一起，称为施工控制网中的控制线，一般要求控制线的间距为30~50m。控制线的增多，可为以后测设细部轴线带来方便，也便于校核轴线偏差。如果高层建筑是分期分区施工，为满足某局部区域定位测量的需要，应把对该局部区域有控制意义的轴线在施工方格网边线测设出来。施工方格网控制线的测距精度不低于1/10000，测角精度不低于±10″。

如果高层建筑准备采用经纬仪法进行轴线投测，还应把应投测轴线的控制桩往更远处、更安全稳固的地方引测，这些桩与建筑物的距离应大于建筑物的高度，以免用经纬仪投测时仰角太大。

二、高层建筑基础施工测量

高层建筑物基础施工测量与多层一般民用建筑基础施工测量类似，包括基础放线和±0.000以下标高的控制。当高层建筑基坑垫层浇筑完成后，在垫层上测定建筑物的各条轴线、边界线等称为基础放线（俗称撂底），这是确定建筑物位置的关键，施测时应严格保证精度，严防出错。同时要保证±0.000以下标高的控制的测设精度。

（一）测设基坑开挖边线

高层建筑一般都有地下室，因此要进行基坑开挖。开挖前，先根据建筑物的轴线控制桩确定角桩以及建筑物的外围边线，再考虑边坡的坡度和基础施工所需工作面的宽度，测设出基坑的开挖边线并撒出灰线。

（二）基坑开挖时的测量工作

高层建筑的基坑一般都很深，需要放坡并进行边坡支护加固，开挖过程中，除了用水准仪控制开挖深度外，还应经常用经纬仪或拉线检查边坡的位置，防止出现坑底边线内收，致使基础位置不够。

（三）基础放线及标高控制

（1）基础放线基坑开挖完成后，有三种情况：一是直接打垫层，然后做箱形基础或筏板基础，这时要求在垫层上测设基础的各条边界线、梁轴线、墙宽线和柱位线等；二是在基坑底部打桩或挖孔，做桩基础，这时要求在坑底测设各条轴线和桩孔的定位线，桩做完后，还要测设桩承台和承重梁的中线；三是先做桩，然后在桩上做箱形基础或筏板，组成复合基础，这时的测量工作是前两种情况的结合。

测设轴线时，有时为了通视和量距方便，不是测设真正的轴线，而是测设其平行线，这时一定要在现场标注清楚，以免错误。另外，一些基础桩、梁、柱、墙的中线不一定与建筑轴线复合，而是偏移某个尺寸，因此要认真按图施测，防止出错。

如果是在垫层上放线，可把有关轴线和边线直接用墨线弹在垫层上，由于基础轴线的位置决定了整个高层建筑的平面位置和尺寸，因此施测时要严格检核，保证精度。如果是在基坑下做桩基，则测设轴线和桩位时，宜在基坑护壁上设立轴线控制桩，既能保留较长时间，也便于施工时用来复核桩位和测设桩顶上的承台和基础梁等。

从地面往下投测轴线时，一般是用经纬仪投测法，由于俯角较大，为了减小误差，每个轴线点均应盘左盘右各投测一次，然后取中数。

（2）基础标高测设基坑完成后，应及时用水准仪根据地面上的±0.000水平线，将高程引测到坑底，并在基坑护坡的钢板或混凝土桩上做好标高为负的整米数的标高线。由于基坑较深，引测时可多设几站观测，也可用悬吊钢尺代替水准尺进行观测。在施工过程中，如果是桩基，要控制好各桩的顶面高程；如果是箱基和筏基，则直接将高程标志测设到竖向钢筋和模板上，作为安装模板、绑扎钢筋和浇筑混凝土的标高依据。

三、高层建筑的轴线投测

（一）轴线投测概述

当高层建筑的地下部分完成后，根据施工方格网校测建筑物主轴线控制桩后，将各轴线测设到做好的地下结构顶面和侧面，又根据原有的±0.000水平线，将±0.000标高（或某整分米数标高）也测设到地下结构顶部的侧面上，这些轴线和标高线，是进行首层主体结构施工的定位依据。

随着结构的升高，要将首层轴线逐层往上投测，作为施工的依据。此时建筑物主轴线的投测最为重要，因为它们是各层放线和结构垂直度控制的依据。随着高层建筑物设计高度的增加，施工中对竖向偏差的控制要求就越高，轴线竖向投测的精度和方法就必须与其适应，以保证工程质量。

（二）轴线投测方式

无论采用何种方法向上投测轴线，都必须在基础工程完工后，根据施工控制网，校测建筑物轴线控制桩，合格后，将建筑物轮廓线和各细部轴线精确的弹测到±0.000首层平面上，作为向上投测轴线的依据。目前，高层建筑物的轴线投测方法分为外控法和内控法。

1.外控法

当施工场地比较宽阔时，可使用外控法进行竖向投测，它是在高层建筑物外部安置经纬仪。经纬仪安置在轴线控制桩上，严格对中整平，盘左照准建筑物底部的轴线标志，往上转动望远镜，用其竖丝指挥在施工层楼面边缘上画一点，然后盘右再次照准建筑物底部的轴线标志，同法在该处楼面边缘上画出另一点，取两点的中间点作为轴线的端点。其他轴线端点的投测与此法相同。

当楼层建的较高时，经纬仪投测时的仰角较大，操作不方便，误差也较大，此时应将轴线控制桩用经纬仪引测到远处（大于建筑物高度）稳固的地方，然后继续往上投测，如果周围场地有限，也可引测到附近建筑物的房顶上。

根据高层建筑物的施工特点和现场场地情况，可分为延长轴线法、侧向借线法和正倒镜逐渐趋近法（调直法）三种投测方法。

（1）延长轴线法。此法适用于建筑场地四周开阔，能将建筑物轴线延长到距离建筑物1.5h（建筑物高度h）左右的距离处，或者附近多层民用建筑楼顶上，并可在轴线延长线上安置经纬仪，以首层轴线为准，向上逐层投测。

在投测轴线前，应严格检核经纬仪，操作时仪器要仔细对中和调平，且宜选择阴天、无风时进行投测。

（2）侧向借线法。此法适用于场地四周范围较小，高层建筑物轴线四廓轴线无法延长，但可以将轴线向建筑物外侧平行移出（俗称借线）。移出的尺寸应视外脚手架的情况而定，尽可能不超过2m。

（3）正倒镜逐渐趋近法。此法适用于建筑物四廓轴线虽然可以延长，但不能在延长线上安置经纬仪的情况。

综上所述，外控法轴线投测应注意以下几点：

①投测前经纬仪应严格检验和校正，操作时仔细对中和整平，以减少仪器竖轴误差的影响。

②应尽量采用正倒镜取中法向上投测轴线或延长轴线时，以消除仪器视准轴和横轴不垂直误差带来的影响。

③轴线控制桩或延长轴线的桩位要稳固，标志要清楚明显，并能长期保存，投测时应尽可能以首层轴线为准直接上施工楼层投测，以减少逐层向上投测造成的误差积累。

④当使用延长轴线法或侧向借线法向上投测轴线时，建议每隔5层或10层，用正倒镜逐层逼近法校测一次，以提高投测精度，减少竖向偏差的积累。

2.内控法

当周围建筑物密集，施工场地窄小，无法在建筑物以外的轴线处安置经纬仪时，可采用内控法进行竖向投测。内控法通过楼层预留垂准孔将点位垂直投测到任意楼层，一般有吊线坠法和垂准仪法。

（1）吊线坠法。该法与一般的吊锤线法的原理是一样的，只是线坠的重量更大，吊线（细钢丝）的强度更高。此外，为了减少风力的影响，应将吊线坠的位置放在建筑物内部预留的垂准孔。事先在首层地面上埋设轴线点的固定标志，轴线点之间应构成矩形或十字形等，作为整个高层建筑的轴线控制网。各标志的上方每层楼板都预留孔洞，供吊锤线通过。投测时，在施工层楼面上的预留孔上安置挂有吊线坠的十字架，慢慢移动十字架，当吊锤尖静止地对准地面固定标志时，十字架的中心就是应投测的点，在预留孔四周做上标志即可，标志连线交点，即为从首层投上来的轴线点。同理测设其他轴线点。

使用吊线坠法进行轴线投测，经济、简单又直观，精度也比较可靠，但投测费时费力，正逐渐被下面所述的垂准仪法所替代。

（2）垂准仪法。垂准仪法就是利用能提供铅直向上（或向下）视线的专用测量仪器，进行竖向投测。常用的仪器有垂准经纬仪、激光经纬仪和激光垂准仪等。用垂准仪法进行高层建筑的轴线投测，具有占地小、精度高、速度快的优点，在高层建筑施工中用得越来越多。

垂准仪法也需要事先在建筑底层设置轴线控制网，建立稳固的轴线标志，在标志上方每层楼板都预留孔洞（大于30cm × 30cm），供视线通过。

①垂准经纬仪。该仪器的特点是在望远镜的目镜位置上配有弯曲成90° 的目镜，使仪器铅直指向正上方时，测量员能方便地进行观测。此外该仪器的中轴是空心的，使仪器也能观测正下方的目标。

使用时，将仪器安置在首层地面的轴线点标志上，严格对中整平，由弯管目镜观测，当仪器水平转动一周时，若视线一直指向一点上，说明视线方向处于铅直状态，可以向上投测。投测时，视线通过楼板上预留的孔洞，将轴线点投测到施工层楼板的透明板上定点，为了提高投测精度，应将仪器照准部水平旋转一周，在透明板上投测多个点，这些点应构成一个小圆，然后取小圆的中心作为轴线点的位置。同法用盘右再投测一次，取两次的中点作为最后结果。由于投测时仪器安置在施工层下面，因此在施测过程中要注意对仪器和人员的安全采取保护措施，防止落物击伤。

如果把垂准经纬仪安置在浇筑后的施工层上，将望远镜调成铅直向下的状态，视线通过楼板上预留的孔洞，照准首层地面的轴线点标志，也可将下面的轴线点投测到施工层上来。该法较安全，也能保证精度。

该仪器竖向投测方向观测中误差不大于±6，即100m高处投测点位误差为±3mm，相当于约1/30000的铅垂度，能满足高层建筑对竖向的精度要求。

②激光经纬仪。它是在望远镜筒上安装一个氦氖激光器，用一组导光系统把望远镜的光学系统联系起来，组成激光发射系统，再配上电源，便成为激光经纬仪。为了测量时观测目标方便，激光束进入发射系统前没有遮光转换开关。遮去发射的激光束，就可在目镜（或通过弯管目镜）处观测目标，而不必关闭电源。

激光经纬仪可用于高层建筑轴线竖向投测，其方法与配弯管目镜的经纬仪是一样的，只不过是用可见激光代替人眼观测。投测时，在施工层预留孔中央设置用透明聚酯膜片绘制的接收靶，在地面轴线点处对中整平仪器，启动激光器，调节望远镜调焦螺旋，使投射在接收靶上的激光束光斑最小，再水平旋转仪器检查接收靶上光斑中心是否始终在同一点，或画出一个很小的圆圈，以保证激光束铅直，然后移动接收靶使其中心与光斑中心或小圆圈中心重合，将接收靶固定，则靶心即为欲投测的轴线点。

③激光垂准仪。激光垂准仪主要由氦氖激光器、竖轴、水准管、基座等部分组成。可广泛应用于高层建筑施工、高塔、烟囱、电梯、大型机构设备的施工安装，工程监理和变形观测。

激光垂准仪通过望远镜可以直接观测到清晰的可视激光，激光垂准仪用于高层建筑轴线竖向投测时，其原理和方法与激光经纬仪基本相同，主要区别在于对中方法。激光经纬仪一般用光学对中器，而激光垂准仪用激光管尾部射出的光束进行对中。

四、高层建筑的高程传递

（一）钢尺直接测量

一般用钢尺沿结构外墙、边柱或楼梯间，由底层±0.000标高线向上竖直量取设计高差，即可得到施工层的设计标高线。用这种方法传递高程时，应至少由三处底层标高线向上传递，以便于相互校核。由底层传递到上面同一施工层的几个标高点，必须用水准仪进行校核，检查各标高点是否在同一水平面上，其误差应不超过±3mm。合格后以其平均标高为准，作为该层的地面标高。若建筑高度超过一尺段（30m或50m），可每隔一个尺段的高度精确测设新的起始标高线，作为继续向上传递高程的依据。

（二）悬吊钢尺法

在外墙或楼梯间悬吊一根钢尺，分别在地面和楼面上安置水准仪，将标高传递到楼面上。用于高层建筑传递高程的钢尺，应经过检定，量取高差时尺身应铅直和用规定的拉力，并应进行温度改正。

（三）采用皮数杆传递高程

皮数杆上的±0.000，砖层、窗台、过梁、预留洞、门楼板等的标高位置都已标注，一层施工完成后，再从第二层立皮数杆，一层一层向上传递，这样就可以把高程传递到各施工楼层。向上传递皮数杆时，应注意检查下层皮数杆是否松动。

（四）普通水准仪法

在条件许可的情况下，直接使用水准仪按普通水准测量的方法沿建筑物楼梯逐渐向上，将高程传递到各施工楼层，作为该施工楼层抄平的依据。

五、高层建筑施工测量的特点

高层建筑层数多、高度高、结构复杂、设备安装和装修标准要求较高、建筑平面和立面造型新颖多变，因此高层建筑施工测量相较于一般民用建筑施工测量有以下不同。

（1）高层建筑施工测量应在开工前，制订合理的施测方案，选用合适的仪器设备，落实人员分工，制订严密的施工组织方案，并经有关专家论证和上级有关部门审批后方可实施。

（2）高层建筑施工测量的主要问题是控制竖向偏差（垂直度），施工测量中要求轴线的竖向投测精度高，因此应结合施工现场条件、施工方法及建筑结构类型选用合适的投测方法。

（3）高层建筑施工放线和抄平精度要求高。

（4）高层建筑施工工程量大，工期较长且分期施工，因此不仅要求有足够的精度与足够密度的施工控制网（点），还要求这些控制点稳固，尽可能保存到工程竣工，有些还应能在工程移交后继续使用。

（5）高层建筑施工项目多，又为立体交叉作业，且受天气变化，建筑材料的材质、不同的施工方法等影响，使施工测量受到的干扰大，故施工测量必须精心组织、充分准备，快、准、稳地配合各个工序的施工。

（6）高层建筑一般基础基坑深，自身荷载大，建设周期长，为了保证施工期间周围环境与建筑物自身的安全，应按照国家有关规范要求，在施工期间进行相应项目的变形观测。

第十章　基础施工测量

第一节　基础施工测量前准备工作

建筑施工测量是在建筑施工阶段，测量人员按照设计的要求对建筑的平面位置和竖向位置进行测设并标记在施工现场，作为各项施工工作定位依据。施工测量的内容主要包括建筑物定位、细部轴线放样、基础施工测量和主体施工测量等。在进行施工测量前，应做好以下准备工作。

一、熟悉设计图纸

设计图纸是施工测量的主要依据，测设前应充分熟悉各种有关的设计图纸，了解施工建筑物与相邻地物的相互关系及建筑物本身的内部尺寸关系，准确无误地获取测设工作中所需要的各种定位数据。下面介绍与测设工作紧密相关的设计图纸。

（一）建筑总平面图

建筑总平面图给出了建筑场地上所有建筑物和道路的平面位置及其主要点的坐标，标出了相邻建筑物之间的尺寸关系，注明了各栋建筑物室内地坪高程，是测设建筑物总体位置和高程的重要依据。根据建筑总平面图，测量人员可获取待施工建筑物的角点坐标，并以其作为建筑物平面定位的依据。

（二）建筑平面图

建筑平面图标明了建筑物首层、标准层等各楼层的总尺寸，以及楼层内部各轴线之间的尺寸关系，它是测设建筑物细部轴线的依据。

（三）基础平面图及基础详图

基础平面图及基础详图标明了基础形式、基础平面布置、基础中心或中线的位置、基础边线与定位轴线之间的尺寸关系、基础横断面的形状和大小及基础不同部位的设计标高等，它们是测设基槽（坑）开挖边线和开挖深度的依据，也是基础定位及细部放样的依据。

（四）立面图和剖面图

立面图和剖面图标明了室内地坪、门窗、楼梯平台、楼板、屋面及屋架等的设计高程，这些高程通常是以建筑±0.000标高为起算点的相对高程，它是测设建筑物各部位高程的依据。

在熟悉图纸的过程中，应仔细核对各种图纸上相同部位的尺寸是否一致，同一图纸上总尺寸与各有关部位尺寸之和是否一致，如发现问题，应及时向建设单位反馈，由建设单位联系设计单位复核明确。

二、获取已知点坐标及已知点坐标校核

（一）获取已知点坐标

除向建设单位获取设计图纸外，还需获取已知点坐标，并以甲方提供的已知点坐标作为控制点引测的依据。

（二）已知点坐标校核

为了了解建筑施工现场上地物、地貌及原有测量控制点的分布情况，应进行现场踏勘，并对甲方提供的平面控制点和水准点进行检核，如发现已知坐标点偏差大，应立即向建设单位反馈，然后根据实际情况考虑后续测设方案。

（三）确定测量方案及准备放样数据

在熟悉设计图纸、掌握施工计划和施工进度的基础上，结合现场条件和实际情况，在满足《工程测量规范》（GB 50026—2020）及建筑物施工放样的主要技术要求的前提下，拟订测设方案。

测量方案包括测量内容、测量方法、测量步骤、采用的仪器工具、精度要求、人员及时间安排等。

在每次现场测量之前，应根据设计图纸和测量控制点的分布情况，准备好相应的放样数据并对数据进行检核，需要时还可绘制出放样略图，将放样数据标注在略图上，使现场放样时更方便、快速，并减少出错的可能。

施工测量的基本准则如下：

（1）遵守国家法令、政策和规范，明确为工程施工服务；

（2）遵守先整体后局部和高精度控制低精度的工作程序；

（3）要有严格的审核制度；

（4）建立一切定位、放线工作要经自检、互检合格后，方可申请主管部门验收的工作制度。

第二节　控制点引测及建筑定位测量

建筑定位就是根据建筑规划总图中建筑角点的坐标，将建筑角点及各基础定位轴线测设于施工现场。在进行建筑定位前，需要根据建设单位提供的已知坐标点向施工场地引测控制点，以便实施后续的建筑角点定位等施工放样工作。

一、控制点引测

控制点引测的实质就是点位测定，按控制测量方法实施。大体实施分为以下两步。

（一）现场布置控制点

根据施工现场特点，选择土质较好、不受施工影响的位置标记点位。控制点的个数不应少于三个，以方便相互校核，且点与点之间应相互通视。

（二）控制点引测

完成控制点位布设后按水准测量及导线测量的方法进行控制测量，确定现场所布置点位的坐标。如引测距离较远，可用GPS引测以减小引测工作量（三维坐标一次引测完成），同时测量的精度也可得到保证。

二、建筑定位

（一）基础平面图坐标纠图

根据建筑总平面图，可得到待施工建筑的角点坐标。要开始基础施工放样，必须以基础平面图为依据，获取待放样的坐标数据。为了能从基础平面图中获取途中任一位置点的平面坐标，需要向甲方获取电子版基础平面图（DWG格式），并以角点坐标（总平面图中标注的）为依据进行坐标纠图。

坐标纠图前的基础平面图即设计提供的电子版图纸，图上建筑角点在AutoCAD中查询的坐标与建筑总平面图中的坐标肯定不一致。坐标纠图的目的就是要使图中角点在AutoCAD中查询的坐标与总图标注的对应角点坐标能完全一致对应，那样，便可从图中查询出任一位置的放样坐标。坐标纠图一般包括以下四步：

（1）图纸整体缩小。因建筑基础平面图一般以mm为单位，而测量坐标以m为单位，为了使单位统一为m，故需将图纸缩小1/1000，利用AutoCAD中的缩放命令完成。

（2）图纸整体移动。图纸整体移动的目的是使基础平面图中某一角点的AutoCAD查询坐标与总平图标注坐标统一，利用AutoCAD中的移动命令完成。具体操作方法：在AutoCAD中输入移动命令（move），选中整张基础平面图，以建筑某一角点（一般选左下角）为基点；基点选择好后，AutoCAD命令行提示输入第二点，这时输入该角点的总平图标注坐标值。值得注意的是：AutoCAD中的坐标系为笛卡尔坐标系，其坐标的X、Y与测量坐标系的X、Y恰好相反，故在AutoCAD中输入坐标时，要先输入Y坐标，再输入X坐标。

（3）图纸整体旋转。完成第二步的图纸移动，使基础平面图中被选作基点的角点在AutoCAD中查询得到的坐标与总平图中标注的坐标一致。如果建筑的竖向轴线与正北方向平行（房子坐北朝南），则完成了第二步移动后，基础平面图中的所有角点坐标都要与总平图中标注的坐标一致，可在AutoCAD中查询各角点坐标与总平图标注坐标对比进行复核，确保无误后，便可在AutoCAD中从坐标纠图后的基础平面图中查询任意需放样点的坐标。

如果建筑竖向轴线与正北方向不平行，完成第二步移动后，还需对图纸进行整体旋转。旋转前，先得确定旋转的角度，获取旋转角度的具体操作为：在AutoCAD中利用画圆命令画一个圆，圆心以基础平面图中另一角点（如N点）在总平图标注的坐标进行定位（输入坐标时，注意先输入Y坐标，再输入X坐标），圆的半径大小合适即可。这样，所绘制的圆中心位置（F点）便是基础平面图另一角点（N点）在总平图中标注坐标对应的准确位置。在AutoCAD中利用绘直线命令，连接M、N点，M、F点，然后利用角度标注命令标注出两直线夹角（注意，标注角度前需在标注样式中将角度格式设成度分秒格式）。

（4）坐标校核。完成第三步图纸整体旋转后，基础平面图坐标纠图操作基本完成。为了确保纠图操作正确无误，应通过查询各角点在AutoCAD中的坐标值与总平图对应的角点坐标进行对比、校核，正常情况是，查询坐标与总图坐标应完全一致。如果有偏差，应分析查找偏差原因，重新按前面的步骤操作。

（二）测设建筑角点

基础开挖前，首先需将建筑角点测设于实地上。

（三）测设建筑轴线

建筑角点测设完成后，一般用经纬仪（或全站仪）定线方法，在已标记的一角点上安置仪器，后视另一端角点，锁上水平制动，竖向转动望远镜，可指挥标记人员在两角点连线上每隔10m左右标记一点，然后利用石灰（或粉刷用瓷粉）沿标记撒灰线，这样即可完成建筑四条边轴线的定位及标记。

完成四条边轴线测设后，以已标记的边轴线为基准，根据基础平面图中轴线的间距，用钢尺垂直于已测设的边轴线量取轴线间距的方法依次测设出中间各条轴线。

三、设置龙门板及引测控制桩（护桩）

因为施工时要开挖基坑（槽），测设好的角桩及中心桩（建筑物各轴线的交点）要被挖掉。所以，在挖基坑（槽）前要将各轴线延长到基坑（槽）外，在施工的建筑物或构筑物外围，建立龙门板或控制桩，作为挖基坑（槽）后恢复轴线的依据。

（一）龙门板设置

龙门板也称线板，在建筑施工时沿房屋四周钉立的木桩叫作龙门桩。龙门板通常距离外墙基槽边缘1.0～1.5m。

（二）引测控制桩

龙门板使用方便，但占地大，影响交通，故在机械化施工时一般只设置控制桩。在建筑物施工时，沿房屋四周在建筑物轴线方向上设置的桩叫作轴线控制桩。控制桩一般设置在边线以外，不受施工干扰并便于引测和保存桩位的地方。

四、建立施工平面直角坐标系

根据前面所述，利用AutoCAD完成基础平面图的坐标纠图后，便可利用AutoCAD坐标查询获取图中任意待放样点的平面坐标，然后利用全站仪的坐标放样程序完成点的放样测量。这里的放线施测方法有以下两方面问题：

（1）测量前需在AutoCAD中先查询放样坐标，测量前准备工作量大；

（2）用全站仪极坐标放样法测设点位效率较低。

为了免去测量前的坐标查询工作，提高定点效率，在建筑施工测量中，常建立施工平面直角坐标系进行施工测量，下面介绍其具体实施方法。

（一）建立施工平面直角坐标系

施工平面直角坐标系一般以基础平面图左下角建筑角点M点为坐标原点，以横向第一条轴线为Y坐标轴（一般为Y轴线），以竖向第一条轴线为X轴（一般为X轴线）。

在这个施工平面直角坐标系中，因坐标轴与建筑轴线满足平行或垂直关系，根据基础平面图中标注的轴线间距，便可快速得到图中各点的施工坐标，这样可省去在AutoCAD图纸中查询放样坐标的工作。

（二）转换现场控制点的施工坐标

在建立的施工平面直角坐标系中的施工坐标可采用坐标转换计算得到，也可利用AutoCAD作图法获取各控制点至施工坐标轴的垂直距离得到。控制点完成施工坐标转换后，需根据转换前后的坐标，通过坐标反算，校核坐标转换前后的控制点间水平距离与夹角是否一致。如有偏差，则需要检查分析原因并调整。

（三）利用施工坐标进行放样

完成施工平面直角坐标系建立及控制点施工坐标转换后，便可利用施工坐标进行现场放样。在建立的施工平面直角坐标系中，因坐标轴与建筑轴线间满足平行或垂直关线，可看出每条轴线的坐标具有一个特点：平行于X轴的轴线，轴线上的Y坐标为一定值，平行于Y轴的轴线，轴线上的X坐标为一定值。

根据轴线的某一坐标值为定值这一特点，测设某条轴线时，则不必先获取轴线上两点的X与Y坐标值，再采用全站仪坐标放样程序进行测设（这种极坐标定点需先定方向，再定距离，测设效率低），可直接利用全站仪坐标测量程序测量立棱镜点的坐标值，然后将测设轴线的坐标定值（若轴线平行于Y坐标轴，则轴线的X坐标为定值）与全站仪观测的对应坐标值进行对比，根据二者的差值，指挥立棱镜人员移动棱镜，直至二者完全一致，然后便可在立棱镜点做标记，则该标记点为轴线上的点。

第三节　基坑（槽）开挖测量

一、放基坑（槽）开挖边线

完成建筑定位后，就可以放基坑（槽）开挖边线，它是基坑（槽）开挖的依据。测放基坑（槽）开挖边线的方法是：以前面测设的轴线为依据，根据基坑（槽）宽度计算出其坑（槽）顶边线至轴线的距离，然后撒灰线标记出基坑（槽）开挖范围。

基坑（槽）宽度以基础详图为依据，同时，根据施工规范考虑工作面及放坡计算。先按基础详图给出的设计尺寸计算基坑（槽）的开挖上口宽度。

二、定基坑（槽）开挖深度

完成基坑（槽）开挖边线定位后确定开挖的平面位置。机械开挖前，还必须清楚每个基坑（槽）开挖的深度。开挖深度需由基坑（槽）原地貌标高（自然标高）及基础垫层底标高（设计高程）计算确定。为了控制基坑（槽）开挖深度，当基坑（槽）挖到接近基坑（槽）底设计高程时，应在基坑（槽）壁上测设水平桩（或用自喷漆标记），使水平桩的上表面离基坑（槽）底设计高程为某一数值（如0.5m，以方便后续量测），用以控制开挖深度，也可作为基坑（槽）底清理和打基础垫层时控制标高的依据。一般在基坑（槽）各拐角处、深度变化处和基坑（槽）壁上每隔3～4m测设一个水平桩，然后拉上白线，线下0.5m即基坑（槽）底设计高程。

测设水平桩时，以施工现场引测的高程控制点为已知高程点，用水准仪进行测设，小型建筑物也可用连通水管法（工地上俗称水平管）进行测设。水平桩上的高程误差应在±10mm以内。

例如，设已知高程为±0.000，基坑（槽）底设计标高为−1.7m，水平控制桩高于基坑（槽）底0.50m，即水平桩高程为−1.2m，用水准仪后视已知高程点上的水准尺，读数a=1.286m，则水平桩上标尺的应有读数为：0+1.286−（−1.2）=2.486（m）。

测设时，沿基坑（槽）壁立水准尺，观测者指挥立尺人员上下移动水准尺，当读数为2.486m时，沿尺底水平将标记木桩打进基坑（槽）壁（或在喷漆标记处画一横线），然后检核该控制桩的标高，如超限便进行调整，直至误差在规定范围以内。

后续复核基坑（槽）开挖深度及垫层浇筑顶面标高是否与设计相符，可用钢尺量取基坑（槽）壁标高控制桩至坑底及混凝土浇筑完成面实测高差与设计高差对比判定。

如果基础坑（槽）采用机械开挖，且开挖方量不大，开挖速度较快，为了适时复核开挖深度，可在施工现场安置水准仪，边挖边测，随时指挥挖土机械调整挖土深度，控制基坑（槽）底的标高略高于设计标高（一般为10cm，留给人工清土）。

三、基坑（槽）开挖测量报验

为了确保施工测量中不出现错误，且测量精度满足工程测量规范要求，在施工测量工作中，除测量人员自己要进行步步校核外，每完成一次测量工作都需报监理单位进行验线，并形成相关验线记录资料。

建筑定位及基坑（槽）开挖测量完成后，需要将测量放线情况，按测量报验资料格式要求填写，并报监理单位现场复核验线无误后签字，形成基坑（槽）开挖验线资料。

四、基坑（槽）开挖过程中现场测量

在基坑开挖过程中，由于地质条件、荷载条件、材料性质、施工条件等复杂因素的影响，很难单纯从理论上预测开挖过程中遇到的问题。基坑工程的设计预测和预估能够大致描述正常施工条件下，围护结构与相邻环境的变形规律和受力范围，但必须在基坑开挖和支护施筑期间开展严密的现场监测，以保证工程的顺利进行。周围环境往往对基坑变形有着相当严格的要求，因此基坑临时支护结构及周围环境的监测显得尤为重要。

当前，基坑支护设计尚无成熟的方法用以计算基坑周围的土体变形，施工中通过准确及时的监测，可以指导基坑开挖和支护，有利于及时采取应急措施，避免或减轻破坏性的后果。

基坑支护监测一般需要进行下列项目的现场测量：

（1）监控点高程和平面位移的测量；

（2）支护结构和被支护土体的侧向位移测量；

（3）基坑坑底隆起测量；

（4）支护结构内外土压力测量；

（5）支护结构内外孔隙水压力测量；

（6）支护结构的内力测量；

（7）地下水位变化的测量；

（8）邻近基坑的建筑物和管线变形测量等。

（一）基坑（槽）开挖施工中监测的特点

1.时效性

普通工程测量一般没有明显的时间效应。基坑监测通常是配合降水和开挖过程，有鲜明的时间性。测量结果是动态变化的，一天以前（甚至几小时以前）的测量结果都会失去直接的意义，因此深基坑施工中监测需随时进行，通常是1次/天，在测量对象变化快的关键时期，可能每天需进行数次。

基坑监测的时效性要求对应的方法和设备具有采集数据快、全天候工作的能力，甚至适应夜晚或大雾天气等严酷的环境条件。

2.高精度

普通工程测量中误差限值通常在数毫米，例如，60m以下建筑物在测站上测定的高差中误差限值为2.5mm，而正常情况下基坑施工中的环境变形速率可能在0.1mm/d以下，要测到这样的变形精度，普通测量方法和仪器部不能胜任，因此基坑施工中的测量通常采用一些特殊的高精度仪器。

3.等精度

基坑开挖施工中的监测通常只要求测得相对变化值，而不要求测量绝对值。例如，普通测量要求将建筑物在地面定位，这是一个绝对量坐标及高程的测量，而在基坑边壁变形测量中，只要求测定边壁相对于原来基准位置的位移即可，而边壁原来的位置（坐标及高程）可能完全不需要知道。

由于这个鲜明的特点，使得基坑施工监测有其自身规律。例如，普通水准测量要求前后视距相等，以清除地球曲率、大气折光、水准仪视准轴与水准管轴不平行等项误差，但在基坑监测中，受环境条件的限制，前后视距可能根本无法相等。这样的测量结果在普通测量中是不允许的，而在基坑监测中，只要每次测量位置保持一致，即使前后视距相差悬殊，结果仍然是完全可用的。

因此，基坑监测要求尽可能做到等精度。使用相同的仪器，在相同的位置上，由同一观测者按同一方案施测。

（二）基坑（槽）测量中的仪器

适应基坑监测的上述内容和特点，具体测量中采用了很多新型的测量仪器，本文结合作者参与的工程实例，介绍磁性深层沉降仪和测斜仪等设备。这些新的设备及其技术特点是传统的工程测量不能涵盖的。

1.深层沉降仪

深层沉降仪是用来精确测量基坑范围内不同深度处各土层在施工过程中沉降或隆起数

据的仪器。它由对磁性材料敏感的探头和带刻度标尺的导线组成。当探头遇到预埋在预定深度钻孔中的磁性材料圆环时，沉降仪上的蜂鸣器就会发出叫声。此时测量导线上标尺在孔口的刻度以及孔口的标高，即可获得磁性环所在位置的标高。通过对不同时期测量结果的对比与分析，可以确定各土层的沉降（或隆起）结果。

深层沉降观测过程分为井口标高观测和场地土深层沉降观测两大部分。井口标高观测按常规光学水准观测方法进行。以下介绍作者在工程实际中使用的加拿大RockTest公司产R-4型磁性沉降仪，其刻度划分为1mm，读数分辨精度为0.5mm。

（1）磁性沉降标的安装。

①用钻机在场地中预定位置钻孔（实际布设孔位时要注意避开墙柱轴线）。根据各测点的不同观测目的，考虑到上部结构的重量分布及结构形式以及实际土压力影响深度，综合确定各孔深尺寸及沉降标在孔中的埋设位置。

②用PVC塑料管作为磁性探头的通道（称为导管），导管两端设有底盖和顶封。将第一个磁性圆环安装在塑料管的端部，放入钻孔中。待端部抵达孔底时，将磁性圆环上的卡爪弹开；由于卡爪打开后无法收回，故这种磁性环是一次性的，不能重复使用，安装时必须格外小心。

③将需安装的磁性圆环套在塑料管上，依次放大孔中预定深度。确认磁性环位置正确后，弹开卡爪。测量点位要综合考虑基底压力影响深度曲线和地质勘探报告中有关土层的分布情况。

④固定探头导管，将导管与钻孔之间的空隙用砂填实。

⑤固定孔口，制作钢筋混凝土孔口保护圈。

⑥测量孔口标高三次，以平均值作为孔口稳定标高。测量各磁性圆环的初始位置（标高）三次，以平均值作为各环所在位置的稳定标高。

（2）磁性沉降标的测量。

①在深层沉降标孔口做出醒目标志，严密保护孔口。将孔位统一编号，与已测量结果对应。

②根据基坑施工进度，随时调整孔口标高。每次调整孔口标高前后，均须分别测量孔口标高和各磁性环的位置。

③每次基坑有较大的荷载变化前后，亦须测量磁性环位置。

2.测斜仪

测斜仪是一种可以精确地测量沿铅垂方向土层或围护结构内部水平位移的工程测量仪器，可以用来测量单向位移，也可以测量双向位移，再由两个方向的位移求出其矢量和，得到位移的最大值和方向。本文介绍加拿大RockTest公司产RT-20MU型测斜仪，其仪器标称精度为±6mm/25m，探头精度为±0.1mm/0.5m。

（1）测斜管的埋设。

①在预定的测斜管埋设位置钻孔。根据基坑的开挖总深度，确定测斜管孔深，即假定基底标高以下某一位置处支护结构后的土体侧向位移为零，并以此作为侧向位移的基准。

②将测斜管底部装上底盖，逐节组装，并放到钻孔内。安装测斜管时，随时检查其内部的一对导槽，使其始终分别与坑壁走向垂直或平行。管内注入清水，沉管到孔底时，即向测斜管与孔壁之间的空隙内由下而上逐段用砂填实，固定测斜管。

③测斜管固定完毕后，用清水将测斜管内冲洗干净，将探头模型放入测斜管内，沿导槽上下滑行一遍，以检查导槽是否畅通无阻，滚轮是否有滑出导槽的现象。由于测斜仪的探头十分昂贵，在未确认测斜管导槽畅通时，不允许放入探头。

④测量测斜管管口坐标及高程，做出醒目标志，以利保护管口。现场测量前务必按孔位布置图编制完整的钻孔列表，与测量结果相对应。

（2）土体水平位移测量。

①连接探头和测读仪。当连接测读仪的电缆和探头时，要使用原装扳手将螺母接上。检查密封装置、电池充电情况（电压）及仪器是否能正常读数。当测斜仪电压不足时，必须立即充电，以免损伤仪器。

②将探头插入测斜管，使滚轮卡在导槽上，缓慢下至孔底以上0.5m处。注意不要把探头降到套管的底部，以免损伤探头。测量自下而上沿导槽全长每隔0.5m测读一次。为提高测量结果的可靠性，每一测量步骤中均需一定的时间延迟，以确保读数系统与环境温度及其他条件平稳（稳定的特征是读数不再变化）。若对测量结果有怀疑可重测，重测的结果将覆盖相应的数据。

③测量完毕后，将探头旋转180°，插入同一对导槽，按以上方法重复测量，前后两次测量的测点应在同一位置上；在这种情况下，两次测量同一测点的读数绝对值之差应小于10%，且符号相反，否则应重测本组数据。

④用同样的方法和程序，可以测量另一对导槽的水平位移。

⑤侧向位移的初始值应取基坑降水之前，连续三次测量无明显差异之读数的平均值。

⑥观测间隔时间通常取定为三天，当侧向位移的绝对值或水平位移速率有明显加大时，必须加密观测次数。

⑦RT-20MU型测斜仪配有RS-232接口，可以与微机相连，将系统设置与测量数据在微机与测斜仪之间传输。RockTest公司还开发有Ac-culog-X2000软件系统，可以自动解释测量数据，完成分析与绘图输出等内业工作。

五、基坑（槽）测量中的变形监测

（一）水准基点及沉降变形监测

在一般情况下，可以利用工程标高定位时使用的水准点作为沉降观测水准基点。如水准点与观测点的距离过大，为保证观测的精度，应在基坑附近另行埋设水准基点。

基坑沉降观测的每一区域，必须有足够数量的水准点，按《工程测量规范》（GB 50026—2020）规定并不得少于三个。水准点应考虑永久使用，埋设坚固（不应埋设在道路、仓库、河岸、新填土、将建设或堆料的地方，以及受震动影响的范围内），与被观测的基坑间距为30～50m，水准点帽头宜用铜或不锈钢制成，如用普通钢代替，应注意防锈。水准点埋设须在基坑开挖前15天完成。

水准基点可按实际要求，采用深埋式和浅埋式两种，但每一观测区域内，至少应设置一个深埋式水准点。每次进行沉降观测时，事先核查基准水准点是否发生异常变化，确认为正常后才能进行施测。

（二）深层水平位移监测

深层水平位移监测是观测支护结构各深度的水平位移量，用以监测支护桩的变形。当测出支护结构在没有外界荷载作用下位移急剧增大时，则表示土体临近破坏。其测量方法是：

首先在预定位置埋设足够深（以达到不动点为止）铅直的测斜管，管内有互成90°的四个导槽，使其中一对互成180°的导槽与土体变形方向一致（与基坑边垂直）；放入带有导轮的测斜仪沿导槽滑动，由于测斜仪能反映出测管与重力线之间的倾角，因而能测出测斜仪所在位置测管在土体作用下的倾斜度。

（三）周边道路及周边建筑物沉降变形监测

使用DSZ2（+FS1）型精密水准仪进行观测，按《工程测量标准》（GB 50026—2020）二等水准测量的技术要求施测。采用两次仪器高法进行观测，观测路线要求闭合，以保证测试数据的精确。DSZ2（+FS1）型精密水准仪每公里往返测量高差标准偏差为±0.70mm，测站高差中误差≤0.50mm，2m锢钢水准尺的精度为0.01mm。

（四）地下水位监测

测试仪器采用电测水位仪，仪器由探头、电缆盘和接收仪组成。仪器的探头沿水位管下放，当碰到水时，上部的接收仪会发生声响，通过信号线的尺寸刻度可直接测得地下水位距管口的距离。管口高程用精密水准仪定期与基准水准点联测。电测水位仪读数精度为

±1mm。

（五）支撑梁轴力监测

在主要混凝土内支撑受力主筋上串联钢弦式钢筋应力计，运用频率仪测量钢筋应力计频率变化，进而换算成支撑的轴力和弯矩。测试仪器使用ZXY-2型频率仪，量程为：500~5000Hz，精度为：±0.008Hz。

基坑施工中测量的目的和特点与普通工程测量不同，其测量的方法和设备与传统的测量也完全不同。其中重要的测量设备除深层沉降仪与测斜仪外，还有振弦式钢筋应力计、土压力盒、孔隙水压力计等，分别适用于不同的专门需求。

（六）巡视监测

基坑工程整个施工期内，每天均应有专人进行巡视检查。检查的主要内容如下：

1.支护结构

（1）支护结构成型质量；

（2）冠梁、支撑、围有无裂缝出现；

（3）支撑、立柱有无较大变形；

（4）止水帷幕有无开裂、渗漏；

（5）墙后土体有无沉陷、裂缝及滑移；

（6）基坑有无涌土、流沙、管涌。

2.施工工况

（1）开挖后暴露的土质情况与岩土勘察报告有无差异；

（2）基坑开挖分段长度及分层厚度是否与设计要求一致，有无超长、超深开挖；

（3）场地地表水、地下水排放状况是否正常，基坑降水、回灌设施是否运转正常；

（4）基坑周围地面堆载情况，有无超堆荷载。

3.基坑周边环境

（1）地下管道有无破损、泄漏；

（2）周边建（构）筑物有无裂缝；

（3）周边道路（地面）有无裂缝、沉陷；

（4）邻近基坑及建（构）筑物的施工情况。

4.监测设施

（1）基准点、测点完好状况；

（2）有无影响观测工作的障碍物；

（3）检测元件的完好及保护情况。

其他巡视检查内容根据设计要求或当地经验确定。巡视检查的检查方法以目测为主，可辅以锤、钎、量尺、放大镜等工器具，以及摄像、摄影等设备进行。巡视检查应对自然条件、支护结构、施工工况、周边环境、监测设施等检查情况进行详细记录。如果发现异常，应及时通知委托方及相关单位。巡视检查记录应及时整理好，并配合仪器监测数据进行综合分析。

第四节 基础定位测量

一、基础边线测量

基坑（槽）开挖完成后，根据基础形式，有三种情况：一是直接打垫层，然后施工独立基础，这时要求在垫层上测设基础的定位轴线及基础外轮廓边界线；二是在基坑（槽）底部机械打孔或人工挖桩，做桩基础，这时要求在基坑（槽）底测设各条轴线和桩孔的定位线，桩做完后，还要测设桩承台的定位线；三是既有桩基也有独基时的测量工作是前两种情况的结合。

测设轴线时，有时为了通视和量距方便，不直接测设轴线，而是测设距轴线一定距离（一般为0.5m的倍数）且与轴线平行的控制线，这时一定要在现场标注清楚控制线与轴线的距离，以免用错。另外，一些基础桩、梁、柱、墙的中线不一定与建筑轴线重合，而是偏移某个尺寸，因此要认真按图施测，防止出错。

（一）独立基础定位测量

对于独立基础，验槽合格后，施工单位会立即浇筑基础垫层混凝土，浇筑时，需要根据前面测设的高程控制桩用钢尺测量高差控制垫层的浇筑厚度。浇筑完成后，可根据基坑（槽）开挖时在基坑（槽）边测设的轴线控制桩，利用经纬仪或全站仪将轴线投测到基坑（槽）底垫层上，如基坑（槽）尺寸不大，也可用吊线锤方法将轴线引至垫层上。可将基础轴线和边线直接用墨线弹在垫层上。因为基础轴线的位置决定了整个高层建筑的平面位置和尺寸，所以施测时要严格检核，保证精度。

基础定位轴线测设好后，模板施工班组及钢筋班组便可依据垫层上弹出的定位轴线定位基础模板及柱（墙）插筋。

（二）桩基础施工定位

如果在基坑（槽）下做桩基，首先根据桩中心坐标，利用全站仪或RTK测设孔桩中心位置，用短钢筋或木桩标记并撒上灰线，然后进行孔桩开挖。若是人工成孔，开挖第一节（一般为1m）完成并浇筑护壁及锁口后，为了校核孔桩开挖位置及孔桩开挖垂直度，需要在孔桩锁口上测设并用墨线标记孔桩定位轴线。

二、基础标高控制

基础标高控制包括基底标高控制及基顶标高控制。

（一）基底标高控制

基底标高也即垫层的顶标高，所以控制好垫层的浇筑厚度是确保基底标高的关键。实际施工中，基底标高一般可从基础施工图中查出。但在实际工程中，基底标高主要根据现场地质确定，因为一般设计都要求基底嵌入持力层一定深度，即设计图纸对基底标高的确定有两种情况：一是在设计图纸的基础详图中直接标注基底标高；二是不直接标注基底标高，而是根据地勘报告给出参考基底标高。实际施工时需开挖至设计要求持力层并满足一定的嵌岩深度（一般为500mm），所以，基底标高的确定需要根据具体项目设计图纸要求而定。

（二）基顶标高控制

基顶标高控制主要是控制基础混凝土浇筑的厚度。对于独立基础，一般在基础的柱插筋上测设比基顶标高高出50cm，用油漆或有色胶带做上标记；若是桩基础，一般在孔桩护壁上测设并用油漆标记。

三、基础梁、承台及柱墙插筋定位测量

当基础混凝土浇筑完成后，需要进行基础梁、承台及柱墙插筋定位测量。

（一）基础梁定位（基础类型为独立基础）

独立基础浇筑完成后，接下来进行基础上部柱模板定位、基础梁开挖及模板定位测量。这项测量工作的施测方法：可利用经纬仪（或全站仪）以基坑（槽）开挖时测设在基坑（槽）边的轴线定位控制桩进行投测，根据现场情况也可用控制点间拉线的方法并借助吊线锤进行投点。如基坑（槽）开挖时测设的轴线定位控制桩已被破坏，则可根据现场已知控制点，利用全站仪坐标放样方法重新测设柱及基础梁轴线。

除基础上部柱及基础梁平面定位外，还需要进行基础梁及基础回填平整竖向控制。竖向控制施测方法：利用水准仪，采用水准仪高程测设的方法，以现场高程控制点为后视点，以合适的距离在现场测设较基础梁顶高0.5m的控制标高，并将标高位置用红色油漆标记在柱钢筋上（或现场打入标记用的短钢筋），基础梁混凝土浇筑或基础回填时，可在标高控制标记间拉细线，用钢尺以细线为基准向下量高差进行控制检查。

（二）承台、基础梁及柱墙插筋定位（基础为桩基础）

若基础为桩基础，孔桩浇筑并检测合格后，接下来进行桩基承台及基础梁施工。在该阶段施工时，测量人员需测设承台及基础梁定位轴线作为承台模板、基础梁模板（一般常采用砖胎模板）及柱墙插筋定位依据。基础梁及承台开挖并浇筑完垫层后，便可开始基础梁及承台定位轴线的测设。

基础梁及承台定位轴线的具体施测方法：根据此前完成坐标纠图后的基础平面图，利用AutoCAD坐标查询方法，获取待测设的各条定位轴线上任意两点的平面坐标（两点位置尽量靠在基础梁两端，这样定位较准确），然后利用全站仪坐标放样方法测设各条轴线，并在垫层上弹墨线标记。也可采用前面介绍的施工坐标进行更便捷的测量。

完成基础梁（承台）砖胎模板砌筑及基础梁（承台）钢筋安装后，进行地下室（或一层）柱墙插筋定位测量。

柱墙插筋定位测量施测方法：根据坐标纠图后基础平面图获取测设点坐标，利用全站仪坐标放样完成现场测设并弹墨线标记。为了便于定位线标记及插筋定位与校核，柱墙定位一般不直接测设柱墙定位轴线，而是测设与定位轴线平行且相距0.5m（或1m）距离的控制线。

柱墙插筋定位直接影响柱墙构件的平面位置，钢筋班组完成柱墙插筋定位安装后，测量人员还需要根据控制线，用钢尺拉距离校核柱墙插筋的位置是否与设计相符。如发现问题，应及时通知钢筋班组调整。

第五节　其他基础施工测量

一、场平土石方施工测量

在建筑基础开挖施工前，一般需要先进行场地平整施工，场地平整施工中，测量人员需要进行开挖控制测量及土石方计算测量。下面结合案例介绍场平土石施工测量的内容及方法。

（一）原地貌标高数据测量

场平挖填施工前，施工单位测量人员需要同甲方、监理及跟踪审计单位相关人员一起采集项目原地貌标高。测量得到的原地貌标高数据作为项目场平工程量的起算数据，必须保证数据采集的完整性（覆盖项目所有位置，必要时可将采集范围扩宽）及准确性（平面位置及高程）。原地貌标高数据采集方法：采用全站仪数据采集程序，建立数据存储文件夹（一般以当天日期命名，便于查找），完成全站仪测站设置、后视定向及后视检查后，跑杆人员在仪器视线范围内场地上每隔5m左右距离立镜一次，观测人员开始瞄准测存观测点数据。当仪器视线范围内场地标高数据采集完后，仪器转站到合适位置进行其余区域的标高数据采集。原地貌标高数据采集也可用RTK完成（不用转点，测量速度更快）。数据采集完成后，需要导出数据并打印出来，请参加人员对测量数据进行签认。

（二）场平开挖边线测量

完成原地貌标高数据采集后，需要根据建设单位提供的场平施工图纸进行开挖边线测量。根据场平施工图纸获取开挖边线角点平面坐标，利用全站仪坐标放样程序（或RTK放样）测设各角点坐标并做标记。

除放开挖边线外，在开挖过程中还需要适时根据场平开挖标高控制开挖深度，开挖深度控制方法：一般采用全站仪或RTK直接测量开挖后场地的实际高程，根据实测高程与设计高程对比判断是否已开挖到设计位置。

（三）场平开挖后收方测量

当按照场平施工图纸的要求完成整个场区开挖后，请建设单位、监理单位、设计单位及跟踪审计一起到现场验收收方测量，实测开挖后的场地标高。开挖后的收方测量与开挖前的原地貌标高数据采集方法一样。收方测量时，应将开挖坡顶线及坡脚线采集完整，坡顶线作为项目开挖范围边线。

若开挖场地有不同的土质，如表层为种植土，下部为岩石，根据项目结算的需要（土方与石方的挖运单价不一样），还需要分别计算项目的土方开挖量与石方开挖量。为了计算出土方工程量，在表土全部开挖完成后，需要进行表土收方测量，也即现场实测岩石表面标高数据。

（四）土石方工程量计算

完成项目原地貌标高及收方标高的实测后，便可利用南方CASS软件，采用方格网法计算项目的土石方量。

1.展高程点

在CASS软件中进入“绘图处理”界面，选择“展高程点”命令，按空格键，选择导入的收方数据（DAT格式）。

2.绘制计算范围线

用多段线连接展点中的开挖边界线，最后输入字母C闭合，确保范围线围成闭合图形。

3.生成三角网文件

选择“等高线”→“建立DTM”命令，选择图中封闭范围数据文件，生成三角网。

选择“等高线”→“三角网存取”→“写入文件”命令保存文件，再框选整个范围，按回车键则保存完毕，保存后删除收方三角网。

4.用方格网法计算方量

选择“工程应用”→“方格网计算土方量”命令，选择图中封闭范围线，在弹出的对话框中，在高程点数据文件处选取原地貌标高数据存储位置，设计面在三角网文件处选择前面保存的收方数据三角网，方格宽度一般设置为5m，然后单击“确定”按钮，CASS软件便自动完成方量计算及方格网计算成果图。

二、无人机倾斜摄影测量

（一）认识无人机倾斜摄影测量

1.无人机倾斜摄影测量原理

倾斜摄影测量技术是国际测绘遥感领域近年发展起来的一项高新技术，以大范围、高精度、高清晰的方式全面感知复杂场景，通过高效的数据采集设备及专业的数据处理流程生成的数据成果直观地反映物体的外观、位置、高度等属性，为真实效果和测绘级精度提供保证，同时有效提升模型的生产效率。三维建模在测绘行业、城市规划行业、旅游业，甚至电商业等行业中的应用越来越广泛。

倾斜摄影技术，通过在同一飞行平台上搭载多台传感器（目前常用的是五镜头相机）。同时从垂直、倾斜等不同角度采集影像，获取地面物体更为完整准确的信息。垂直地面角度拍摄获取的是垂直向下的一组影像，称为正片；镜头朝向与地面成一定夹角拍摄获取的四组影像分别指向东、南、西、北，称为斜片。

通过倾斜摄影建立的建筑物表面模型相比垂直影像有着显著的优点，因为它能提供更好的视角去观察建筑物侧面，这一特点正好满足了建筑物表面纹理生成的需要。同一区域拍摄的垂直影像可被用来生成三维城市模型或对生成的三维城市模型进行改善。利用建模软件对照片建模，这里的照片不仅是通过无人机航拍的倾斜摄影数据，还可以是以单反甚至手机以一定重叠度环拍而来的，这些照片导入建模软件中，通过计算机图形计算，结合POS信息进行“空三”处理，生成点云，点云构成格网，格网结合照片生成赋有纹理的三维模型。

2.无人机分类

无人机的应用领域非常广泛，在尺寸、质量、性能及任务等方面差异也都非常大。根据无人机的多样性，从不同的考量角度，无人机有多种分类方法。

（1）按平台构型分类：无人机可分为固定翼无人机、旋翼无人机、无人飞艇、伞翼无人机、扑翼无人机等。

（2）按用途分类：

①军用无人机。可分为侦察无人机、诱饵无人机、电子对抗无人机、通信中继无人机、无人战斗机及靶机等。

②民用无人机。可分为巡查/监视无人机、农用无人机、气象无人机、勘探无人机及测绘无人机等。

（3）按尺寸可分为：大型无人机、小型无人机、轻型无人机和微型无人机。其中微型无人机是指空机质量小于或等于7kg的无人机；轻型无人机是指空机质量大于7kg，但小于或等于116kg的无人机，且全马力平飞中，校正空速小于100km/h，升限小于3000m；小型无人机是指空机质量小于5700kg的无人机；大型无人机是指空机质量大于5700kg的无人机。

（4）按飞行性能分类：

①按活动半径分类：可分为超近程无人机、近程无人机、短程无人机、中程无人机和远程无人机。超近程无人机的活动半径在15km以内，近程无人机的活动半径为15～50km，短程无人机的活动半径为50～200km，中程无人机的活动半径为

200～800km，远程无人机的活动半径大于800km。

②按速度分类：可分为低速无人机、亚声速无人机、跨声速无人机、超声速无人机和高超声速无人机。低速无人机的速度一般小于0.4Ma，亚声速无人机的速度一般为0.4～0.85Ma，跨声速无人机的速度一般为0.85～1.3Ma，超声速无人机的速度一般为1.3～5Ma，高超声速无人机的速度一般大于5Ma。

③按实用升限分类：可分为超低空无人机、低空无人机、中空无人机、高空无人机和超高空无人机。超低空无人机的实用升限一般为0～100m；低空无人机的实用升限一般为100～1000m；中空无人机的实用升限一般为1000～7000m；高空无人机的实用升限一般为7000～20000m；超高空无人机的实用升限一般大于20000m。

3.无人机系统的组成

无人机系统（Unmanned-Aireraft-System，UAS）也称为无人驾驶航空器系统（Remotely-Piloted-Aircraft-System，RPAS），由飞行器、控制站及通信链路三部分组成。其中飞行控制系统导航系统、动力系统和通信系统处于无人机系统的最核心地位。

（1）飞行器。

飞行器是指能在地球大气层内外空间飞行的器械。通常按照飞行环境和工作方式，可将飞行器分为航空器、航天器、空天飞行器、火箭和导弹、巡飞弹型无人机等几大类航空器是能在大气层内进行可控飞行的飞行器。任何航空器都必须产生大于自身重力的升力，才能升入空中。根据产生升力的原理，航空器可分为轻于空气的航空器和重于空气的航空器两大类。无人机属于重于空气的航空器中的一种。

（2）控制站。

无人机地面站也称为控制站、遥控站或任务规划控制站，在规模较大的无人机系统中可以有若干个控制站，这些功能不同的控制站通过通信设备连接起来，构成无人机地面站系统。控制站有数据链路控制、飞行控制、荷载控制、荷载数据处理四类硬件设备机柜或机箱构成。控制站包含三类不同功能的模块：指挥处理中心模块的功能是制定任务、完成荷载数据的处理和应用，一般间接地实现对无人机的控制和数据接收；无人机控制站模块的功能是飞行操纵、任务荷载控制、数据链路和通信指挥；荷载控制站模块与无人机控制站模块的功能类似，但荷载控制站模块只能控制无人机的机载任务设备，不能控制无人机的飞行。无人机控制站包括显示系统和操纵系统。

①显示系统。地面控制站内的飞行控制系统席位、任务设备控制席位、数据链管理席位都设有相应分系统的显示装置，因此需要综合规划，确定所显示的内容、方式、范围。显示系统一般显示三类信息：飞行参数综合显示，显示飞行与导航信息、数据链状态信息、设备状态信息、指令信息；告警视觉显示则一般分为提示、注意和警告三个级别；地图导航航迹显示可以实现导航信息显示、航迹绘制及地理信息的显示等功能。

②操纵系统。无人机操纵系统主要包括起降操纵、飞行控制、任务设备控制和数据链路管理。地面控制站内的飞行控制席位、任务设备控制席位、数据链路管理席位都设有相应分系统的操作装置。

飞行操纵（包括起降操纵和飞行控制）是指通过数据链路对无人机在空中整个飞行过程中的控制。无人机的种类、执行任务的方式，决定了无人机有多种飞行操纵方式。任务设备控制是地面站任务操纵人员通过任务控制单元，发送任务控制指令，控制机载任务设备工作，同时，地面站任务控制单元处理并显示机载任务设备工作状态，供任务操纵人员判读和使用。

（3）通信链路。

无人机通信链路主要用于无人机系统传输控制、无载荷通信、载荷通信三部分信息的无线电链路。根据相关资料可以知道，无人机通信链路是指控制和无载荷链路，其主要包括指挥与控制（C&C）、空中交通管制（ATC）、感知和规避（S&A）三种链路。

无人机通信链路可分为机载终端与天线、地面终端与天线两大类。

①机载终端与天线。无人机系统通信链路机载终端常被称为机载电台，集成于机载设备中。视距内通信的无人机多数安装全向天线，需要进行超视距通信的无人机一般采用自跟踪抛物面卫通天线。

②地面终端与天线。民用通信链路的地面终端硬件一般会被集成到控制站系统中，称为地面电台，部分地面终端会有独立的显示控制界面。视距内通信链路地面天线采用鞭状天线、八木天线和自跟踪抛物面天线，需要进行超视距通信的控制站还会采用固定卫星通信天线。

（二）无人机倾斜摄影测量技术应用

无人机的应用非常广泛，可以用于军事，也可以用于民用和科学研究。在民用领域，无人机已经和即将使用的领域多达四十多个，如影视航拍、农业植保、海上监视与救援、环境保护、电力巡线、渔业监管、消防、城市规划与管理、气象探测、交通监测、地图测绘、国土监察等。

1.倾斜摄影在智慧城市中的应用

智慧的基础是真实，倾斜摄影为智慧城市的应用插上了“真实”的翅膀。具体而言，倾斜摄影在智慧城市中的应用包括分类查询、规划压平与方案对比、规划设计、日照分析、控高分析、摄像头监控、地表开挖、地上地下一体化、淹没分析。

2.倾斜摄影在智慧旅游中的应用

自然风光的三维建模一直是一个难题，人工建模很难还原出大范围的自然风景，而用地形和影像，则时效性与精细程度往往无法还原风景的美观程度。倾斜摄影技术由于其高分辨率和高真实感，能真实立体地还原自然风景的状况，有利于景区特别是地质遗迹的保护、科普知识的宣传和自然风光的直观展示，从而吸引游客前往观赏。

自然风景的倾斜摄影数据分辨率高、数据量大，对三维GIS平台的支撑能力和稳定性提出了更高的要求。

3.倾斜摄影在不动产登记中的应用

由于具备快速、高效、成本低廉的特点，无人机与倾斜摄影、三维建模技术组成的“三剑客”极有可能颠覆传统测绘行业，在国土资源、农业、工业等众多领域发挥作用。

倾斜摄影用于不动产登记，通过获取正射影像图，建立三维模型，其辅助外业是指数字调查，在图上进行坐标量测，形成矢量图形，辅助进行修补测等一系列工作，极大程度地提高了不动产登记的效率。

4.倾斜摄影在城市精细化管理中的应用

在城市精细化管理中，管理到每一栋建筑物的粒度往往是不够的，而是要求能精细到楼房的每一层，甚至每一户房间。这就对三维模型提出了更高的要求，人工建模即便能实现，代价也是巨大的，需要对每一户房间单独建模才行。

倾斜摄影模型加上带有高度信息的分层分户图，可以实现对每个建筑物的每层楼甚至每一户房间的管理，包括查询和各类统计分析，再关联户籍和人口信息库。这样，户籍信息管理就可以与真实世界关联在一起，而不再只是数据库中孤立的信息。

5.倾斜摄影在应急救援中的应用

应急救援是预防和控制潜在的事故，或在紧急情况发生时，迅速有序地做出应急准备和响应，最大限度地减轻可能产生的事故后果。在做出应急决策时，首要条件是对发生事故的位置的地形地貌有一个全面了解，遥感影像可以满足要求。现场环境情况的变化，对影像数据的获取时间、范围、精度、生产效率及分析应用都提出了极高的要求，而倾斜摄影无论在起飞场地、飞行时间，还是在数据生产效率、数据精度等方面都完全满足应急救援的需求。

例如，在地震救灾中，抗震救灾指挥部除可以利用遥感现势图研判灾害形势外，还多了一个救援利器——震区三维实景图，它通过切换各种视角，实现了对震区各个方位的观测，为制订下一步的救援方案及防止次生灾害的发生提供了极大便利。震区三维实景图就是利用倾斜摄影技术及自动建模技术快速生成三维模型，为救援实施提供了依据。

6.倾斜摄影测量在土石方量计算中的应用

土石方量计算涉及众多领域，如露天矿开采、土地开发整理、工程建设等。土石方量计算的准确度会对工程的经济效益产生直接影响。传统的土石方量计算有方格网法、三角网法、断面法三种。方格网法一般用于地形起伏变化不大的面状工程中，其计算精度与野外采点密度质量和方格网大小有很大关系；三角网法用于地形起伏变化较大的面状工程中，其计算精度与野外采点质量有直接关系；断面法一般用于线状工程中，其计算精度与断面测量质量和断面间距有很大关系。用倾斜摄影测量计算土石方量的方法普遍适用于各种地形和工程项目中，其基本计算原理与三角网法相同。其计算精度可靠，计算结果受测量方法和计算方法的影响小。

7.倾斜摄影测量在1：500地形图中的应用

随着科技的不断发展，测绘技术不断更新，地形图测量方法由传统平板白纸测图、经纬仪测图发展到现在的全站仪、GNSS、数字摄影测量等技术方法，在精度和效率上都有很大提高。近年来，天、空、地一体化测绘技术飞速发展，倾斜摄影就是其中的一种，它推动了地形测量向高科技、立体图形、内业测绘方向革命性的变化。倾斜摄影技术通过成果数据比对分析，可满足1：500地形图相关精度要求。

8.倾斜摄影测量在高速公路线路设计中的应用

运用倾斜摄影技术生成地面模型和路线三维真实模型后，设计人员可以从任意角度来浏览观察高速公路建成的景观；可以从行车时驾驶员的角度观察路线——公路全景透视图；设计人员也可以通过路线透视图发现所设计的路线是否合理，以便及时改正；还可以将AutoCAD中的地面、路线模型输出到专业渲染、动画制作软件，如3dMax或ADS，经过渲染制作后，即可制作成漂亮的高速公路全景三维透视图或高速公路动态全景三维透视图（高速公路动态仿真模型）。

9.BIM与倾斜摄影结合

BIM作为工程应用的一个重要实例技术，在基础建设应用中发挥着重要作用，而BIM结合倾斜摄影，又将带来行业思路的转变、成本的降低及效率的提高。其应用在工程建设、国土安全、室内导航、三维城市、市政模拟、资产管理中等。

（1）工程建设：以倾斜摄影获取工程建设地表环境信息，构建真实高精度的地理环境模型，生成实景三维地图，再通过BIM技术构建工程建设精细的工程模型，包括地表施工情况、建设附属设施布置、物料的堆积管理、工程建筑的详细建设进度等。

（2）国土安全：倾斜摄影与BIM结合进行国土安全数据库的构建和信息的填充，倾斜摄影进行底层模型数据的加载，BIM进行精准化数据的分析和构建，国土信息数据逐步地采集和上传，实现信息化管理和同步建设。

（3）室内导航：通过倾斜摄影技术构建真实的建筑外建构面模型，再通过BIM构建建筑物内部房屋结构，结合后期导航系统，实时定位人员精准位置信息，对人员的室内导航提供可视化的指引。

（4）三维城市：城市建筑类型各具特色，如外形尺寸不同，外部颜色、纹理不同等。如果进行"航测+地面摄影"，后期需要人工做大量贴图；如果用价格高昂的激光雷达扫描，成本太高而且生成的建筑模型都是"空壳"，没有建筑室内信息，同时室内三维建模的工作量也不小，并且无法进行室内空间信息的查询和分析。通过BIM，可以轻易得到建筑的精确高度、外观尺寸及内部空间信息。因此，通过综合BIM和倾斜摄影，先对建筑进行建模，然后将建筑空间信息与其周围地理环境共享，应用到城市三维倾斜摄影分析中，就极大地降低了建筑空间信息的成本。当然前提是建筑应用BIM，现阶段这在我国还很难实现。

（5）市政模拟：通过BIM和倾斜摄影，可以有效地进行楼内和地下管线的三维建模，并可以模拟冬季供暖时的热能传导路线，以检测热能对其附近管线的影响，或当管线出现破裂时，使用疏通引导方案避免人员伤亡及能源浪费。

（6）资产管理：以BIM提供的精细建筑模型为载体，利用倾斜摄影来管理建筑内部资产的位置等信息，可以提高资产管理的自动化水平和准确性。

10.倾斜摄影在其他领域的应用

倾斜摄影还可以在其他领域开创出多种新的应用。

在电力巡检、移动基站选址等应用中，需要真实、带有建筑全要素的三维地表信息作为基础底图参考，用传统地形加影像的方式很难达到其精度要求，并且无法做到全要素覆盖，倾斜摄影模型非常符合这类应用的需要。

在城乡拆迁重建时，也可以利用倾斜摄影建模来完整准确地获取拆迁前各类建筑的真实状况，以作为后续赔偿乃至纠纷发生时的客观依据。

倾斜摄影模型实质上就是带有建筑物等各类地物信息的数字地表模型，完全可以取代传统地形加影像所发挥的作用，且精度更高、时效性更强。例如，露天煤矿的容量统计、推平山头或填平山谷所需要的土石方量计算，都可以基于倾斜摄影模型来完成。甚至还有人尝试利用倾斜模型评估农作物的生长情况，从而预估其产量。

可以预测，随着倾斜摄影技术的进一步发展及其在精度、效率、成本上的优势进一步增强，倾斜摄影技术还将继续开拓出更多新的应用模式。

（三）无人机倾斜摄影测量流程

无人机倾斜摄影测量流程包括资料收集、设计方案制订、航空摄影、像控测量、“空三”加密、全自动三维建模、模型修饰、质量检查、成果整理与提交。

1.准备工作

根据甲方的要求、作业范围，为规范作业、统一技术要求，保证测绘产品质量符合相应的技术标准，根据国家有关规范，收集资料，进行现场踏勘，制订航飞方案，确定采用的无人机类型、相机类型、人员安排等，编制项目技术设计书。

2.航空摄影

航空摄影实施之前，针对航空摄影的需要，依据航空摄影的合同、航空摄影规范和飞行有关规定，编写航空摄影技术设计。

倾斜摄影的航线采用专用航线设计软件进行设计，其相对航高、地面分辨率及物理像元尺寸满足三角比例关系。航线设计一般采取30%的旁向重叠度、66%的航向重叠度，目前要生产自动化模型，旁向重叠度需要达到66%，航向重叠度也需要达到66%。航线设计软件生成一个飞行计划文件，该文件包含无人机的航线坐标及各个相机的曝光点坐标。实际飞行中，各个相机根据对应的曝光点坐标自动进行曝光拍摄。

3.像控测量

（1）资料的收集和准备。

①测量设备的准备：GPS设备一套、对中杆一根、三脚架一个、相机或手机一台、记录纸若干；外出作业时应检查GPS设备电池是否充满电、相机电池是否充满电、相机存储卡内存是否足够；作业完成后需要给设备电池充电，导出和备份数据，检查仪器设备。

②基础控制点资料的收集：根据项目需求，收集必要的等级控制点。如控制点的分布情况不满足RTK的测量要求，需要在已有控制点的基础上进行加密。

③坐标系统的确定：根据项目需求，分析已有资料，确定测区所用的坐标系统、投影方式、高程基准。

④其他资料的收集：外出作业前应收集测区的地形图、交通图、地名录、天气、地域文化等资料。

（2）像控点布设。为了保障数据成果的精度，对控制点的要求相对提高，每平方千米内控制点的数量应满足规范要求。房屋顶部应相应增加控制点，从而使数据的精度有进一步的提高。特殊地区要相应地增加平高点。

像控点的布点方式：采用航线两端及中间均隔一或两条航线布设平高点的方法。此方法既能保证成图精度，又能减少外业工作量。

（3）像控点的选点。像控点应该选择在航摄像片上影像清晰、目标明显的像点，如路上的车实线及斑马线的角、目标清晰的道路交角、草地角等。实地选点时，也应考虑侧视相机是否会被遮挡。因实际情况下航摄区域未必都有合适的像控点，为了提高刺点精度，保证成图精度，应在航摄前采用刷油漆的方式提前布置像控点标志。标志可刷成十字形或“L”形。

弧形地物、阴影、狭窄沟头、水系、高程急剧变化的斜坡、圆山顶、跟地面有明显高差的房角、围墙角等及航摄后有可能变迁的地方，均不应当作选择目标。

（4）像控点的测量。像控点的测量主要采用“GPS-RTK”的方法。

①坐标系的校正。因为GPS测量结果使用的是WGS-84坐标系，如项目要求测量成果使用其他坐标系，则需要在观测之前进行坐标系校正，求出WGS-84坐标系与目标坐标系之间的转换关系。校正方法如下：

A.首先要有至少五个目标坐标系的基础控制点坐标数据，其中四个用作校正，一个用于校正后的检验。注意已知点最好分布在整个作业区域的边缘，能控制整个区域，一定要避免已知点的线性分布。

B.在电子手簿上输入已知控制点的坐标，并将GPS流动站接收机架在已知点上，测得WGS-84坐标系的坐标数据。

C.根据已知点的已知坐标数据和WGS-84坐标系的坐标数据，计算“七参数”，求得两个坐标系之间的转换关系。

D.检查水平残差和垂直残差的数值，看其是否满足项目的测量精度要求，残差应不超过2cm。检校没问题之后才可以进行下一步作业。

②野外观测的作业要求：

A.两次观测，每次采集30个历元，采样间隔为1s。

B.在观测过程中不应在接收机近旁使用对讲机或手机；雷雨过境时应关机停测，并取下天线，以防雷电破坏。

C.两次观测成果需进行野外比对，比对值为两次初始化采集的最后一个历元的空间坐标，较差依照平面较差不超过5cm，大地高较差不超过5cm的精度标准执行；不符合要求时，加测一次；如果三次各不相同，则在其他时间段重新观测。

D.每日观测结束后，应及时将数据从GPS接收机转存到计算机上，以确保观测数据不丢失，并对其进行备份后交由专人保管。

（5）像控点的拍照。对观测处进行至少五次拍照，分别为一张近照、四张远照。近照要求摄像天线摆放位置及对中位置或者杆尖落地处，若一张不够描述，可拍摄多张。远照的目的是反映刺点处与周边特征地物的相对位置关系，以便于“空三”内业人员刺点。周边重要地物有房屋、道路、花圃、沟渠等。为了描述清楚，远照可拍摄多张。

（6）观测记录。像控点外业观测及拍照完成后，应及时填写记录，画草图，记录刺点处、相关物的邻接关系，并对像控点编号及照片编号进行关联，防止混淆、错乱。仪器高的记录：使用对中杆或三脚架或其他支架设备的，必须记录仪器高。电子手簿中需输入仪器高度，从而使测量出的高程即刺点处的高程。记录仪器高时保留小数点后三位小数，必须填写单位。

（7）外业资料与数据的整理。导出GPS观测数据并整理坐标数据成果表，表中应注明所用坐标系、投影方式、高程基准；整理控制点照片，为每一个控制点建立一个文件夹，将所拍摄的控制点照片分类，并放入相应的文件夹中，使控制点点号、点位与控制点照片一一对应。

4.空中三角测量

（1）基本概念。空中三角测量是利用航摄像片与所摄目标之间的空间几何关系，根据少量像片控制点计算待求点的平面位置、高程和像片外方位元素的测量方法。空中三角测量可分为GPS辅助空中三角测量和POS辅助空中三角测量两类。

①GPS辅助空中三角测量：利用安装在无人机和地面基准站上的GPS接收机，在航空摄影的同时获取航摄仪曝光时刻摄站的三维坐标，将其视为观测值引入摄影测量区域网平差中，采用统一的数学模型和算法整体确定点位并对其质量进行评定的理论、技术和方法。

②POS辅助空中三角测量：将GPS和IMU组成的定位定姿系统（POS）安装在航摄平台上，获取航摄仪曝光时刻摄站的空间位置和姿态信息，将其视为观测值引入摄影测量区域网平差中，采用统一的数学模型和算法整体确定点位并对其质量进行评定的理论、技术和方法。

（2）基本作业过程。空中三角测量的作业过程主要包括准备工作、内定向、相对定向、绝对定向和区域网平差计算、区域网接边、质量检查、成果整理与提交。进行区域网平差计算时，对于POS辅助空中三角测量和GPS辅助空中三角角测量，需要摄站点坐标、像片外方位元素进行联合平差。

（3）主要作业方法。

①解析空中三角测量。解析空中三角测量指的是用摄影测量解析法确定区域内所有影像的外方位元素及待定点的地面坐标。解析空中三角测量按数学模型可分为航带法、独立模型法和光束法。航带法处理的对象是一条航带的模型；独立模型法将各单元模型视为刚体；光束法是以一幅影像所组成的一束光线作为平差的基本单元，以中心投影的共线方程作为平差的基础方程。光束法是最严密的一种平差方法，能最方便地估计影像系统误差的影响，便于引入非摄影测量附加观测值。

②GPS辅助空中三角测量。GPS辅助空中三角测量的作业过程大体上可分为四个阶段，即现行航空摄影系统改造及偏心测定、带GPS信号接收机的航空摄影、解求GPS摄站坐标、GPS摄站坐标与摄影测量数据的联合平差。

③POS辅助空中三角测量。将POS和航摄仪集成在一起，通过GPS获取航摄仪的位置参数及（IMU）测定航摄仪的姿态参数经IMU、DGPS数据的联合后处理，可直接获得测图所需要的每张像片的六个外方位元素。

航摄仪、GPS天线和IMU三者之间的空间坐标系通过坐标变换来统一，并通过数据更新频率不低于机载接收机的地面基准站，以相对GPS动态定位方式来同步观测GPS卫星信号，最后利用后处理软件解算每张影像在曝光瞬间的外方位元素。

在空中三角测量前，先对原始影像进行预处理，对原始影像进行色彩、亮度和对比度的调整和匀色处理。匀色处理应缩小影像间的色调差异，使色调均匀、反差适中、层次分明，保持地物色彩不失真，不应有匀色处理的痕迹。

（4）“空三”建模。倾斜摄影空中三角测量由于摄影倾角大，影像变形严重；分辨率变化大，尺度无法统一；重叠数多，需要多视处理等特点，有异于常规数码航空摄影测量中的空中三角测量方式。常规的“空三”加密软件一般都不能实施，需要多视角航空摄影测量空中三角测量专业软件进行数据处理。

空中三角测量采用ContextCapture-Center、DatMatrix等软件，对相机参数、影像数据、POS数据进行多视角影像特征点密集匹配，并以此进行区域网的自由网多视影像联合约束平差解算，建立空间尺度可以适度自由变形的立体模型，完成相对定向；将外业测定的像片控制点成果在内业环境中进行转化，利用这些点对已有区域网模型进行约束平差解算，将区域网纳入精确的大地坐标系统中，完成绝对定向。ContextCapture-Center“空三”建模流程。

5.全自动三维建模与模型修饰

全自动三维建模采用多机多节点并行运算的ContextCapture-Center软件进行。将空中三角测量的成果数据直接提交生成三维TIN格网构建、白体三维模型创建、自助纹理映射和三维场景构建。模型修饰原则上只对水域空缺或模型漏洞进行修补，采用Smart3D软件对水面或补飞数据进行约束干预后重新生成模型，使模型不存在漏洞。生成的模型应满足以下要求：

（1）三维模型是根据倾斜影像匹配确定体块构模而成，地形、建筑物等模型一体化表示的航空影像表现。建筑物三维体块模型应完整，位置准确，具有现实性，与获取的航空影像表现一致。

（2）三维模型应精准反映房屋屋顶及外轮廓的基本特征。在200m视点高度下浏览模型，模型应没有明显的拉伸变形或纹理漏洞。当所在区域建筑物较为密集，或建筑物较高而相互遮挡时，则无法获取遮挡部分建筑物的侧视纹理，相应的模型无法表现其全部的细节，允许出现些许拉伸变形。

（3）三维模型的高度与平面尺寸应与实际保持一致的比例。

6.立体测图

传统航测从一个垂直角度获取影像，再结合外业调绘补测来获取地形地貌。随着无人机技术、倾斜摄影技术及三维实景建模技术的发展，目前可利用倾斜三维进行高精度的裸眼三维测图。裸眼三维是在实景三维上进行采集，可以直接在墙面上采集，采集出的建筑直接就是去掉屋檐的建筑，省掉了大部分的外业工作量。裸眼三维的精度取决于三维模型的好坏、实景三维必须恢复的精细程度。目前，裸眼三维测图软件有清华山维EPS、航天远景MapMatrix3D，南方iData3D、DP-modeler等。

第十一章 主体施工测量

第一节 认识主体施工测量

一、主体施工测量概述

当基础施工完成后，开始基础以上部位的施工测量。随着施工楼层的升高，建筑物主轴线的投测变得最为重要，因为它是各层柱、墙及梁板定位和结构垂直度控制的依据。随着高层建筑物设计高度的增加，施工中对竖向偏差的控制要求越来越高，轴线竖向投测的精度和方法必须与其适应，以保证工程质量。

二、主体施工测量控制方法的选择

高层建筑施工到±0.00后，随着结构的升高，要将首层轴线及标高逐层向上传递，用以作为各层放线、抄平的依据。对高层建筑特别是超高层建筑的垂直度控制尤为重要。如果垂直度控制不好，结构外轮廓线及电梯井道垂直度偏差过大，将会严重影响电梯安装及外装饰施工。因此，必须选择科学的测控方法，保证轴线竖向投测的精度及标高传递准确，以保证主体结构的垂直度及层高尺寸。

（一）轴线传递方法

根据现场场地情况及建筑物结构特点，轴线传递选择内控法。在建筑物首层楼板上测设矩形控制网，采用激光经纬仪将四个矩形控制点逐层向上投测到施工层，校验后作为该层放线的控制点。

（二）标高传递方法

标高传递采用钢尺沿铅直方向向上丈量，引至施工层。每层引两点，经校验后作为该施工层抄平的水准点。

第二节 主体结构平面定位

一、首层平面定位

完成基础施工后，开始首层（若有地下室，包括地下室）施工定位。主体结构平面定位的内容包括各层柱、墙及梁边线测设。

按照先整体后局部、先控制后碎部的测量原则，首层柱、墙及梁边线测设一般按以下步骤实施。

（一）布置控制线及控制点

基础施工定位的总体方法是先测设建筑外侧四条边轴线作为控制线，然后根据控制线用钢尺测设轴线间的水平距离完成其余各轴线测设。

因基础施工完成后，各基础上埋有柱、墙插筋，如果按基础定位的方法，则主轴线会被插筋遮挡，不方便弹线标记及观测。为了解决这一问题，底层控制线不直接以建筑轴线为控制线，而是根据柱、墙平面布置图，布置几条与建筑轴线平行的辅助轴线作为控制线，控制线与某一邻近的建筑轴线的间距一般设为一整数值（如1m），（图中未标记的线为建筑轴线）。控制线的条数根据建筑的平面形状及尺寸确定，至少两条（纵、横方向各一条），且一般布置在靠建筑中间部位。这样，后续用钢尺测设建筑柱、墙及梁边线时不至于测设距离过长。为了确保后续柱、墙及梁边线测设精度，钢尺测设距离不大于10m，当超过该尺寸时，就要考虑增加控制线。用来测设控制线的点称为控制点（一般一条控制线在靠控制线两端各布设一个控制点）。

（二）控制点及控制线测设

1.控制点测设

控制点测设一般采用全站仪坐标放样程序实施。测设前需要先在基础平面图（已完成坐标纠图）中绘制出控制线及控制点，通过CAD软件坐标查询获取控制点的坐标值。

2.控制线测设

完成控制点测设后，采用直线定线方法完成控制线测设。具体施测方法为：将全站仪安置于控制线的一个控制点上，后视该控制线的另一控制点，锁上水平制动，竖向转动望远镜，在仪器视线方向每隔3m左右标记一点，然后用墨斗沿标记的点弹墨线，这样便完成一条控制线的测设。

需要注意的是，为了校核测设的控制点及控制线，待控制线测设完成后，还需要检查控制点之间的距离及两个方向的控制线是否垂直。当误差满足要求时方能进行后面的测量工作。

（三）柱、墙及梁边线测设

控制线测设完成后，便可根据所施工楼层的结构施工图（包括柱墙配筋平面图及梁配筋平面图）计算各构件边线距与之平行的控制线间距，利用钢尺测设水平距离的方法，即沿垂直于控制线的方向水平拉取相应间距并用红铅笔做标记，每条边线标记两个点，沿两点连线方向弹墨线便得到构件的一条边线。按此方法完成首层所有构件边线的测设。

二、二层以上楼层平面定位

当一层框架混凝土浇筑完成，开始二层框架施工时，二层框架的柱、墙及梁构件的平面定位方法与一层平面定位方法一样，即先测设控制点并弹控制线，再根据控制线用钢尺测设水平距离定柱、墙及梁边线。但二层以上楼层与一层不同的是，楼层竖向位置升高了，观测视线受已施工主体遮挡，不便用全站仪坐标放样方法测设控制点。解决二层以上楼层控制线测设的工作称为轴线竖向投测（实际上是控制线投测）。轴线竖向投测也是二层以上楼层平面定位的关键。下面介绍几种常见的投测方法。

（一）外控法

当施工场地比较宽阔时，可使用外控法进行轴线竖向投测，在预先测设置好的轴线控制桩上安置经纬仪（或全站仪），严格对中、整平，盘左照准建筑物底部的轴线标记，锁上仪器水平制动，向上转动望远镜，用其竖丝指挥在施工层楼面边缘上标记一点，然后盘右再次照准建筑物底部的轴线标记，同法在该处楼面边缘上标记另一点，取两点连线的中点作为投测轴线的一端点其他轴线端点的投测与此法相同。

当楼层较高时，经纬仪（或全站仪）投测的仰角较大，操作不方便，误差也较大，此时应将轴线控制桩用经纬仪（或全站仪）引测到远处稳固的地方，然后继续往上投测。如果周围场地有限，也可引测到附近建筑物的房顶上。

注意，上述投测工作均应采用盘左、盘右取中法进行，以减少投测误差。所有主轴线投测完成后，应进行角度和距离的检验，合格后再以此为依据测设柱、墙及梁边线。为了保证投测的质量，仪器必须经过严格的检验和校正，投测宜选择在阴天、早晨及无风的时候进行，以尽量减少日照及风力带来的不利影响。

（二）吊线坠法

当周围建筑物密集，施工场地窄小，无法在建筑物以外的轴线上安置经纬仪时，可采用吊线坠法进行轴线竖向投测。该法与一般的吊线坠法的原理是一样的，只是线坠的重量更大，吊线（细钢丝）的强度更高。另外，为了减少风力的影响，应将吊线坠的位置放在建筑物内部。

首先在首层地面上埋设轴线点的固定标志，轴线点之间应构成矩形或十字形等，作为整个高层建筑的轴线控制网。各标志上方的每层楼板都预留孔洞，供吊线坠通过。投测时，在施工层楼面上的预留孔上安置挂有吊线坠的十字架，慢慢移动十字架，当吊坠尖静止地对准地面固定标志时，十字架的中心就是应投测的点，同理测设其他轴线点。

使用吊线坠法进行轴线竖向投测，经济、简单、直观，但费时、费力，精度相对偏低，一般用于低层或多层建筑投测。

（三）垂准仪法

垂准仪法就是利用能提供垂直向上（或向下）视线的专用测量仪器——激光垂准仪（也称激光铅垂仪）进行轴线竖向投测。垂准仪法具有占地小、精度高、速度快的优点，在高层建筑施工中得到广泛应用。

1.垂准仪法步骤要点

（1）首层控制点标记及放线孔留设。使用垂准仪法时需要事先在建筑底层设置轴线控制网，建立稳固的轴线控制点标志，在控制点上方每层楼板都预留30cm×30cm的放线孔，供视线通过。

（2）控制点投测。将激光垂准仪安置在首层地面的控制点标志上，严格对中、整平，当仪器水平转动一周时，若视线一直指向一点，说明视线方向处于铅直状态，可以向上投测。

投测时，视线通过楼板上预留的放线孔，将轴线点投测到施工层楼板的激光接收靶上定点，并用墨线过激光点在混凝土楼面上弹两条相交的墨线。取掉激光接收靶，在放线孔上盖一合适木板，沿前面弹在混凝土楼面上的墨线再次弹线，这样，木板上墨线相交点即控制点。

因为投测时仪器安置在施工层下面，所以在施测过程中要注意对仪器和人员采取保护措施，防止被落物击伤。

（3）控制线测设。按照上一步的方法完成所有控制点的投测后，根据已投测到施工层的控制点，利用经纬仪（或全站仪）直线定线方法测设出控制线。在施工楼面一控制点上安置经纬仪（或全站仪）并对中、整平，后视控制线上的另一控制点，锁上水平制动，竖向转动望远镜，每隔3m左右在视线上用红铅笔标记一点，然后用墨线弹出控制线。按此方法完成全部控制线的测设。为了确保控制点投测精度，须检查测设控制点的水平距离及控制线间夹角偏差是否满足精度要求。

2.垂准仪的使用

以南方ML401激光垂准仪为例，其在光学垂准系统的基础上添加了激光二极管，可以同时给出上下同轴的两束激光铅垂线，并与望远镜视准轴同心、同轴、同焦。当望远镜瞄准目标时，在目标处会出现一个红色光斑，可以通过目镜观察到，激光器同时通过下对点系统发射激光束，利用激光束照射到地面的光斑进行激光对中操作。

南方ML401激光垂准仪的操作步骤如下：

（1）在投测点位上安置仪器，按电源开关按钮打开电源，并完成对中、整平，对中、整平的操作步骤与经纬仪及全站仪完全一样；

（2）将仪器标配的网格激光靶放置在目标面上，转动物镜调焦螺旋，使激光光斑聚焦于目标面上一点；

（3）移动网格激光靶，使靶心精确对准激光光斑，将投测轴线点标定在目标面上；

（4）旋转照准部180°，重复上述操作，上述操作所得的点与旋转后得到的点连线的中点得最终投测点。

南方ML401激光垂准仪激光的有效射程白天为150m，夜间为500m；距离仪器40m处的激光光斑直径小于2mm；向上投测——测回的垂直偏差为1/4.5万，等价于激光铅垂精度为±5，当投测高度为150m时，投测偏差为3.3mm，完全满足高层建筑投测精度的要求。仪器使用两节5号碱性电池供电，发射的激光波长为635nm，激光等级为Class Ⅱ，两节新碱性电池可供连续使用2～3h。

三、楼层平面定位测量报验资料编制

各层平面定位测量完成后，需要将测量放线情况，按测量报验资料的格式要求填写，并报监理单位现场复核验线无误后签字，形成测量报验资料。

第三节 主体结构竖向定位

一、首层竖向定位

（一）梁板支模控制标高抄测

现浇钢筋混凝土梁板模板支设采用钢管满堂架支撑体系。进行梁板模板竖向定位时，需要根据施工图获取底层地面结构标高及上一层楼面结构标高，即明确测设的标高数据。标高抄测采用水准仪高程测设方法完成。

在搭设梁板模板满堂支撑钢管架时，需要在搭设好的架子竖向钢管上抄测标高并标记，以此控制梁板底模竖向位置。如果直接测设每一梁板的标高，则测设工作量过大，且立塔尺不方便。工程中的一般做法：不直接测设梁板的底标高来控制梁板底模竖向位置，而是测设地面（楼面）+1.000m标高，支模板工人可根据楼层层高及梁高（板厚）计算出梁板底模至标记的+1.000m标高间高差，从标高标记位置用钢尺沿钢管竖向拉取高差定出底模的位置。

（二）梁板混凝土浇筑控制标高抄测

梁板浇筑混凝土前，需要在柱墙纵筋上抄测标高并用红色油漆标记（油漆顶面位置为标高位置），以此控制梁板混凝土浇筑厚度（确保混凝土浇筑完成后楼面结构标高与设计结构标高相符）。控制梁板混凝土浇筑厚度的标高一般为待浇筑混凝土楼面+0.500m标高。浇筑混凝土时，混凝土浇筑工人可用小卷尺量取标高标记至混凝土浇筑完成面的高差控制混凝土浇筑的厚度。

二、二层以上楼层竖向定位

二层以上楼层竖向定位内容及方法与首层竖向定位方法基本相同，但因二层以上楼层高度高于地面，不能直接利用原地面上的高程控制点作为已知高程点进行施工层楼面标高抄测。解决二层以上楼层已知高程点的方法是，将首层已知高程点沿建筑物往上传递，即高程的竖向传递。下面介绍几种常用的高程竖向传递方法。

（一）用钢尺直接测量

当首层框架施工完成，且柱墙模板拆除后，利用水准仪在结构外墙或边角柱上测设+1.000m标高并用油漆做好标记（一般选择两处从底层通至顶层的柱或墙）。施工层楼面标高抄测前，用钢尺从首层抄测的+1.000m标高线向上竖直量取高差，即可得到施工层的已知标高（一般为施工楼层-0.500m标高，并用油漆标记在墙柱外侧面上）。

用这种方法传递高程时，应至少由两处底层标高线向上传递，以便于相互校核。由底层传递到上面同一施工层的几个标高点必须用水准仪进行校核，检查各标高点是否在同一水平面上，其误差应不超过±3mm。检查合格后，以楼面-0.500m标高作后视点进行本层标高抄测。若建筑高度超过一尺段（30m或50m），可每隔一个尺段的高度精确测设新的起始标高线，作为继续向上传递高程的依据。

（二）悬吊钢尺法

在外墙或楼梯间悬吊一根钢尺，分别在地面和楼面上安置水准仪，将标高传递到楼面上。用于高层建筑传递高程的钢尺应经过检定，量取高差时尺身应垂直，用规定的拉力操作，并应进行温度改正。

当一层墙体砌筑到1.5m标高后，用水准仪在内墙面上测设一条+50mm的标高线，作为首层地面施工及室内装修的依据。以后每砌一层，就通过悬吊钢尺从下层的+50mm标高线处向上量出设计层高，再测出上一层的+50mm标高线。

（三）利用皮数杆传递高程

对应砖砌体结构，在皮数杆上自±0.000标高线起，门窗口、过梁、楼板等构件的标高都已注明。一层楼砌好后，则从一层皮数杆起逐层向上接。

三、楼层标高抄测报验资料编制

各层标高抄测完成后，需要将标高抄测情况按测量报验资料的格式要求填写，并报监理单位现场复核验线无误后签字，形成测量报验资料。

第四节　建筑变形观测

一、建筑工程变形观测概述

（一）建筑工程变形监测的作用

建筑工程变形监测的作用主要表现在两方面。

1.实用上的作用

保障工程安全，监测各种工程建筑物、机器设备，以及与工程建设有关的地质构造的变形，及时发现异常变化，对其稳定性、安全性做出判断，以便采取措施处理，防止事故发生。对于大型特种精密工程，如大型水利枢纽工程、核电站、粒子加速器、火箭导弹发射场等更具有特殊的意义。

2.科学上的作用（意义）

积累监测分析资料，能更好地解释变形的机理，验证变形的假说，为研究灾害预报的理论和方法服务；检验工程设计的理论是否正确，设计是否合理，为以后修改设计、制定设计规范提供依据，如改善建筑的物理参数、地基强度参数，以防止工程破坏事故，提高抗灾能力等。

（二）建筑工程变形监测的定义

建筑物在施工和运营过程中，由于地质条件和土壤性质的不同，地下水位和大气温度的变化，建筑物荷载和外力作用等影响，导致建筑物随时间发生的垂直升降、水平位移、挠曲、倾斜、裂缝等，统称为变形。用测量仪器定期测定建筑物的变形及其发展情况，称为变形观测。

变形监测是对监测对象或物体（简称变形体）进行测量以确定其空间位置随时间的变化特征。变形监测又称变形测量或变形观测，它包括全球性的变形监测、区域性的变形监测和工程的变形监测。

全球性的变形监测是对地球自身的动态变化，如自转速率变化、极移、潮汐、全球板块运动和地壳形变的监测。

区域性的变形监测是对区域性地壳形变和地面沉降的监测。

各种工程建筑物在其施工和使用过程中，都会产生一定的变形，当这种变形在一定限度内时可认为属正常现象，但超过了一定的范围就会影响其正常使用并危及建筑物自身及人身的安全，因此需要对施工中的重要建筑物和已发现变形的建筑物进行变形观测，掌握其变形量、变形发展趋势和规律，以便一旦发现不利的变形可以及时采取措施，以确保施工安全和建筑物的安全，也为今后更合理的设计提供资料。

由于建筑物破坏性变形危害巨大，变形观测的作用逐步为人们了解和重视，因此在建筑立法方面也赋予其一定的地位。目前国内许多大中城市已经提出要求和做出决定：新建的高层，超高层，重要的建筑物必须进行变形观测，否则不予验收。同时要求，把变形观测资料作为工程验收依据和技术档案之一，呈报和归档。

通过变形观测，取得第一手的资料，可以监视工程建筑物的状态变化和工作情况，在发现不正常现象时，应及时分析原因，采取措施，防止事故的发生，改善运营方式，以保证安全。此外，通过在施工和运营期间对工程建筑物原体进行观测、分析和研究，可以验证地基与基础的计算方法、工程结构的设计方法，对不同的地基与工程结构规定合理的允许沉陷与变形的数值，为工程建筑的设计施工、管理和科学研究工作提供资料。

对工程的变形监测来说，变形体一般包括工程建（构）筑物（以下简称工程建筑物）、机械设备及其他与工程建设有关的自然或人工对象，如大坝、船闸、桥梁、隧道、重要工业建筑、大型设备基础、高层建筑物、地下建筑物、大型科学试验设备、车船、飞机、天线、古建筑、油罐、贮矿仓、崩滑体、泥石流、采空区、高边坡、开采沉降区域等都可称为变形体。

变形体用一定数量的有代表性的位于变形体上的离散点（称监测点或目标点）来代表。监测点的变化可以描述变形体的变形。

变形可分为变形体自身的变形和变形体的刚体位移两类。变形体自身的变形包括伸缩、错动、弯曲和扭转四种变形；而变形体的刚体位移则包括整体平移、整体转动、整体升降和整体倾斜四种变形。变形监测可分为静态变形监测和动态变形监测。静态变形监测通过周期测量得到；动态变形监测需通过持续监测得到。

（三）变形观测的原因及内容

一般来说，建筑物变形的原因较多，但最主要的原有三点。第一，自然条件及其变化，即建筑物地基的工程地质条件、水文地质条件、土壤的物理性质、大气温度等因素引起建筑物变形。例如：由于基础的地质条件不同，引起建筑物各个部分不均匀沉降，而使其发生倾斜、位移、裂缝等变形；或由于地基本身的塑性变形也会引起建筑物不均匀沉降；同时由于温度与地下水位的季节性和周期性变化引起建筑物的规律性变形。第二，与建筑物自身相联系的原因，即建筑物自身的荷载大小、结构类型、高度及其动荷载（如风力大小、震动强弱）等引起建筑物变形。要减弱这方面变形的影响，往往通过优化设计方案来实现。第三，由于建筑物施工或运营期间一些工作做得不合理，或由于周围环境影响而产生额外的变形。例如，在高大建筑物周围用进行深基坑开挖，就会对其原有建筑物产生一个额外的变形。当然这些引起变形的因素是相互联系、相互作用的，对建筑物往往是共同作用的，只是不同时间段，不同因素的作用强弱不同而已。这些变形的原因，是相互联系的。随着工程建筑物的兴建，改变了地面原有的状态，对于建筑物的地基施加了一定的外力，这就必然会引起地基及其周围地层的变形。而建筑物本身及基础，由于地基的变形及其外部荷载与内部应力的作用而产生变形。

变形观测的任务是周期性地对观测点进行重复观测，求得其在两个观测周期的变化量，而为了求得瞬时变化，则应采用各种自动记录仪器记录其瞬时位置。

变形观测的内容，应根据建筑物的性质与地基情况来确定。要求明确的针对性，既要有重点，又要做全面考虑，以便能正确反映出建筑物的变化情况，达到监视建筑物的安全运营，了解其变形规律的目的。例如：对油罐基础而言，主要观测内容是均匀沉陷与不均匀沉陷，从而计算绝对沉陷值、平均沉陷值、相对弯曲、相对倾斜、平均沉陷速度以及绘制沉陷分布图。对厂房、宿舍楼等建筑物本身来说，则主要是倾斜与裂缝观测；对高大的炼塔和高层房屋，还应观测其瞬时变形、可逆变形和扭转变形，即动态变形。

（四）建筑物变形监测的分类

1.移动类

移动类包括建筑物主体倾斜观测、建筑物水平位移观测、建筑物裂缝观测、挠度观测、日照变形观测、风振观测、建筑场地滑坡观测。

2.沉降类

沉降类包括建筑物沉降观测、地基土分层沉降观测、建筑场地沉降观测、基坑回弹观测。

二、建筑物的沉降观测

（一）沉降观测的意义

建筑物的沉降观测是采用水准测量的方法，连续观测设置在建筑物上的观测点与周围水准点之间的高差变化值，确定建筑物在垂直方向上的位移量的工作。

在工业与民用建筑中，为了掌握建筑物的沉降情况，及时发现对建筑物不利的下沉现象，以便采取措施，保证建筑物安全使用，同时为今后合理的设计提供资料，因此，在建筑物施工过程中和投入使用后，必须进行沉降观测。

（二）观测点的布设

沉降观测需要用水准测量的方法设置专用高程控制网，分三级布设。

第一级控制点为水准基点，作为沉降观测的依据，必须保证其高程在相当长的观测时期内固定不变。

第二级控制点为工作基点，作为日常观测的引测起始点，确保在观测期间内高程不受施工影响而变化，一般设置在稳定的永久性建筑物墙体或基础上。

水准基点和工作基点统称为专用水准点。

第三级是沉降观测点，又称变形点，是设置在建筑物上能反映其沉降特征地点的固定标志，这些点在施工和运营过程中其高程可能发生变化，通过其高程的变化来了解建筑物的沉降状态。

1.专用水准点及沉降观测点的设置

（1）专用水准点的设置。专用水准点应布设在施工建筑应力影响范围之外且不受打桩、机械施工和开挖等操作影响，坚实稳固的基岩层或原状土层中；离开地下管道至少5m；底部埋设深度至少要在冰冻线及地下水位变化范围以下0.5m；为了提高沉降观测的精度，专用水准点离开沉降观测点的距离不应大于100m。

建筑物的沉降观测是依据埋设在建筑物附近的水准点进行的，为了相互校核并防止由于某个水准点的高程变动造成差错，测区水准基点数不少于三个；小测区且确认点位稳定可靠时，水准基点数不得少于两个，工作基点不得少于一个。

工作基点位置与邻近建筑物的距离不得小于建筑物基础深度的1.5～2.0倍。专用水准点的形式一般可选用混凝土普通标石。

水准标石埋设后，一般在15天后达到稳定后方可开始观测。

（2）沉降观测点的设置。观测点设置的数量与位置，应能全面反映建筑物的沉降情况，并应考虑便于立尺、没有立尺障碍，同时注意保护观测点不致在施工过程中受到损坏。一般沿建筑物周边布设，其位置通常设置在建筑物的四角点，纵横墙连接处，平面及立面有变化处，沉降缝两侧，地基、基础、荷载有变化处等。

①建筑物的四角、大转角处及沿外墙每10～15m处或每隔2～3根柱基上；

②高层建筑物、新旧建筑物、纵横墙等交接处的两侧；

③建筑物裂缝和沉降缝两侧、基础埋深相差悬殊处、人工与天然地基接壤处、不同结构分界及填挖方分界处；

④宽度大于等于15m或小于15m而地质复杂以及膨胀土地区的建筑物，在承重内隔墙中部设内墙点，在室内地面中心及四周设地面点；

⑤邻近堆置重物处、受振动有显著影响的部位及基础下的暗浜（沟）处；

⑥框架结构建筑物每个或部分柱基上或沿纵、横轴线设点；

⑦筏形基础、箱形基础底板或接近基础的结构部分的四角处及其中部位置；

⑧重型设备基础和动力设备基础的四角、基础形式或埋深改变处及地质条件变化处两侧；

⑨电视塔、烟囱、水塔、油罐、炼油塔、高炉等高耸建筑物，沿周边在与基础轴线相交的对称位置上布点，点数不少于四个。

（3）沉降观测点的形式。沉降观测点的形式与设置方法应根据工程性质和施工条件来确定。观测点的标志形式有墙上观测点、钢筋混凝土柱上的观测点（一般布设在基础上0.3～0.5m的高度处）和基础上的观测点。为使点位牢固稳定，观测点埋入的部分应大于10cm；观测点的上部须为半球形状或有明显的凸出之处，这样放置标尺均为同一标准位置；观测点外端须与墙身、柱身保持至少4cm的距离，以便标尺可对任意方向垂直置尺。观测点按其与墙、柱连接方式与埋设位置的不同，有以下两种形式：

①现浇柱式观测点。用厚度不小于10mm、长宽为100mm×100mm的钢板作为预埋件，埋入柱子里，拆模后将直径18～20mm的不锈钢或铜，一端弯成90° 角，顶部加工成球状焊接在预埋钢板上，而成沉降观测点。

②隐蔽式观测点。螺栓式隐蔽标志，适用于墙体上埋设。观测时旋进标身，观测完毕后卸下标身，旋进保护盖以便保护标志。

（三）沉降观测的时间、方法及精度

1.沉降观测的时间

一般在结构增加一层或增加较大荷重之后（如浇灌基础、回填土、安装柱子和厂房屋架、砌筑砖墙、设备安装、设备运转、烟囱高度每增加15m左右等）要进行沉降观测。施工中，如果中途停工时间较长，应在停工时和复工前进行观测。当基础附近地面荷重突然增加，周围大量积水，暴雨及地震后，或周围大量挖方等可能导致沉降发生的情况时，均应观测。竣工后要按沉降量的大小，定期进行观测。开始可隔1～2个月观测一次，以每次沉降量在5～10mm以内为限度，否则要增加观测次数。以后，随着沉降量的减小，可逐渐延长观测周期，直至沉降稳定为止。

建筑物投入使用后，按沉降速度观测周期，定期进行观测，直到每日沉降量小于0.01mm时停止。

2.沉降观测的方法

沉降观测实质上是根据专用水准点用精密水准仪定期进行水准测量，测出建筑物上沉降观测点的高程，从而计算其下沉量。

在观测点和水准点埋设完毕并稳定后，根据水准点的位置与整个观测点布设情况，详细拟定观测路线、仪器架设位置，要在既考虑观测距离又顾及后视、中间视、前视的距离不等差较小的原则下，合理地观测到全部观测点。

对于一般精度要求的沉降观测，采用S3型水准仪，以三等水准测量的方法进行观测。对于大型的重要建筑或高层建筑，需要采用S1型精密水准仪，按精密水准测量的方法进行观测。

专用水准点是测量沉降观测点沉降量的高程控制点，应经常检测其高程有无变动。测定时，一般应用S1型水准仪往、返观测。观测时，应在成像清晰、稳定的时间内进行，同时，应尽量在不转站的情况下测出各观测点的高程，以便保证精度。前、后视观测最好用同一根水准尺，水准尺与仪器的距离不应超过50m，并用皮尺丈量，使之大致相等。测站观测完成后，必须再次观测后视点，先后两次后视读数之差不应超过±1mm。对一般厂房的基础或构筑物，同一后视点先后两次后视读数之差不应超过±2mm。

在观测过程中要重视第一次观测的成果，因为首次观测的高程值是以后各次观测用以进行比较的依据，若初测精度低，则会造成后续观测数据的矛盾。为保证初测精度，首次观测宜进行两次，每次均布设成闭合水准路线，则以闭合差来评定观测精度。

3.沉降观测的精度

为保证沉降观测的精度，减小仪器工具、设站等方面的误差，一般采用同一台仪器、同一根标尺，每次在固定位置架设仪器，固定观测几个观测点和固定转点位置的方法。同时应尽量使前后视距相等，以减小i角（视线与水平面的夹角）误差的影响。

沉降观测时，从水准点开始，组成闭合或附合路线逐点观测。对于重要建筑物、高层建筑物，闭合差不得大于±1.0mm。

（四）沉降观测的成果整理

沉降观测应有专用的外业手簿，并需要将建（构）筑物施工情况详细注明，随时整理。其主要内容包括：建筑物平面图及观测点布置图，基础的长度、宽度与高度；挖槽或钻孔后发现的地质土壤及地下水情况；在施工过程中荷载增加情况；建筑物观测点周围工程施工及环境变化的情况；建筑物观测点周围笨重材料及重型设备堆放的情况；施测时所引用的水准点号码、位置、高程及其有无变动的情况；地震、暴雨日期及积水的情况；裂缝出现日期，裂缝开裂长度、深度、宽度的尺寸和位置示意图等。如中间停止施工，还应将停工日期及停工期间现场情况加以说明。

每次观测完毕后，应及时检查手簿，精度合格后，调整闭合差，推算各点的高程，与上次所测高程进行比较，计算出本次沉降量及累积沉降量，并将观测日期、荷载情况填入观测成果表中，提交委托单位。

为了预估下一次观测点沉降的大约数值和沉降过程是否渐趋稳定或已经稳定，可分别绘制时间与沉降量的关系曲线和时间与荷重的关系曲线。

时间与沉降量的关系曲线系以沉降量为纵轴，时间为横轴。根据每次观测日期和每次下沉量按比例画出各点位置，将各点连接起来，并在曲线一端注明观测点号码，便成为时间与沉降量的关系曲线图。

时间与荷载的关系曲线系以荷载的质量为纵轴，时间为横轴。根据每次观测日期和每次荷载的质量画出各点，将各点连接起来便成为时间与荷载的关系曲线图。

全部观测完成后，应汇总每次观测成果，绘制沉降—荷载—时间关系曲线图，以横轴表示时间，以年、月或天数为单位；以纵轴的上方表示荷载的增加，以纵轴的下方表示沉降量的增加，这样可以清楚地表示建筑物在施工过程中随时间及荷载的增加发生沉降的情况。

（五）沉降观测的注意事项

（1）在施工期间，沉降观测点被损毁经常发生。为此，一方面可以适当地加密沉降观测点，对重要的位置如建筑物的四角可布置双点；另一方面观测人员应经常注意观测点变动情况，如有损坏及时设置新的观测点。

（2）建筑物的沉降量应随着荷载的加大及时间的延长而增加，但有时却出现回升现象，这时需要具体分析回升现象的原因。

（3）建筑物的沉降观测是一项较长期的系统观测工作，为了保证获得资料的正确性，应尽可能地固定人员观测和整理成果，固定所用的水准仪和水准尺，按规定的日期、方法及路线，从固定的水准点出发进行观测，即所谓的“四固定”原则。

（六）沉降点的设置

设置沉降观测点的数目和具体位置根据规范和设计要求确定，在图纸会审阶段，施工单位、监理与设计院进行协商，初步确定沉降点设置方案。根据《建筑变形测量规范》及常规做法要求，沉降观测点的布设应能全面反映建筑及地基变形特征，并顾及地质情况及建筑结构特点，点位宜选设在下列位置：

1.基坑坡顶（墙顶）沉降观测点

（1）基坑边坡坡顶的沉降观测点应沿基坑周边布设，基坑周边中部、阳角处应有布设，间距不宜大于20m，每边不应少于三个；

（2）围护墙顶部或冠梁顶部的沉降观测点也应沿基坑周边布设，基坑周边中部、阳角处应有布设，间距不宜大于20m，每边不应少于三个。

2.周边建（构）筑物沉降观测点

（1）建（构）筑物的四角、大转角处及沿外墙每10～15m处或每隔2～3根柱基上设置观测点，且每边不少于三个；

（2）高低层建筑、新旧建筑、纵横墙等交接处的两侧设置观测点；

（3）建筑裂缝、后浇带和沉降缝两侧、基础埋深相差悬殊处、人工地基与天然地基接壤处、不同结构的分界处及填挖方分界处设置观测点；

（4）对于周边建筑物中多为旧房或砖混结构的老建筑，其新旧建筑的结合处应设置观测点；

（5）烟囱、水塔等高耸构筑物基础轴线的对称部位设置观测点，每一构筑物不少于四个点；

（6）建筑的楼体比较长，离基坑较远的一侧可以少布设观测点，但要保证靠近基坑一侧有足够的观测点。

3.周边地表、道路沉降观测点

周边地表、道路沉降观测点的布设范围为基坑深度的1～3倍，在垂直于基坑的方向上布设，一般选在基坑中部或其他有代表性的部位，一个剖面不宜少于五个。

沉降点的埋设方式为：先将带锚固脚的钢板埋入设计观测点柱身上，并按初步设定高程埋设，待模板拆除后，精确找出高程、焊上带观测点的角钢。

基坑（槽）工程监测点的布置应最大限度地反映监测对象的实际状态及其变化趋势，并应满足监控要求：

（1）不妨碍监测对象的正常工作，并尽量减少对施工作业的不利影响；

（2）监测标志应稳固、明显、结构合理，监测点的位置应避开障碍物，便于观测；

（3）在监测对象内力和变形变化大的代表性部位及周边重点监护部位，监测点应适当加密；应加强对监测点的保护，必要时应设置监测点的保护装置或保护设施。

（七）沉降点的测量

1.测量工具

一般采用几何水准测量中的光学水准仪或数字水准仪进行测量。

2.观测方法

沉降监测方法有GPS变形监测自动化系统、几何水准或液体静力水准及电磁波测距三角高程测量等，最常用的为几何水准或液体静力水准方法。每次观测按固定后视点、观测路线进行，尽量做到前、后视距相等，以减小仪器误差的影响。

坑底隆起（回弹）宜通过设置回弹监测标，采用几何水准并配合传递高程的辅助设备进行监测，传递高程的金属杆或钢尺等应进行温度、尺长和拉力等项修正。

地下管线的竖向位移监测精度宜不低于0.5mm。其他基坑周边环境（如地下设施、道路等）的竖向位移监测精度应符合相关规范、规程的规定。坑底隆起（回弹）监测精度不宜低于lmm。

3.测量频次

监测项目的监测频率应考虑基坑工程等级、基坑及地下工程的不同施工阶段以及周边环境、自然条件的变化。当监测值相对稳定时，可适当降低监测频率。

当出现下列情况之一时，应加强监测，提高监测频率，并及时向委托方及相关单位报告监测结果：

（1）监测数据达到报警值；

（2）监测数据变化量较大或者速率加快；

（3）存在勘察中未发现的不良地质条件；

（4）超深、超长开挖或未及时加撑等未按设计施工；

（5）基坑及周边大量积水、长时间连续降雨、市政管道出现泄漏；

（6）基坑附近地面荷载突然增大或超过设计限值；

（7）支护结构出现开裂；

（8）周边地面出现突然较大沉降或严重开裂；

（9）邻近的建（构）筑物出现突然较大沉降、不均匀沉降或严重开裂；

（10）基坑底部、坡体或支护结构出现管涌、渗漏或流沙等现象；

（11）基坑工程发生事故后重新组织施工；

（12）出现其他影响基坑及周边环境安全的异常情况。当有危险事故征兆时，应实时跟踪监测。

（八）沉降观测提交的资料

（1）沉降观测记录手簿；

（2）沉降观测成果表；

（3）观测点位置图；

（4）沉降量、地基荷载与延续时间三者的关系曲线图；

（5）沉降观测分析报告。

三、建筑物的倾斜观测

用测量仪器测定建筑物的基础和主体结构倾斜变化的工作，称为倾斜观测。常用的方法有经纬仪投影法、基础沉降差法、激光垂准仪法、测角前方交会法等。

（一）经纬仪投影法

经纬仪投影法适用于一般建筑物主体的倾斜观测。先测定建筑物顶部观测点相对于底部观测点的偏移值，再根据建筑物的高度，计算建筑物主体的倾斜度。

（二）基础沉降差法

基础沉降差法适用于整体刚度较好的建筑物的倾斜观测。建筑物的基础倾斜观测，一般采用精密水准测量的方法，定期测出基础两端点的沉降量差值，再根据两点之间的距离，即可计算出基础的倾斜度。

利用基础沉降量差值，还可以推算主体偏移值。用精密水准测量的方法测定建筑物基础两端点的沉降量差值心，再根据建筑物的宽度和高度，推算出该建筑物主体的偏移值。

（三）激光垂准仪法

激光垂准仪法适用于建筑物顶部与底部之间有竖向通道的建筑物。在建筑物竖向通道底部的地面埋设观测点，在该点上安置激光垂准仪（精确对中与整平），在通道顶部安置接收靶，根据铅垂光束投射到接收靶的光斑，移动接收靶使其中心与光斑重合，之后固定接收靶（观测期间要固定，不可移动），完成首次观测。

（四）测角前方交会法

测角前方交会法适用于不规则高耸建筑物的主体倾斜观测。建筑物顶部无适宜照准目标时，应在顶部便于观测与保护的位置埋设观测标志。

四、建筑物的裂缝观测

工程建筑物发生裂缝时，为了了解其现状和掌握其发展情况，应该进行观测，以便根据这些资料分析其产生裂缝的原因和它对建筑物安全的影响，及时采取有效措施加以处理。

当建筑物多处发生裂缝时，应先对裂缝进行编号，然后分别观测裂缝的位置、走向长度、宽度等项目。

（一）混凝土建筑物裂缝观测

对混凝土建筑物裂缝观测的位置、走向及长度的观测，一般有三种方法，即石膏板标志法、镀锌薄钢板标志法和变形点标志法。

1.石膏板标志法

用厚度为10mm，宽度为50～80mm的石膏板（长度视裂缝大小而定），固定在裂缝的两侧。当裂缝继续发展时，石膏板也随之开裂，从而观察裂缝继续发展的情况。

2.镀锌薄钢板标志法

（1）用两块镀锌薄钢板，一片取100mm×300mm的大矩形，固定在裂缝的一侧。

（2）另一片为50mm×200mm的小矩形，固定在裂缝的另一侧，使两块镀锌薄钢板的边缘相互平行，并使其中的一部分重叠。

（3）在两块镀锌薄钢板的表面涂上红色油漆。

（4）如果裂缝继续发展，两块镀锌薄钢板将逐渐拉开，露出大矩形上原被覆盖没有油漆的部分，其宽度即裂缝加大的宽度，可用尺子量出。以此来判断裂缝的扩展情况。

3.变形点标志法

在裂缝两侧埋设带有十字刻画的标志点，按规定观测周期测定两测点之间的距离，根据各次所测间距差来判断裂缝的发展情况。

（二）土坝裂缝观测

可根据情况，对全部裂缝或选择重要裂缝，或选择有代表性的典型裂缝进行观测。对于缝宽大于5mm，或缝宽虽小于5mm但长度较长或穿过坝轴线的裂缝，弧形裂缝，明显地垂直错缝及与混凝土建筑物连接处的裂缝，必须进行观测，观测的次数应视裂缝的发展情况而定，一般在发生裂缝的初期应每天一次，在裂缝有显著发展水库水位变动较大时应增加观测次数，暴雨过后必须加测一次，只有当裂缝发展缓慢后才可适当减少观测次数。对于需长期观测的裂缝，应考虑与土坝位移观测的次数相一致。

（三）混凝土大坝裂缝观测

一般应同时观测混凝土的温度、气温、水温、上游水位等因素，观测次数与土坝基本相同。但在出现最高气温、最低气温和上游最高水位，或气温及上游水位变化较大，或裂缝有显著发展时，均应增加观测次数。经过长期观测判明裂缝已不再发展方可停止观测。

五、建筑物的水平位移观测

测定建筑物的平面位置随时间而移动的大小及方向的工作叫作位移观测。有时测定建筑场地滑坡的工作也叫作位移观测。

水平位移的方向是任意的，通常以基准点和工作基点构成高精度的变形平面控制网；变形区较大时，可用部分工作基点和部分观测点组成次级变形平面控制网。变形平面控制网可布设成三角网、测边网、边角网和导线网等。每期先观测平面控制网，经严密平差计算出控制点坐标，再连测所有观测点并计算出各点坐标，由此得出各观测周期间观测点的水平位移情况。

水平位移观测的办法是否简单，不能一概而论，要看精度要求、变化量大小、现场条件、仪器设备等而定。当要求测定二维平面内的位移量时，根据场地条件，一般可采用以下几种方式。

（1）基准线法：包括视准线法、引张线法、激光准直法、测小角法、活动觇牌法等；

（2）几何大地测量方法；包括导线法、交会法（测边交会、测角前方交会）、极坐标法等；

（3）GPS方法观测监测网：采用测角前方交会法时，交会角应在60°~120°，最好采用三点交会；采用极坐标法时，其边长应采用电磁波测距仪。

（一）基准线法

有时只要求测定建筑物在某特定方向上的位移量，观测时，可在垂直上述方向上建立一条基准线，在建筑物上埋设一些观测标志，定期测量观测标志偏离基准线的距离，就可以了解建筑物随时间位移的情况。这种水平位移方法称为基准线法。

1.基准线观测水平位移的方法

根据构成基准线的方式不同，基准线法可分为以下三种：

（1）用仪器望远镜的视准轴构成基准线的位移观测方法称为视准线法；

（2）用拉紧金属线构成基准线的方法称为引张线法；

（3）用激光准直仪的激光束构成基准线的称为激光准直法。

基准线法按其所使用的工具和作业方法的不同，又可分为测小角法和活动觇牌法。

（1）测小角法。当基准点和位移观测点基本上在一条直线上，且平行于基准线时，可采用小角法测量，在基准点上测定观测点至基准点的距离和偏离基准面的小角度，从而算出观测点的水平偏离值。

（2）活动觇牌法。利用活动觇牌上的标尺，直接测定偏离值。

随着激光技术的发展，出现了由激光束建立基准面的基准线法，根据其确定偏离值的原理，有以激光束替代经纬仪视线的“激光经纬仪准直”和利用光干涉原理的“波带板激光准直”（三点法准直）。

2.对中、照准装置观测条件的改进

由于建筑物的位移值一般来说是较小的，对位移值的观测精度要求较高（如混凝土坝位移观测的中误差要求小于1mm），因此在各种测定偏离值的方法中都采取了一些提高精度的措施。对基准线端点的设置、对中装置构造、觇牌设计及观测程序等均进行了不断的改进。

（1）观测墩。目前，一般采用钢筋混凝土结构的观测墩。观测墩底座部分要求直接浇筑在基岩上，以确保其稳定性。

为了减少仪器与觇牌的安置误差，在观测墩顶面常埋设固定的强制对中设备，通常要求它能使仪器及觇牌的偏心误差小于0.1mm。满足这一精度要求的强制对中设备式样很多，有采用圆锥、圆球插入式的，也有用埋设中心螺杆的，还有采用置中圆盘的。置中圆盘的优点是适用于多种仪器，对仪器没有损伤，但加工精度要求较高。

（2）觇牌图案形状、尺寸及颜色。视准线法的主要误差来源之一是照准误差，研究觇牌形状、尺寸及颜色对于提高视准线的观测精度具有重要的意义。一般来说，觇牌设计应考虑以下五方面。

①反差大。用不同颜色的觇牌所进行的试验表明，以白色作底色，以黑色作图案的觇牌为最好。白色与红色配合，虽然能获得较好的反差，但是它相对前者而言易使观测者产生疲劳。

②没有相位差。采用平面觇牌可以消除相位差，在视准线观测中一般采用平面觇牌。

③图案应对称。

④应有适当的参考面积：为了精确照准，应使十字丝两边有足够的比较面积，同心圆环图案对精确照准是不利的。

⑤便于安置。所设计的觇牌希望能随意安置，即当觇牌有一定倾斜时仍能保证精确照准。试验表明，双线标志（白底，标志为黑色）是比较合适的图案。在觇牌的分划板倾斜时，观测者仍可通过十字丝两边楔形面积的比较达到精确照准的目的。

（二）极坐标法

当基准点和位移观测点无法布设在一条直线上时，可采用光电测距极坐标法。极坐标法比较灵活，每次只要测出各位移点的坐标，再根据本次和上次坐标的偏移量在垂直于基准线方向上的分量，就可以判断位移点的位移和方向。

参考文献

[1] 林永洪．建筑理论与建筑结构设计研究[M]．长春：吉林科学技术出版社，2023.

[2] 张志勇，肖云华，康秀梅．建筑结构优化设计与造价管理[M]．汕头：汕头大学出版社，2022.

[3] 郭仕群．高层建筑结构设计[M]．重庆：重庆大学出版社，2022.

[4] 杨溥，刘立平．建筑结构试验设计与分析[M]．重庆：重庆大学出版社，2022.

[5] 胡群华，刘彪，罗来华．高层建筑结构设计与施工[M]．武汉：华中科技大学出版社，2022.

[6] 刘太阁，杨振甲，毛立飞．建筑工程施工管理与技术研究[M]．长春：吉林科学技术出版社，2022.

[7] 赵军生．建筑工程施工与管理实践[M]．天津：天津科学技术出版社，2022.

[8] 万连建．建筑工程项目管理[M]．天津：天津科学技术出版社，2022.

[9] 姚亚锋，张蓓．建筑工程项目管理[M]．北京：北京理工大学出版社，2020.

[10] 袁志广，袁国清．建筑工程项目管理[M]．成都：电子科学技术大学出版社，2020.

[11] 陈文建，马小林．建筑工程测量[M]．北京：北京理工大学出版社，2021.

[12] 姜树辉，宗琴，王文进．建筑工程测量[M]．重庆：重庆大学出版社，2020.

[13] 李进．建筑工程测量[M]．北京：北京理工大学出版社，2020.

[14] 张营，张丽丽．建筑工程测量[M]．北京：北京理工大学出版社，2020.

[15] 刘祖军，梁斌．工程测量基础[M]．2版．北京：中国铁道出版社，2021.

[16] 徐广舒，陈向阳，胡颖．土木工程测量[M]．北京：北京理工大学出版社，2020.

[17] 覃辉，马超，郭宝宇．控制网平差与工程测量[M]．上海：同济大学出版社，2021.

[18] 周丽萍．建筑工程与施工测量[M]．西安：西北工业大学出版社，2020.